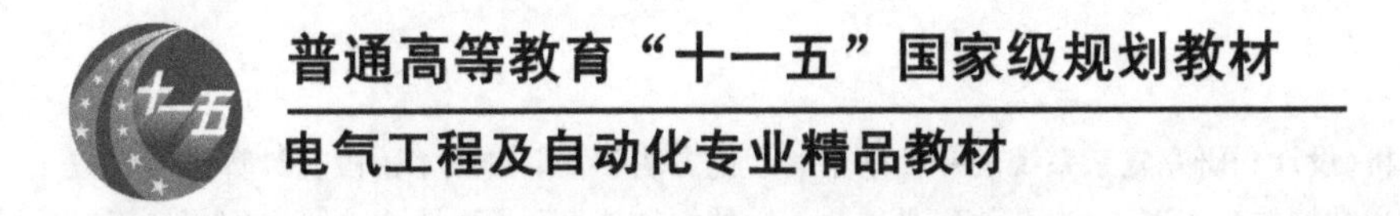

计算机仿真技术基础

(第2版)

刘瑞叶　任洪林　李志民　编著

電子工業出版社
Publishing House of Electronics Industry
北京 · BEIJING

内 容 简 介

系统建模与仿真是分析、设计和研究复杂系统的一种基本的理论方法和重要的技术手段。计算机仿真技术已经成为工科大学生必须掌握的基本理论，也是他们必须会使用的一种技术手段。本书全面介绍了计算机仿真与建模的基本概念、基本原理、基本方法及其在实际中的应用。主要内容有：系统仿真的概念与基本原理、建模的基本方法、连续系统模型的离散化处理方法、高阶模型及非线性模型的处理方法、连续系统仿真的基本原理与基本方法、采样控制系统的仿真方法，另外还介绍了离散事件仿真的基本方法，最后介绍了用于建模与仿真的常用计算机软件，并对用于建模与仿真的计算机仿真软件的发展做了介绍。

本书立足于给学生建立计算机建模与仿真的基本概念，使学生掌握计算机仿真的基本理论及建模与仿真的基本方法，主要面向电气工程及自动化专业的本科高年级学生，也可以供研究生和工程技术人员阅读。

图书在版编目(CIP)数据

计算机仿真技术基础 / 刘瑞叶，任洪林，李志民编著. —2版. —北京：电子工业出版社，2011.5
普通高等教育“十一五”国家级规划教材
ISBN 978-7-121-13590-3

Ⅰ. ①计… Ⅱ. ①刘… ②任… ③李… Ⅲ. ①计算机仿真—高等学校—教材 Ⅳ. ①TP391.9

中国版本图书馆 CIP 数据核字(2011)第 091257 号

策划编辑：陈晓莉
责任编辑：陈晓莉
印　　刷：北京虎彩文化传播有限公司
装　　订：北京虎彩文化传播有限公司
出版发行：电子工业出版社
　　　　　北京市海淀区万寿路 173 信箱　邮编：100036
开　　本：787×1092　1/16　印张：13.5　字数：352 千字
版　　次：2004 年 3 月第 1 版
　　　　　2011 年 5 月第 2 版
印　　次：2019 年 1 月第 5 次印刷
定　　价：35.00 元

凡所购买电子工业出版社图书有缺损问题，请向购买书店调换。若书店售缺，请与本社发行部联系。联系及邮购电话：(010)88254888。

质量投诉请发邮件至 zlts@phei.com.cn，盗版侵权举报请发邮件至dbqq@phei.com.cn。

服务热线：(010)88258888。

再版前言

自从20世纪40年代末开始，系统仿真开始兴起并逐步发展起来，随着计算机技术的发展，利用计算机对系统进行仿真越来越受到人们的重视，对系统仿真的理论方法和应用技术的研究也逐步深入，应用的领域也越来越广。

计算机仿真技术是一门利用计算机软件模拟实际环境进行科学实验的技术。它具有经济、可靠、实用、安全、灵活、可多次重复使用的优点，已经成为对许多复杂系统（工程的、非工程的）进行分析、设计、试验、评估的必不可少的手段。它是以数学理论为基础，以计算机和各种物理设施为设备工具，利用系统模型对实际的或设想的系统进行试验仿真研究的一门综合技术。目前已经成为工科学生必须掌握的基本理论，也是他们必须会使用的一种技术手段。

本书着眼于系统建模与仿真的基本原理、基本方法的阐述，包括了连续系统、离散事件系统建模与仿真的基本概念、基本原理。本书注重基本概念，突出基本理论与基本方法。从建模方法与模型处理入手，重点放在系统模型的建立与模型处理，然后介绍系统仿真的基本方法，重点放在连续系统的仿真的基本算法上，对离散事件的仿真算法也做了简要介绍。结合本书中的建模与仿真方法介绍了实用的仿真软件，并介绍了计算机仿真软件的发展趋势。

全书共分为5章，第1章主要介绍了计算机仿真的基本概念及计算机仿真的发展，第2章介绍了连续系统模型的建立与处理方法，第3章介绍了连续系统仿真的基本理论与基本方法，第4章简单介绍了离散事件的建模与仿真方法，第5章介绍了现有的系统计算机仿真软件的使用方法、应用实例，并介绍了计算机仿真软件的最新进展。

本书由刘瑞叶、任洪林和李志民三位同志共同完成，书中的第1章、第2章和第4章由刘瑞叶同志编写；第3章由任洪林同志编写；第5章由李志民同志编写。该书的第1版于2004年3月出版，一直作为哈尔滨工业大学电气工程及自动化专业本科生专业平台课“计算机仿真技术”的教材使用，并于2007年被正式列入“普通高等教育‘十一五’国家级规划教材”。在这次修订出版时，我们将该教材在使用过程中发现的一些不够完善的地方，进行了补充，增加了一些例题，给读者以更直观的认识。但由于时间比较仓促，加之编者水平有限，所以书中难免存在缺点和不足，恳切希望读者批评指正。

在该书的编写及使用过程中，得到了哈尔滨工业大学电气工程及自动化学院教学指导委员会各位老师的大力帮助和指导，在此表示感谢。最后感谢电子工业出版社和本书的责任编辑陈晓莉同志给予的大力支持。

编　者

2011年4月

目　　录

第1章 概　　论

计算机仿真技术是一门利用计算机软件模拟实际环境进行科学实验的技术。它具有经济、可靠、实用、安全、灵活、可多次重复使用的优点，已经成为对许多复杂系统（工程的、非工程的）进行分析、设计、试验、评估的必不可少的手段。它是以数学理论为基础，以计算机和各种物理设施为设备工具，利用系统模型对实际的或设想的系统进行试验仿真研究的一门综合技术。

系统仿真是20世纪40年代末开始兴起并逐步发展起来的一门新兴学科，随着计算机技术的发展，利用计算机对系统进行仿真越来越受到人们的重视，对系统仿真的理论方法和应用技术的研究也逐步深入。从开始时主要应用于航空航天、原子反应堆等造价昂贵、设计建造周期长、危险性大、难以实现实际系统试验的少数领域，后来逐步发展到应用于电力系统、石油工业、化工工业、冶金工业、机械制造等一些主要的工业领域，到现在已经进一步扩展应用到社会系统、经济系统、交通运输系统、生态系统等一些非工业领域。随着计算机技术的发展，系统仿真技术已经成为任何复杂的系统特别是高技术产业在论证、设计、生产试验、评价、检测和训练产品时不可缺少的手段，已经成为研究大规模、复杂系统的有力工具，应用范围越来越广，技术手段越来越先进。

本章主要介绍系统、模型及仿真的基本概念，计算机仿真的发展历史及研究现状，计算机仿真技术今后的发展方向。

1.1 计算机仿真的基本概念

系统仿真是指通过系统模型的试验去研究一个已经存在的，或者是正在研究设计中的系统的具体过程。要实现系统仿真首先要寻找一个实际系统的“替身”，这个“替身”被称为系统模型。它不是系统原型的复现，而是按研究的侧重面或实际需要对系统进行简化提炼，以利于研究者抓住问题的本质或主要矛盾。在计算机出现以前，人们只采用物理仿真，那时的仿真技术附属在其他有关学科之中。随着计算机技术的发展，在仿真领域提出了大量的共同性的理论、方法和技术，所以仿真理论逐渐形成了一门独立的学科。

计算机仿真就是以计算机为工具，用仿真理论来研究系统。系统是仿真技术研究的对象，计算机是进行仿真技术研究所使用的工具。而应用恰当的模型描述系统是进行仿真研究的前提与核心，为了更全面、系统地了解系统仿真的基本概念和基本方法，有必要先了解一下什么是系统、系统模型及系统仿真。

1.1.1 系统

我们研究系统的目的在于深入认识并掌握系统的运动规律，不仅要定性地了解系统，还要对系统进行大量的分析、综合，以便解决一些自然、社会及工程上的复杂问题，那么，如何给系统下一个定义呢？

系统是一个内涵十分丰富的概念，是许多研究系统的学科共同使用的一个基本概念，如：控制系统、电力系统、机械系统、通信系统……正由于系统这个术语应用得非常普遍，所以就要给它下一个人们普遍能够接受的定义：

系统——由相互联系、相互制约、相互依存的若干部分（要素）结合在一起形成的具有特定功能和运动规律的有机整体。

系统的各个组成部分通常被称为子系统或分系统，而系统本身又可以看成它所从属的更大的系统的一个组成部分。例如，发电厂是一个电力生产系统，由汽机分厂、锅炉分厂、电气分厂和修配分厂等部门组成，汽机分厂、锅炉分厂、电气分厂和修配分厂等部门可以看做发电厂系统下面的各个子系统；同时，各个发电厂又是整个电力系统的一个组成部分。

任何系统都存在三方面需要研究的内容：即实体、属性和活动。

实体——组成系统的具体对象；

属性——实体所具有的每一种有效特性（状态和参数）；

活动——系统内对象随时间推移而发生的状态变化。

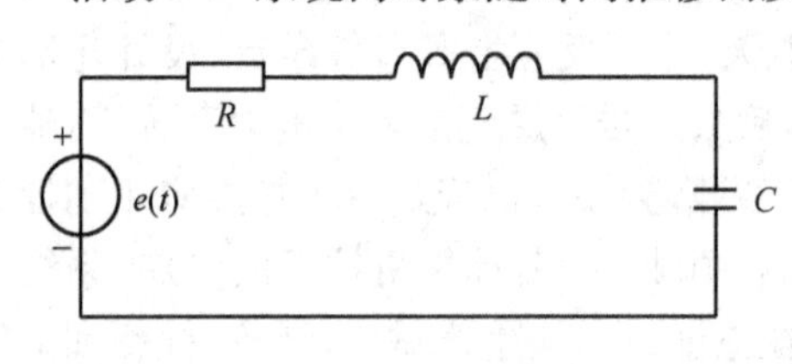

图 1-1　RLC 电路系统

以图 1-1 中的 RLC 电路系统为例。

系统的实体为：电阻 R，电感 L，电容 C 和激励 $e(t)$。

系统的属性为：电荷 q，电流 $\mathrm{d}q/\mathrm{d}t$，激励 $e(t)$ 和 R、L、C 的数值。

系统的活动为：电振荡（随时间变化）。

由系统的定义可知，系统具有下列性质。

1. 整体性

系统是一个整体，它的各个部分既是相对独立的，又是不可分割的。图 1-1 所示的系统就是由独立的电路元件按一定的规律组成的简单电路系统。

2. 相关性

系统内部的各个部分之间按一定的规律相互联系、相互作用。这种相互联系和相互作用可以表现为某一个子系统从其他的子系统接受输入，从而产生有用的输出作用，该子系统的输出又可能是另一个子系统的输入。如图 1-1 的电路系统所示，系统的关联性主要表现为每个环节之间的信息流动和信息反馈作用。

3. 目的性

设计或者综合一个系统，是为了实现预定的目的，也就是说系统具有目的性。一个系统的目的性表现在两个方面：一是系统要完成特定的功能；二是在完成基本功能的同时要使系统达到最优化。

另外，系统并不是孤立的，总是在某一个环境中工作。而环境的变化有可能影响系统的性能，系统也会产生一些作用，使系统之外的物体发生变化。因此还要明确系统的边界和环境。系统的边界（可以是物理的也可以是概念的）包围了所研究对象的所有部件；位于边界以外的那些部件以及能够在系统特性上施加某些重要影响的因素（但不能从系统内部控制这些影响）构成了系统的环境。而系统的边界并不是固定不变的，是需要根据所研究的目标来确定哪些属于内部因素、哪些属于外部因素。

根据所研究的对象与目标的不同，确定的系统可以大也可以小。系统本身是由相互作用的子系统构成的,子系统又可以由更低一级的子系统构成,从而形成系统的等级结构。

1.1.2 系统分类

系统的范围很广,可谓包罗万象,可以初步分为人类在长期的生产劳动和社会实践中逐渐认识世界而形成的自然系统(也可以称为非工程系统)和人为构成的满足某种需要、实现预定功能的工程系统,我们的研究对象主要是这种人为构成的工程系统。系统分类的方法很多,主要有以下4种分类方法。

1. 静态系统和动态系统

静态系统是被视为相对不变的,如:处于平衡状态的一根梁,如果没有外界的干扰,则其平衡力是一个静态系统;处于稳定运行状态下的电力系统,在没有受到大的扰动时,也属于一个静态系统。

动态系统的状态是可以改变的,如:运行中的电力系统,在受到外界的干扰后,系统的运行状态(电压、电流和功率)都会发生相应的改变,如果调节器起作用,系统就会到达一个新的平衡点。在状态改变过程中的系统就是动态系统。

2. 确定系统和随机系统

对于动态系统可以进一步分为两类:

① 一个系统的每一个连续状态是唯一确定时,这个系统就是**确定系统**;

② 一个系统在指定的条件和活动下,从一种状态转换成另一种状态不是确定的,而是带有一定的随机性,也就是相同的输入经过系统的转化过程会出现不同的输出结果时,这个系统就是**随机系统**。

3. 连续系统和离散系统

在系统分类方法中一个比较重要的方法是按照系统状态随时间变化是否连续把系统分为连续系统和离散系统。一个系统的状态如果随着时间的变化是连续的,则该系统被称为**连续系统**;一个系统的状态如果随着时间成间断或突然的改变,则称该系统为**离散系统**。一个连续系统的动态特性可以用一个或一组方程来描述,这里的方程可以是代数方程、微分方程和状态方程等,究竟选用哪一种,视研究者对系统的一部分感兴趣还是对系统的整体感兴趣而定。一个离散系统的状态变化只是在离散时刻发生,而且往往是随机的,一般用“事件”来表示这种在离散时间间隔内的状态变化。

4. 其他的分类方法

常用的分类方法还有:按照方程的类型分为线性系统和非线性系统;按参数类型分为定常系统和时变系统;还可以分为集中参数系统和分布参数系统;按照变量的个数分为单变量系统和多变量系统。

1.1.3 系统模型

系统模型是系统的某种特定性能的一种抽象形式。系统模型实质是用某种形式来近似地描述或模拟所研究的对象或过程。模型可以描述系统的本质和内在的关系,通过对模型的分析和研究,达到对原系统的了解。

模型的表达形式一般分为物理模型和数学模型两大类。

1. 物理模型

物理模型又分为缩尺模型和模拟模型两种：

(1) 缩尺模型

缩尺模型与实际系统有相似的物理性质，这些模型是按比例缩小了的实物，如：风洞试验中的飞机外形和船体外形；用于做动模试验的电力系统装置等。

(2) 模拟模型

模拟模型是用其他现象或过程来描述所研究的现象或过程，用模型的性质来代表原来系统的性质。如：用电流来模拟热流、流体的流动；用流体来模拟车流等。模拟模型又可以进一步按模型的变量与原系统的变量之间的对应关系分为直接模拟模型和间接模拟模型两种。

还有一种具体模型是与原系统完全一致的样机模型，如生产过程中试制生产的样机等。

2. 数学模型

数学模型是系统的某种特征本质的数学表达式，即用数学公式（如：函数式、代数方程、微分方程、微积分方程、差分方程）来描述（或表示、模拟）所研究的客观对象或系统中某一方面的规律。通过对系统数学模型的研究可以揭示系统的内在运动和系统的动态性能。

因为我们主要介绍利用计算机对一个系统进行仿真研究与分析，所以这本书里更侧重于对数学模型的介绍。

根据数学表达式的性质划分，数学模型可以分为：静态模型和动态模型两大类。无论是静态模型还是动态模型都具有抽象性，在计算机上运行的模型还要求具有递归性。

(1) 静态模型——系统处于平衡状态下的属性

静态模型的一般表示形式是代数方程、逻辑表达关系式。例如：系统的稳态解公式、理想电位器转角和输出电压之间的关系式，以及继电器的逻辑关系输出式等。

(2) 动态模型——系统属性随时间而发生变化

动态模型主要分为连续系统模型和离散系统模型。

① 连续系统模型

连续系统模型又可以分为确定性模型和随机性模型。当系统有确定的输入时，系统受到一些复杂而尚未搞清原因的元素的影响，使得输出是不确定的，用随机数学模型来描述。当系统的输入是确定的、而且系统的输出也是确定的时，系统为确定性系统，用确定性模型来描述。确定性模型又可细分为以下几种类型：

a. 微观数学模型和宏观数学模型

许多系统在局部空间或瞬间存在某种规律，它反映出所关注的系统的某种属性，这样得到的模型为微观模型。微观数学模型通常用微分方程和差分方程来描述。如果存在系统在一段时间或一个空间内变化量的总和与其他量之间的某种关系，根据这种关系建立的模型就是宏观模型。宏观模型常用各种积分公式、积分方程、联立方程组来表示。

b. 线性数学模型和非线性数学模型

如果系统的输入/输出是呈线性的关系，也就是说满足均匀性和叠加性，这种系统模型或数学模型就是线性模型。不满足均匀性和叠加性的模型为非线性模型。

c. 集中参数模型与分布参数模型

在科技工程中还存在两种不同类型的系统。一种是当输入送进系统后，输入的激励几乎同时波及到系统的每一点，也就是说，激励只是时间的函数，与系统点的位置无关。另一种是输入的激励要经过一段时间才传播到系统的各点,激励不但是时间的函数而且也是系统各点位置的函数。前一种系统和模型称为集中参数系统和集中参数模型,后一种称为分布参数系统和分布参数模型。如图1-1所示的RLC电路网络就是集中参数系统,电力系统在进行一些特定的研究时就属于一个分布参数系统。集中参数数学模型用常微分方程表示,分布参数数学模型用偏微分方程表示。

d. 定常数学模型与时变数学模型

如果系统的全部参数与时间无关,那么系统为定常系统,主要用常系数微分方程和常系数差分方程来表示;如果系统的参数是时间的函数,那么系统为时变系统,主要用变系数的微分方程和变系数的差分方程来表示,如:含有真空管和晶体管的网络。

e. 存储系统和非存储系统

如果系统任意瞬时 t 的输出仅与该时刻的输入有关,那么具有如此性质的系统为非存储系统,因为 t 时刻的输出与过去的状态无关,故常用代数方程来描述,如:电阻网络;相反,如果系统 t 时刻的输出与 $(t-T,t)$ 区间的系统输入有关,那么系统为一个存储系统,T 为存储长度,如:含有电感或电容的系统,一般应用非代数方程来表示。

② 离散系统模型

a. 时间离散系统。这种系统又被称为采样控制系统,一般采用差分方程、离散状态方程和脉冲传递函数来描述。系统的特性实质上是连续的,只是因为在采样的时刻点上来研究系统的输出,所以构成了时间离散系统。各种数字式控制器的模型均属于此类。

b. 离散事件模型。这种系统模型用概率模型来描述。这种系统的输出,不完全由输入作用的形式来描述,往往存在着多种可能的输出。它是一个随机系统,如:库存系统、管理车辆流动的交通系统、排队服务系统等。因为这种系统的输入/输出是随机发生的,所以一般要用概率模型来描述这种系统。

1.1.4 建模方法

系统模型的建立是系统仿真的基础,而建立系统模型是以系统之间相似性原理为基础的。相似性原理指出,对于自然界的任一系统,都存在另一个系统,它们在某种意义上可以建立相似的数学描述或存在相似的物理属性。一个系统可以用模型在某种意义上来近似,这是整个系统仿真的理论基础。

要对一个系统进行研究,主要分为这样几个部分进行:其"白色"部分,可以建立定量的解析模型;"灰色"部分则可以通过试验、观测和归纳推理获得其模型结构,并根据专家的经验和知识来辨识参数;而对于"黑色"部分,则只能借助于各种信息知识(感性的、理性的、经验的、意念的、行为的等)给予定性的描述。

一个实际的问题往往是很复杂的,影响它的因素总是很多的。如果想把它的全部影响因素(或特性)都反映到数学模型中来,那么这样的数学模型是很难、甚至是不可能建立的;即使建立起来也是不可取的,因为这样的数学模型非常复杂,很难进行数学的推演和计算。反过来,若仅考虑数学处理的要求,当然数学模型越简单越好,这样做又难于反映系统的主要特性。实际建立数学模型一般要遵守以下的原则:

(1) 精确性

精确性是模型与真实客体的相似程度的标志,根据所研究问题的目的、内容的不同对模型的精度有不同的要求。建模的方法、测试数据的精度、模型的结构都对模型的精度有影响。因此，要从工程实际出发，确定合适的模型精度。

（2）合理性

模型是对被研究实体在特定条件下的相似性复现。因此，在模型建立前，合理地提出模型的适用条件是十分必要的。例如：在分析电力传输的问题时，如果只关心输入端和输出端各变量之间的关系，可以建立集中参数模型；如果关心传输线中间的任意处的各变量的情况，就需要建立分布参数模型。

（3）复杂性

在满足所需模型精度的前提下，应对模型进行合理的简化。降低模型的阶数和简化模型结构是降低模型复杂程度的主要办法。为了研究的需要，可以对被研究的实际系统进行适当的分解，但不是分的越细越好。在一些场合，通过适当的简化，不仅可以简化程序，而且可以节省大量的仿真时间。

（4）应用性

建立模型的目的是把对模型的仿真应用于实际系统的分析和研究。因此，对模型中描述变量的选择应该从实际出发，遵循输入量可以测量的原则。

（5）鲁棒性

模型的适应性不仅与模型的精度有关，还与模型的结构、参数等有关。一个鲁棒性好的模型不但在所假设的工况下是适用的，而且当工况在假设条件以外的一定范围内也是适用的。这对于仿真结果的外推是非常重要的。

建立数学模型的一般方法有以下三种：

（1）演绎法

通过定理、定义、公理及已经验证了的理论推演得出数学模型。这是最早的一种建模方法，这种方法适用于内部结构和特性很明确的系统，可以利用已知的定律，如：力、能量等平衡关系来确定系统内部的运动关系，大多数工程系统属于这一类。电路系统、动力学系统等都可以采用这种演绎法来建立数学模型。

（2）归纳法

通过对大量的试验数据分析、总结，归纳出系统的数学模型。对那些内部结构不十分清楚的系统，可以根据对系统的输入/输出的测试数据来建立系统的数学模型。

（3）混合法

这是将演绎法和归纳法互相结合的一种建模方法。通常通过先验的知识确定系统模型的结构形式，再用归纳法来确定具体的参数。

最后，需要对所得到的模型进行检验和修正，检验模型是否反映真实的系统，是否满足精度等。一边检验模型，一边还需要对模型进行修正，直到得到满意的数学模型为止。

1.1.5　系统仿真

仿真界专家和学者对仿真下过不少的定义，其中内勒（T. H. Naylar）于1966年在其专著中对仿真做了如下定义：仿真是在数字计算机上进行试验的数字化技术，它包括数字与逻辑模型的某些模式，这些模型描述了某一事件或经济系统（或者它们的某些部分）在若干周期内的特征。还有一些描述性的定义，从中可以看出，系统仿真实质上包括了三个基本要素：系统、系统模型、计算机。而联系这三个要素的基本活动是：模型建立、仿真模型建立和仿真实验，如图1-2所示。

综合国内外学者对仿真的定义，可以对系统仿真做如下定义：

系统仿真是建立在控制理论、相似理论、信息处理技术和计算技术等理论基础之上的，以计算机和其他专用物理效应设备为工具，利用系统模型对真实或假想的系统进行试验，并借助专家经验知识、统计数据和信息资料对试验结果进行分析和研究，进而做出决策的一门综合性的试验性科学。

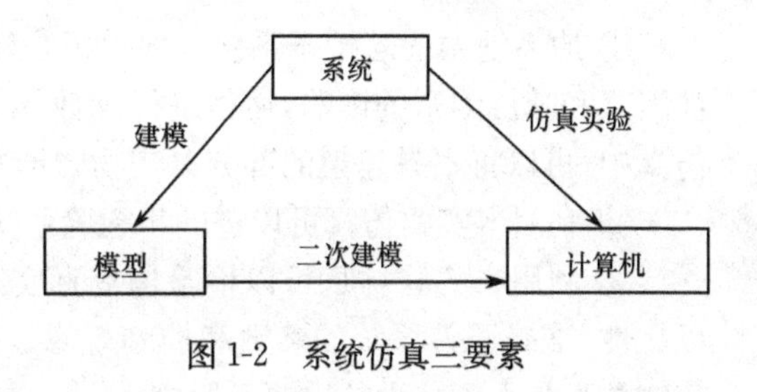

图 1-2　系统仿真三要素

上述定义中的计算技术，除了包含通常意义下的计算理论和技术，还应该包括现代运筹学的绝大部分内容。对信息理论、控制理论、运筹学等的概念和术语，可以参见有关的系统科学和系统工程的著作。

1.1.6　系统仿真分类

依据不同的分类方法，可以将系统仿真进行不同的分类，如：

① 根据被研究系统的特征可以分为两大类，连续系统仿真和离散事件系统仿真。

连续系统仿真是指对那些系统状态量随时间连续变化的系统的仿真研究，包括数据采集与处理系统的仿真 。这类系统的数学模型包括：连续模型（微分方程等），离散时间模型（差分方程等）及连续－离散混合模型。

离散事件系统仿真是指对那些系统状态只在一些时间点上由于某种随机事件的驱动而发生变化的系统进行仿真试验。这类系统的状态量是由于事件的驱动而发生变化的，在两个事件之间状态量保持不变，因而是离散变化的，被称为离散事件系统。这类系统的数学模型通常用流程图或网络图来描述。

② 按仿真实验中所取的时间标尺 τ（模型时间）与自然时间的时间标尺（原型时间）T 之间的比例关系可以将仿真分为实时仿真和非实时仿真两大类。若 $\tau/T=1$，则称为实时仿真，否则称为非实时仿真。非实时仿真又分为超实时 $\tau/T>1$ 和亚实时 $\tau/T<1$ 两种。

③ 按照参与仿真的模型种类不同，将系统分为物理仿真、数学仿真和物理－数学仿真（又称半物理仿真或半实物仿真）。

物理仿真，又称为物理效应仿真，是指按照实际系统的性质构造系统的物理模型，并在物理模型上进行试验研究。物理仿真直观形象，逼真度高，但不如数学仿真方便；尽管不用采用昂贵的原型系统，但在某些情况下构造一套物理模型也需要较大的投资，且周期较长，此外在物理模型上做试验不容易修改系统的结构和参数。

数学仿真是指首先建立系统的数学模型，并将数学模型转化成仿真计算模型，通过仿真模型的运行来达到系统运行的目的。现代数学仿真由仿真系统的软件/硬件环境、动画与图形显示、输入/输出等设备组成。数学仿真在系统分析与设计阶段是十分重要的，通过它可以检验理论设计的正确性和合理性。数学仿真具有经济性、灵活性和仿真模型的通用性等特点，今后随着并行处理技术、集成化技术、图形技术、人工智能技术和先进的交互式建模仿真的软硬件技术的发展，数学仿真必将获得飞速发展。

物理－数学仿真，又称为半实物仿真，准确的称谓是硬件（实物）在回路（Hardware in the Loop）的仿真。这种仿真将系统的一部分以数学模型描述，并把它转化为仿真计算模型；另一部分以实物（或物理模型）方式引入仿真回路。半实物仿真主要具有以下特点：

① 原系统中的若干子系统或部件很难建立精确的数学模型，再加上各种难以实现的非线性因素和随机因素的影响，使得进行纯数学仿真十分困难或难以取得理想的效果。在半实物仿真中，可以将不易建模的部分以实物的形式参与仿真试验，从而避免建模的困难。

② 利用半实物仿真可以进一步检验系统数学模型的正确性和数学仿真结果的精确性。

③ 利用半实物仿真可以检验构成真实系统的某些实物部件乃至整个系统的性能指标及可靠性，准确调整系统的参数和控制规律。在航空航天、武器系统和电力系统等研究领域，半实物仿真是不可缺少的重要手段之一。

1.1.7　系统仿真的一般过程与步骤

系统仿真是对系统进行试验研究的综合性技术学科。对于系统的任一项仿真研究都是一个系统工程，研究过程可简可繁，而对于复杂系统或综合系统的总体仿真研究则是一件难度很大的工作。系统仿真的主要工作有：系统仿真实验总体方案的设计；仿真系统的集成；仿真试验规范和标准的制定；各类模型的建立、校核、验证及确认；仿真系统的可靠性和精确度分析与评估；仿真结果的认可和置信度分析等，涉及面十分广泛。为了使仿真试验顺利进行并获得预期的效果，必须把针对某一实际系统的仿真试验切切实实作为一项系统工程来抓。通常系统的仿真实验是为特定的目的而设计的，是为仿真用户服务的，因此，复杂系统的仿真实验需要仿真者与用户共同参与，从这个意义上来说，仿真实验应该包括这样几个阶段的工作。

1. 建模阶段

在这一阶段中，通常是先分块建立子系统的模型。若为数学模型则需要进行模型变换，即把数学模型变为可以在仿真计算机上运行的模型，并对其进行初步的校验；若为物理模型，它需要在功能与性能上覆盖系统的对应部分。然后根据系统的工作原理，将子系统的模型进一步集成为全系统的仿真实验模型。

2. 模型实验阶段

在这一阶段中，首先要根据实验目的制订实验计划和实验大纲，在计划和大纲的指导下，设计一个好的流程，选定待测量变量和相应的测量点，以及适合的测量仪表。然后转入模型运行，即进行仿真实验并记录结果。

3. 结果分析阶段

结果分析在仿真过程中占有重要的地位。在这一阶段中需要对实验数据进行去粗取精、去伪存真的科学分析，并根据分析的结果做出正确的判断和决策。因为实验的结果反映的是仿真模型系统的行为，这种行为能否代表实际系统的行为，往往得由仿真用户或熟悉系统领域的专家来判定。如果得到认可，则可以转入文档处理，否则，需要返回建模和模型实验阶段查找原因，或修改模型结构和参数，或检查实验流程和实验方法，然后再进行实验，如此往复，直到获得满意的结果。

对于一般意义下的系统仿真，通常将它分为以下10个步骤：

① 系统定义(System Definition)。确定所研究系统的边界条件与约束。

② 数据准备(Data Preparation)。收集和整理各类有关的信息，简化为适当的形式，同时对数据的可靠性进行核实，为建模做准备。

③ 模型表达(Model Formulation)。把实际系统抽象为数学公式或逻辑流程图，并进行模型验证(Validation)。

④ 模型变换(Model Translation)。用计算机语言描述模型,即建立仿真模型,并进行模型校核(Verification)。

⑤ 模型认可(Model Accreditation)。断定所建立的模型是否正确合理,是整个建模、仿真过程中极其困难而又非常重要的一步,并且与模型校核、模型验证等其他步骤都有密切的联系。

⑥ 战略设计(Strategic Planning)。根据研究的目的和仿真的目标,设计一个试验,使之能提供所需要的信息。

⑦ 战术设计(Tactical Planning)。确定试验的具体流程,如仿真执行控制参数、模型参数与系统参数等。

⑧ 仿真执行(Simulation Execution)。运行仿真软件并驱动仿真系统,得出所需数据,并进行敏感性分析。

⑨ 结果整理(Result Interpretation)。由仿真结果进行推断,得到一些设计和改进系统的有益结论。

⑩ 实现与维护(Implementation and Maintenance)。使用模型或仿真结果,形成产品并进行维护。

1.1.8 系统仿真的应用

系统仿真在系统分析与设计、系统理论研究、专职人员培训等方面都有十分重要的应用。

1. 在系统分析与设计中的应用

系统仿真在系统分析与设计中的应用主要有以下几个方面:

① 对尚未建立起来的系统进行方案论证及可行性分析,为系统设计打下基础;

② 在系统的设计过程中利用仿真技术可以帮助设计人员建立系统模型,进行模型简化及验证,并进行优化设计;

③ 在系统建成之后,可以利用仿真技术来分析系统的运行状况,寻求改进系统的最佳途径,找出最优的控制策略。

2. 在系统理论研究中的应用

对系统理论的研究,过去主要依靠理论推导。现在,系统仿真技术为系统理论研究提供了一个十分有利的工具。它不仅可以验证理论本身的正确与否,而且还可以进一步暴露系统理论在实际应用中的矛盾与不足,为理论研究提供新的研究方向。目前,在最优控制、自适应控制和大系统的分解协调控制等理论问题的研究中都应用了仿真技术。

3. 在专职人员训练与教育方面的应用

系统仿真应用于训练和教育是它应用的另一个重要的方向。现在已经为各种运载工具(包括飞机、汽车和船舶等)以及各种复杂设备及系统(电站、电网和化工设备等)制造出各种训练仿真器。它们在提高训练效率、节约能源及安全训练等方面起着十分重要的作用。

1.2 计算机仿真的历史及现状

1.2.1 计算机仿真

数学仿真的基本工具是计算机,通常又将数学仿真称为计算机仿真。按照所使用的计算机的种类的不同,可以将计算机仿真分为模拟计算机仿真、数字计算机仿真和混合计算机仿真。

1. 模拟计算机仿真

模拟计算机是由运算放大器组成的模拟计算装置,它包括运算器、控制器、模拟结果输出设备和电源等。模拟计算机的基本运算部件为加(减)法器、积分器、乘法器、函数器和其他非线性部件。这些运算部件的输入/输出变量都是随时间连续变化的模拟量电压,故称为模拟计算机。

模拟仿真是以相似性原理为基础的,实际系统中的物理量,如:距离、速度、角度和质量等,都用按一定比例变化的电压来表示,实际系统某一物理量随时间变化的动态关系和模拟计算机上与该物理量对应的电压随时间变化的关系是相似的。因此,原系统的数学方程和模拟机上的排题方程是相似的。只要原系统能用微分方程、代数方程(或逻辑方程)描述,就可以在模拟机上求解。

模拟仿真具有以下特点:

① 能快速求解微分方程。模拟计算机运行时各运算器是并行工作的,模拟机的解题速度与原系统的复杂程度无关。

② 可以灵活设置仿真试验的时间标尺。模拟机仿真既可以进行实时仿真,又可以进行非实时仿真。

③ 易于和实物相连。模拟计算机仿真是用直流电压表示被仿真的物理量,因此和连续运动的实物系统连接时一般不需要A/D、D/A转换装置。

④ 由于受到电路元件精度的制约和易于受到外界的干扰,所以模拟仿真的精度一般低于数字计算机仿真,且逻辑控制功能较差,自动化程度也较低。

2. 数字计算机仿真

数字计算机的基本组成是存储器、运算器、控制器和外围设备等。由于数字计算机只能对数码进行操作,所以任何动态系统在数字计算机上进行仿真都必须将原系统模型变换成能在数字计算机上进行数值计算的离散时间模型。故数字仿真需要研究各种仿真算法,这是数字计算机仿真与模拟计算机仿真的最基本的差别。

数字仿真的特点是:

① 数值计算的延迟。任何数值计算都有计算时间的延迟,其延迟的大小与计算机本身的存取速度、运算器的解算速度、所求解问题本身的复杂程度及使用的算法有关。

② 仿真模型的数值化。数字计算机对仿真问题进行计算是采用数值计算,仿真模型必须是离散模型,如果原始数学模型是连续模型,则必须转换成适合数字计算机求解的仿真模型,因此需要研究各种仿真算法。

③ 计算精度高。特别是在工作量很大时,与模拟机相比具有更大的优越性。

④ 实现实时仿真比模拟仿真困难。对复杂的快速动态系统进行实时仿真时,对数字计算机本身的计算速度、存取速度等要求高。

⑤ 利用数字计算机进行半实物仿真时,需要有A/D、D/A转换装置与连续运动的实物相连接。

3. 混合计算机仿真

混合计算机系统是由模拟计算机、数字计算机通过一套混合接口(A/D、D/A)组成的数字、模拟混合计算机系统，该系统具有模拟计算机的快速性和数字计算机的高精度和灵活性的优点。

混合仿真系统的特点是：

① 混合仿真系统可以充分发挥模拟仿真和数字仿真的特点；

② 仿真任务同时在模拟计算机和数字计算机上执行，这就存在按什么原则分配模拟计算机和数字计算机任务的问题，一般是使模拟计算机承担精度要求不高的快速计算任务，数字计算机则承担高精度、逻辑控制复杂的慢速变化任务；

③ 混合仿真的误差包括模拟机误差、数字机误差和接口误差，这些误差在仿真中均予以考虑；

④ 一般混合仿真需要专门的混合仿真语言来控制仿真任务的完成。

1.2.2 仿真软件及仿真计算机

数字仿真语言是现代仿真工具，因其相对简单而被广泛采用。仿真语言最大的优点是软件相对独立于硬件装置，其缺点是仿真速度不能满足实时仿真的要求。

仿真软件是一类面向仿真用途的专用软件，它的特点是面向问题、面向用户。它的功能可概括为：

① 模型描述的规范及处理；

② 仿真试验的执行与控制；

③ 资料与结果的分析、显示及文档化；

④ 对模型、试验程序、资料、图形或知识的存储、检索与管理。

根据上述功能的实现情况，仿真软件分为仿真程序、仿真语言、仿真环境三个不同层次。

仿真软件包括仿真程序和仿真语言，其中仿真程序是仿真软件的初级形式，是仿真软件的基本组成部分。仿真程序用于某些特定的问题的仿真，可提供许多算法；仿真语言则为用户提供更强的仿真功能，适用于不同领域的多种系统的仿真。仿真程序主要是采用高级计算机语言开发出来的，早期使用 Basic 语言，而现在一般使用 Fortran 语言和 Visual C 语言开发仿真程序，并且还发展到采用 Visual C++语言来开发面向对象的计算机仿真程序。

仿真程序一般对计算机的硬件要求比较低，一般的计算机只要配置了相应的算法语言程序就可以运行；仿真程序可以针对不同的问题做适当的修改，以满足不同的需要；仿真程序使用比较简单，只需要输入系统模型和系统参数即可，并可选择多种积分算法。但仿真程序在功能上一般比较简单，只适于解决某一特定领域的一些小型仿真问题。国外从 20 世纪 60 年代开始开发适用于不同领域、不同对象的仿真语言，我国也在 70 年代的后期开始了这方面的研究，仿真语言大多属于面向专门问题的高级语言，它是在通用的高级语言的基础上，针对专门问题研制的，分为面向方程和面向框图两种类型的仿真语言。它不需要用户掌握复杂的高级语言，而是由机器自动翻译成高级语言或汇编语言，所以速度比较慢，并且研制周期较长，但它面向用户，具有较强的仿真功能。目前，仿真语言的开发已经取得了可喜的成果，开发出了许多的应用仿真程序。如：可以处理一般的数学、物理问题的通用仿真语言 ACSL，CSSL，TUTSIM，CSMP 等，这类语言可以被应用于各个领域（技术的、非技术的、经济的、社会的），但是用户必须对建模与仿真的方法有一个基本了解，另外一点需要强调的是通用仿真语言之所以通用是因为它们只能解决一般的问题，而不能解决所有的问题，只适合于解决一些不太复杂的问题；如果要解决特殊的问题就需要专用的仿真语言 MATLAB，SPICE，PSPICE 等，这些语言要求用户能深入了解建模与仿真问题，但用它们去解决一般性的问题却极不方便。

现代仿真使用的计算机根据仿真的对象及仿真的目的的不同，可以使用个人计算机、工作站和大型的计算机。

仿真领域的特点主要表现为大量、复杂、高精度、费时的计算和数据处理，要求使用的计算机具有高速的运算能力、高速的数据交换能力、大容量的数据处理能力，以及高速度的图形处理能力。以前这些工作都由大型机和图形工作站来支持完成，然而随着个人计算机技术的突飞猛进的发展，微处理器、存储介质、图形处理设备等都可以适应仿真领域的要求，操作系统、高级语言、工具软件和应用软件也日益成熟、丰富，个人计算机具有菜单式选择功能和图形用户界面，所以个人计算机也可以满足计算机仿真的要求，一般用于仿真教学和规模较小的系统的离线仿真分析。

工作站是以个人计算环境和分布式网络计算环境为基础，性能高于微型计算机的一类多功能计算机。工作站具有高速运算功能，适应多媒体应用的功能和知识处理功能。中央处理器能够进行高速定点、浮点运算，以及高速度图形处理。工作站由于低廉的价格、友好的人机界面及联网能力，得到了十分广泛的应用。SGI、SUN公司的工作站在该领域一直处于领先的地位，得到了广泛的使用。

大型计算机是由其所处时代的先进技术构成的一类高性能、大容量通用计算机，能够代表一个时期计算机技术的先进综合水平。大型计算机的处理系统可以是单处理机、多处理机或多个子系统的复合体。处理机一般采用两级高速缓冲存储器、流水线技术和多级部件以提高性能。存储器一般有高速缓冲存储器、主存储器、磁盘存储器和海量存储器组成，它们构成多层次的存储器系统。输入/输出系统由通道和外围设备组成。大型计算机有十分广泛的应用领域，在军事、民用等重要应用系统中发挥着巨大作用。在系统仿真中占主导地位。如：我国自主研制的银河Ⅰ型计算机、银河Ⅱ型计算机及银河实时仿真工作站都已经在国民经济与国防建设中发挥了重大的作用。

1.2.3 计算机仿真的发展历史与现状

早期系统科学研究的是单输入单输出的系统，由于系统比较简单，所以常常可以借助于理论分析来解决问题，后来发展到多输入多输出系统，问题就变得复杂了，再后来发展到大系统、巨系统乃至超巨系统，还包括工程和非工程、宏观与微观、生物与非生物、系统与环境、思维与行为的综合系统，当然问题就变得更加复杂了。这时，单纯依靠理论分析和科学实验已经不可能了。因此，仿真模拟就成为科学研究的途径之一了。事实上，早在20世纪40年代仿真试验就已经存在了，风洞试验就是空气动力模拟的典型例证。

从20世纪40年代开始，随着数字计算机的不断发展，仿真技术也得到了发展。计算机进行算术运算的速度，从每秒少于一万次，发展到现在的每秒可以进行上百亿次，甚至上千亿次。计算机仿真使用的语言从机器内部使用的汇编语言，发展到可以使用高级的程序语言及专用的计算机仿真语言。计算机仿真应用的领域也越来越广泛了。

进入80年代以后，超级计算机的仿真计算数据、卫星发回的地球资源、军事侦察数据、气象数据、海洋和地壳板块及地震监测数据、医学扫描图像数据等海量数据的产生与不能有效地解释这些数据的矛盾日益尖锐。首先，计算机仿真技术可以高效地处理科学数据和解释这些科学数据。其次，计算机仿真技术丰富了信息交流手段，即科学家之间的信息交流不再局限于采用文字和语言，而是可直接采用图形、图像、动画等可视信息。计算机仿真技术提供的参数最优化技术使科学家能够对中间计算结果进行解释，及时发现非正常现象与错误，达到动态调整计算过程的目的。

计算机仿真技术的形成也是推动工业发展、提高工业界竞争能力的需要。历史已经证明，推动工业发展的原动力是基础科学研究，科学上的新发现将促进工业界新的革命，而促使基础研究发展的重要手段之一是提供先进的科学计算工具(硬件和软件)。先进的科学计算工具同时也是促进当代工业发展的新动力，例如无图纸设计、虚拟样机技术等对缩短产品设计周期、提高产品质量、降低成本具有十分重要的作用。国外有学者提出，应用计算机仿真要解决六大问题：核反应过程、宇宙起源、生物工程、结构材料、社会经济、未来战争。计算机仿真技术是先进的科学计算工具的重要组成部分，因此，世界各国都十分重视计算机仿真技术的研究。

国际上，仿真技术在高科技中所处的地位日益提高。在 1992 年度美国提出的 22 项国家关键技术中，仿真技术被列为第 16 项；在 21 项国防关键技术中，被列为第 6 项。甚至把仿真技术作为今后科技发展战略的关键推动力。北约在 1989 年制定"欧几里得计划"中，把仿真技术作为 11 项优先合作的发展项目之一。计算机仿真在国防上已得到了成功的应用，扩展的防空仿真系统(EADSIM)在海湾战争中得到验证，科索沃战争呈现出信息化、智能化、一体化的发展新趋势，进一步表明了计算机仿真的重要性。近年来，美国在总结成功经验的基础上，更加重视仿真，已将发展"合成仿真环境"作为国防科技发展的七大科技推动领域之一。所谓合成仿真环境，就是在广泛采用 DIS 及相关的计算机技术(如灵境技术)的基础上，创造一种进行武器系统研究和训练的人工合成环境，在新武器系统研制过程中，用仿真实验(虚拟样机)代替实际样机试验，使新技术、新概念、新方案在虚拟战场条件下反复进行演示验证和分析比较，从而确定最佳方案，选择最佳技术路线。在此过程中，武器研制部门与武器的未来使用部门通过联网加强早期合作，即用户尽早介入"国防发展战略"，使新武器装备更合适军方的要求，并可以提前制定作战使用方案，比原先的实际样机方案更省时、省力，大大节约经费。

据资料，面临着全面禁止核武器试验和全面禁止化学武器试验的形势，美国、俄国等军事强国都花费大量的人力、财力从事计算机仿真技术的研究。他们认为，当在实际系统上进行试验比较危险或难以实现时，计算机仿真就成了十分重要、甚至是必不可少的工具。计算机仿真具有经济、灵活、可靠安全、可多次重复使用等优点，已成为许多复杂系统(工程的、非工程的)分析、设计、试验、评估等不可缺少的重要手段。

我国的计算机仿真技术的研究与应用起步较早，而且发展迅速。20 世纪 50 年代开始，在自动控制领域首先开始采用仿真技术，面向方程建模和采用模拟计算机的数据仿真获得较普遍的应用，同时自行研制的三轴模拟转台自动飞行控制系统的半实物仿真试验已经开始应用于飞机、导弹的研制中。60 年代，在开始连续系统仿真的同时，已开始对离散事件系统(如交通管理、企业管理)的仿真进行研究。70 年代，我国的训练仿真器获得迅速的发展，自行设计的飞行模拟器、舰艇模拟器、坦克模拟器、火电机组培训仿真系统、化工过程培训仿真系统、机车培训仿真器、汽车模拟器等相继研制成功，并形成一定的市场，在操作人员的培训中起了很大的作用。80 年代，我国建设了一批水平高、规模大的半实物仿真系统，如：射频制导导弹半实物仿真系统、红外制导导弹半实物仿真系统、歼击机工程飞行模拟器、歼击机半实物仿真系统、驱逐舰半实物仿真系统等。这些半实物仿真系统在武器型号的研制中发挥了巨大的作用。90 年代，我国开始对分布交互式仿真、虚拟现实等先进的仿真技术及其应用进行研究，开展了对较大规模复杂系统的仿真，由对单个武器平台的性能仿真发展为对多个武器平台在作战环境下的对抗仿真等。

目前，计算机仿真技术被广泛应用在众多的领域，主要有以下的领域：声学、航天、航海、农业、食品和营养、空气质量、天文学和天文物理学、自动装置、动力系统、发射学和军事应用、生物学、医学、医药、卫生系统、布朗运动、化工、化学、采矿、制造、密码、气候学、气象学和太阳能利用、通信、计算机装置、计算机网络、结晶学、计量学、电子学、能量、发酵、金融、渔业、灌溉、林业、打猎、放牧管理、全息照相术、信息理论、保险、发明管理和政策、公共汽车系统、就业、排队、维修、计划与决策、生产与分配制度、人口生态与野生生物管理、社会体制与公共政策、心理研究，等等。

1.3　计算机仿真的发展与展望

1.3.1　计算机仿真技术的发展

计算机与数学科学的相互作用促进了计算机仿真技术的发展，在本质上，数学是计算机的灵魂，反之，计算机的发展又使数学的发展产生了革命性的变化。不仅使数学科学应用的范围和能力得到极大的扩大，而且进一步促使了数学科学自身的发展。通过在计算机上进行巨量计算，解决了许多困难的数学问题，并猜测和发现了新的事实和定理，促进了离散数学等新的数学理论的诞生，把人类的演绎思维机械化，实现了机器证明，开创了自动推理等新领域。

随着仿真技术发展对计算机仿真应用又有以下新的需求：

① 减少模型的开发时间，即从重视编程转向重视建模，包括研究结构化建模的环境与工具，建立模型库及模型开发的专家系统；

② 改进精度，包括改进模型建立的精度和试验的精度，比如，研究模型结构特征化的新方法——模式识别法和人工智能法、连续动力学系统的数值解法、随机数产生的方法等；

③ 改进通信，包括人与人之间的通信及人与计算机之间的通信，如：研究模型的统一描述形式，图形输入与动画输出，仿真结果的统计、分析等。

针对上述需求，提出了一系列有意义的技术方案。

1. 改善建模环境

采用模块化、结构化建模技术。根据不同的实际系统的组成，对系统进行分解，抽象出它们的基本成分及组合关系，确定各种基本成分及其连接的描述形式并开发一种非过程编程语言（模型描述语言），根据应用领域的不同建立相应的模型库并使它们与模型试验有机地结合起来。采用这种技术不仅可以使仿真软件直接面向工程师，而且能大大缩短建模的时间。

采用图形建模技术。利用鼠标器在计算机屏幕上将模型库中已有的系统元件拼合成系统的模型；利用数字化仪将系统图形输入到计算机中；利用图形扫描仪将系统图读到计算机中；通过网络将由CAD软件产生的系统图传给计算机仿真软件（需要有一个共同的图形转换标准）。

利用专家系统来确定系统模型的特征（模型的形式、线性、非线性、阶次）；开发一个自然语言接口来辅助用户建模；开发一个智能接口通过对话获得有关系统的知识，然后直接产生仿真模型等。

2. 一体化仿真

根据仿真的基本概念，可以认为仿真是一种基于模型的活动，即建立模型、对模型进行试验（行为产生）、对实验所产生的模型行为进行分析处理、修改模型、再试验、分析……不断反复的过程。因此,仿真的全过程涉及很多的功能软件,且各个功能软件之间存在着密切的信息联系。为了提高仿真效率,必须将它们集成起来,即开发一体化的仿真环境,这是20世纪80年代后期仿真软件的一个发展趋势。根据一体化的程度,可以分三个层次:

① 不同功能软件通过一个管理软件利用数据转换接口实现一体化;

② 重新划分功能块,建立模型库、参数库、试验框架库,然后通过数据库实现一体化;

③ 在仿真操作系统的支持下,实现对仿真关联资源的有效管理,并支持这些资源的匹配与运行,实现整个仿真软件系统的高度一体化。

3. 计算机仿真数据库

计算机仿真数据库是实现一体化的关键技术之一。由于计算机仿真中所涉及的"数据"比较复杂,除一般的结构化数据外,还有大量的非结构化数据,如:图形(流程图、肖像图及表达式)、模型、算法、试验框架等。因此,现在比较流行的关系型数据库并不十分适合这样的应用环境。通常它只能管理模型目录、算法目录,而模型与算法本身仍另外存放,这就很难保证数据的一致性。另外,关系数据库查询比较慢,也是一个缺点。因此,开发一个面向计算机仿真的数据库管理系统是很有意义的。

4. 动画

图形图像技术在计算机仿真中越来越显示出它的重要性。图形图像技术在计算机仿真中的应用主要反映在两个主要方面:辅助建模、显示仿真结果(实验过程中或实验后)。其中动画在实验过程中显示系统的活动及其特征,是非常重要的。动画一般要与图形建模相配合,并保持一致性,另外,还要处理好动画与仿真钟的匹配关系。

5. 实现计算机仿真结果分析到建模的自动反馈

目前,绝大多数计算机仿真软件或仿真器都不能提供这种功能,而是由用户自己根据仿真结果做出决策,并修改建模。少数情况,如连续系统仿真,当系统目标能写成函数形式,修改模型仅限于模型中部分参数或结果时,已可以自动完成从仿真结果分析到建模的反馈。当前研究的重点是对离散时间系统如何实现自动反馈,专家系统可能是解决这一问题的途径之一。

6. 基于信息处理的计算机仿真

在传统的计算机仿真软件中,模型最终将用一段程序代码来表示,执行仿真实验则是将这一段程序代码与其他代码(如算法)连接起来,并加以执行。而在基于信息处理的计算机仿真中,模型是以信息链的形式表示,并被存储于计算机仿真数据库中,再进行计算机仿真。首先根据问题的要求选取各种所需要的建模元件,并在主存中重新构造一个数据库的子集,然后跟踪在数据库中定义的信息关系以便控制它们,最后将计算机仿真结果存放回数据库。这是一种十分新颖的结构。

另外,计算机仿真软件的开发环境也在不断地发展,双处理器、四处理器的工作站和PC已开始投入使用,可以预见,在未来几年内,基于共享存储器的并行计算机将成为普及型机种。在并行软件的开发环境中,并行语言是用户与复杂的并行机之间的重要接口,具有使用方便且运行高效的特点。典型的高性能语言有高性能Fortran(HPF),高性能C++(HPC++)和Tread Mark。由于计算机网络的进步,将Internet和Web转变成为功能强大的计算机系统(Metacomputing System)和工具的条件已经成熟。当前的计算机仿真技术系统采用的显示设备仍以个人使用的CRT光栅扫描显示器为主流,几年来投影式显示器随着虚拟环境技术的发展日益成熟,并越来越引起人们的兴趣。这类投影显示设备通常具有屏幕大和沉浸式的特点，从而允许多人介入，并给予身临其境的感觉。因此，很多高档的计算机仿真应用系统已经采用此类投影式显示设备，以得到更加逼真的效果。

1.3.2　计算机仿真技术的展望

1. 分布式计算机仿真技术

计算机仿真技术的分布式，既是由于数据分布的需要，也是应用分布式计算环境进行并行计算，以达到实时显示的重要手段。这里所指的分布式计算平台由联网的异构机组成，包括高性能的SMP和DSM多处理器、工作站/PC群系统，与高性能图形处理机集成在一起构成实时的计算机仿真计算环境。目前的困难在于，缺乏高效的、使用方便的并行软件开发工具和分布式软件开发工具。

2. 协同式计算机仿真技术

随着高速主干网投入使用，采用多媒体技术支持下的CSCW技术可以达到快捷、高效协同工作的目的。事实上，要做到真正、方便地协同工作，还有许多的困难要解决，例如：如果要求不同研究组的成员之间在空间上和时间上做到应用共享、上下文共享，则要求用户能记录结论及交互操作的历史，并对虚拟表示和行为做出评价等。

3. 沉浸式计算机仿真技术

计算机仿真技术采用传统上为虚拟环境技术所专用的投影式和沉浸式显示设备，标志着这两个研究方向融合的发展趋势。由于沉浸式显示设备能使用户获得临场感，更有利于用户获得对数据的直观感受，有助于结果的分析。传统上，由于沉浸式显示设备特别是CAVE的价格高，对计算机图形绘制性能的要求也高，因而无法普及。随着虚拟环境技术的发展和高性能计算机软硬件平台的发展，人们将越来越愿意采用沉浸式显示设备。

4. 基于网络环境的计算机仿真技术

网络为王、网络经济、网络时代、互联网络正在造就有史以来最为奇特的人文景观，信息共享正在把地球变成一个小小的村落。19世纪是铁路时代；20世纪是高速公路时代；21世纪是网络时代。什么是信息社会的未来，那就是虚拟环境和网络。分布式虚拟环境（Distributed Virtual Environment，DVE）就是把这两项技术结合在一起，在一组以网络互连的计算机上同时运行虚拟环境系统技术，在21世纪，基于虚拟环境技术的计算机仿真技术将会得到普及。

5. 计算机仿真理论、仿真技术、仿真对象三者有机地结合在一起

目前从事计算机仿真技术研究的人员主要由三部分组成，第一部分是从事自动控制与应用数学的人员，第二部分是从事计算机技术的人员，第三部分是从事仿真对象（应用专业）的人员。实际上很多科技人员是肩负着三副重担。只有注重这三者的有机结合，相互渗透，才会使应用数学中的相似理论、同态理论更加丰富，计算机仿真的软硬件更加先进，各种各样的仿真对象的仿真模型更加逼真。

6. 计算机科学技术与通信科学技术紧密融合，相互渗透，大大加速人类社会信息化进程

随着世界各国信息基础设施的建立与发展，计算机科学技术与通信科学技术更加紧密融合，相互渗透，全球性的计算机联网促进了信息资源的开发利用。计算机进入千家万户，已经成为人类工作和生活的必需品。计算机科学技术成为人类必须学习的基础知识。特别是计算

机网络技术、多媒体技术、虚拟现实技术、面向对象技术、并行处理技术，以及分布式处理与集群式处理技术的有机结合与综合应用，展示出计算机与计算机科学技术的宏伟前景，从而，必将大大加速人类社会信息化的进程。在这种大的背景下，作为计算机应用一个重要分支的计算机仿真技术将得到快速的发展。

7. 新型元器件的发展，体系结构的发展，以及实现技术的发展，大大提高了计算机仿真系统的性能价格比，促进了计算机仿真技术的发展

随着纳米微细加工技术趋于成熟，微电子集成器件将得到进一步发展，同时光电子集成器件与生物器件一旦成为现实，计算机的运算速度便可以提高几个数量级。随着冯·诺依曼式计算机的研究与发展、新型计算机体系机构的出现、计算机辅助技术和新型工艺的应用，使得计算机的性能价格比大幅度提高，计算机仿真技术将获得长足的发展。

8. 新技术将大大提高计算机仿真软件的功能与性能，解决计算机仿真系统开发中的软件瓶颈问题

随着对以智能化、集成化、自动化、并行化、开放化，以及自然化为标志的计算机仿真软件的深入研究、开发和利用，不但使仿真软件的功能与性能迅速提高，而且有可能从根本上解决仿真软件生产率低下的问题。结合软件工程实际，探讨软件理论，有可能从理论上弄清软件开发的复杂程度，从而采取有效的措施进行控制，从理论与实践两个方面来解决计算机仿真系统开发中的软件瓶颈问题。

9. 信息安全保密成为计算机仿真技术领域的重大课题

在全球联网的趋势下，为保证信息资源的共享，计算机系统与网络的互操作性、开放性和标准化将受到高度重视。同时由于计算机进入千家万户，成为人人可以利用的设施，使用的简明化、自然化和信息安全保密将成为计算机仿真技术领域的重大课题。计算机仿真技术已经应用于各行各业，但应用于军事部门、军工部门、关键部门更多一些，因此信息安全保密显得更为重要。

10. 计算机仿真技术产业化

计算机仿真技术的研究开发成果只有通过产业的商品转化进入市场，才能产生价值与经济效益。同时反馈市场需求与资源，促进计算机仿真技术的更大发展。而计算机仿真产业也只有紧密依靠计算机仿真技术提供新思想、新方法、新工艺，以更新产品、拓宽市场、加强竞争力。两者相辅相成，从而构成整个计算机仿真事业发展的良性循环。

计算机是20世纪40年代人类的伟大创造。半个多世纪以来，计算机、计算机科学技术、计算机产业在世界范围内蓬勃发展，规模空前。它的诞生和发展对人类社会作用巨大，影响深远。计算机仿真技术是计算机应用最活跃的领域之一，计算机仿真技术必将在21世纪异彩纷呈、绚丽夺目。

习题与思考题

1.1 什么是系统？系统具有什么性质？

1.2 系统仿真的目的是什么？

1.3 系统的分类方法有哪些？

1.4 系统模型的分类方法有哪些？

1.5 系统建模的基本原则是什么？建模方法有哪些？

1.6 系统仿真一般分为哪几类？

1.7 什么是计算机仿真？计算机仿真的方法有哪些？

1.8 什么是计算机仿真软件？什么是计算机仿真语言？

1.9 目前计算机仿真发展到了什么阶段？

1.10 结合自己的专业谈谈计算机仿真的发展趋势。

本章参考文献

[1] 刘藻珍，魏华梁．系统仿真．北京：北京理工大学出版社，1998.

[2] 黄柯棣等．系统仿真技术．长沙：国防科技大学出版社，1998.

[3] 熊光楞，肖田元，张燕云．连续系统仿真与离散事件系统仿真．北京：清华大学出版社，1991.

[4] 何江华．计算机仿真导论．北京：科学出版社，2001.

[5] 姜玉宪．控制系统仿真．北京：北京航空航天大学出版社，1998.

[6] 何衍庆．过程仿真．北京：中国石油化工出版社，1996.

[7] 王国玉，肖顺平，汪连栋．电子系统建模仿真与评估．长沙：国防科技大学出版社，1999.

[8] 张晓华．控制系统数字仿真与CAD. 北京：机械工业出版社，1999.

[9] 肖田园，张燕云，陈加栋．系统仿真导论．北京：清华大学出版社，2000.

[10] 康凤举．现代仿真技术与应用．北京：国防工业出版社，2001.

[11] 傅延亮．计算机模拟技术．合肥：中国科学技术大学出版社，2001.

[12] 陆治国．电源的计算机仿真技术．北京：科学出版社，2001.

[13] 王红卫．建模与仿真．北京：科学出版社，2003.

[14] Averill M. Law，W. David Kelton. Simulation Modeling and Analysis（仿真建模与分析）．北京：清华大学出版社，2000.

第 2 章　系统建模的基本方法与模型处理技术

系统是我们研究的对象，模型是系统行为特性的描述（一般情况下模型是与研究目的有关的、系统的行为子集特性的描述），仿真则是模型试验。仿真的结果是否可信，一方面决定于模型对系统行为子集特性描述的正确性与精度；另一方面决定于计算机模型与物理效应模型实现系统模型的准确度。系统建模是系统仿真的基础，系统模型化技术是系统仿真的核心。任何系统的动态特性都取决于两大因素，即内因（系统的结构、参数、初始状态）和外因（输入信息和干扰）。任何一个实际的系统，不论它是电的、机械的，还是液压的；也不论它是生物学的还是经济学的，只要能把它的内外两大因素都用数学表达式描述出来，也就是得到了数学模型。有了它，便可以在计算机上研究实际系统的动态特性了。

本章主要介绍系统数学模型的建模原理、建立方法，以及模型之间的转换和处理方法。

2.1　相似原理

相似是一种认识，它同人们的感觉、思维、经验，以及使用的仪器、方法等都有直接的关系。我们认识的世界并不是完全真实的客观世界，而仅是其相似物而已。从哲学的角度来讲，相似是普遍的、绝对的，而与之对应的相同则是特殊的、相对的。因此，应用相似理论的研究成果，可以通过简单的模型试验去研究复杂的现象。

相似理论是系统仿真学科的最主要的基础理论之一，主要包括相似原理、相似方法和实现相似的方法。

2.1.1　相似性

相似性是一个非常朴素和极其普遍的概念，是自然界中一种普遍存在的现象。

相似性原理就是按某种相似方式或相似原则对各种事物进行分类，获得多个类集合；在每一个类集合中选取一个具体事物并对它进行综合性的研究，获取有关信息、结论和规律性的东西；这种规律性的东西可以方便地推广到该集合的其他事物中去。对于相似性有以下的定理。

定理 1　以 S 表示系统整体或部分所具有的某些特征，则相似具有下列性质。

① 自反性：$S \backsim S$（这里符号 $\backsim$ 表示相似）。

② 对称性：假如 $S_1 \backsim S_2$，则 $S_2 \backsim S_1$。

③ 传递性：假如 $S_1 \backsim S_2$，并且 $S_2 \backsim S_3$，则 $S_1 \backsim S_3$。

需要指出的是，传递性会直接影响相似度，即 S_1 与 S_2，S_2 与 S_3 及 S_1 与 S_3 之间的相似度可能两两不相等。

定理 2　相似具有下列性质：

① 相似的系统可用文字相同的方程组描述，或者说它们具有相同的数学描述；

② 表征相似系统的对应量在四维空间（通常意义下的三维空间加上一维时间空间）互相匹配且成一定的比例关系；

③ 由于描述相似系统的对应量互相成比例，同时描述相似系统的方程又是相同的，所以各对应量的比值（相似倍数）不能是任意的，而是彼此相约束的。

2.1.2 相似的方式

相似的概念在科学研究及工程实际中有着十分重要的作用。在工程技术领域中，一般都能接触到与相似有关的问题，特别是，在现代科学试验工作中，总要应用相似概念及相似理论解决问题。简单地来看，可以将相似归纳为以下六种基本类型。

1. 几何相似

几何相似的概念首先出现在几何学里。如：对应角相等，对应边成比例的两个多边形相似。几何相似就是几何尺寸按一定的比例放大或缩小，这样按结构尺寸比例缩小得到的模型，成为缩比模型，由于其外形相似，又有肖像模型之称。如：风洞吹风试验中的飞机、火箭模型，水池试验中的船舶模型，都是这样制成的。

类似的还有时间相似、速度相似、温度相似、动力相似等。

2. 模拟

将原始的方程变换成模拟计算机的排题方程或某些定点运算的仿真计算机仿真程序，是按照综合参量比例相似的原则进行变换的，以便使用计算机进行运算。

3. 数学相似

应用原始数学模型、仿真数学模型，进行数字仿真或模拟仿真，近似地而且尽可能逼真地描述某一系统的物理特征或主要物理特征，则为性能相似 —— 即数学相似。

图2-1所示的车厢支持系统（机械的）与一个振荡电路（电系统），它们的数学模型如下。

机械系统的数学模型为
$$M\frac{\mathrm{d}^2x}{\mathrm{d}t^2}+D\frac{\mathrm{d}x}{\mathrm{d}t}+Kx=F(t) \tag{2.1}$$

式中，M为惯性参数；D为阻尼；K为弹性比例；x为位移。

电系统的数学模型为
$$L\frac{\mathrm{d}^2q}{\mathrm{d}t^2}+R\frac{\mathrm{d}q}{\mathrm{d}t}+\frac{1}{C}q=E(t) \tag{2.2}$$

式中，L为电感；R为电阻；C为电容；q为电量。

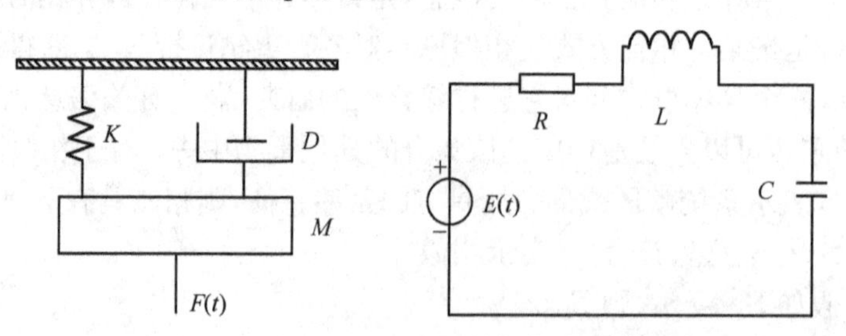

图2-1 机械系统与电路系统互为相似的模型

这两个系统的数学模型是互为相似的，这使得我们可以通过研究电路系统来揭示机械系统的运动规律；另外，对电路系统本身而言，其数学模型又相似于实际的电路系统，故又可以借助数学模型研究实际系统的运动规律。再比如，利用下述方程

$$\frac{\partial^2\varphi}{\partial x^2}+\frac{\partial^2\varphi}{\partial y^2}+\frac{\partial^2\varphi}{\partial z^2}=0 \tag{2.3}$$

可以描述不同系统，如果φ是温度，则上述方程表示固体中的温度场；如果φ是电势，上述方程

可以表示导体中的电势场;如果 φ 是重力,则上述方程表示重力场。

4. 感觉信息相似

感觉相似涉及人的感官和经验,但人为因素的传递函数很难确定,数学描述也很困难,而且它因人而异,随作业而变,对同一人员还随时间而变。所以最有效的办法也许是人的参与,比如,人在回路中的仿真把感觉相似转化为感觉信息相似。感觉信息相似包括运动感觉信息相似、视觉感觉信息相似、音响感觉信息相似等。各种训练模拟器及当前正蓬勃兴起的虚拟现实技术,都是应用感觉信息相似的例子。虚拟现实的核心是在计算机产生的人造环境中,用户一般是借助于头盔(内含显示器和立体声耳机) 进入三维声、像环境,通过头、眼、手跟踪器以及数据手套等传感器感受人的操作和语言指令,进行人机环境的信息交流。

5. 逻辑思维相似

思维是人脑对客观世界反映在人脑中的信息进行加工的过程,逻辑思维是科学抽象的重要途径之一,它包含数理逻辑、形式逻辑、辩证逻辑、模糊逻辑等。它在感性认识的基础上,运用概念、判断、推理等思维形式,反映客观世界的状态与进程。由于客观世界的复杂性,人们的认识在各方面都受到一定的限制,人的经验也是有限的,因此,人们用以分析、综合事物的思维方法,以及由此而得出的结论,一般来说也只能是相似的。

6. 生理相似

人体生理系统是一个相当复杂的系统,甚至还有许多机理至今尚未搞清楚,因此,对整个人体进行分解研究是一种较为有效的办法。首先分系统、分器官,逐个进行建模,然后将各个部分通过输入/输出联系起来构成整个人体系统。

2.1.3　相似方法

相似的方法有许多种,以下是几种常用的方法。

1. 模式相似方法

模式相似方法包括统计决策法和句法(或结构) 方法。

统计决策法是指选择某一类事务的特征空间的某些典型或主要特征,实际上是使特征空间降维,设计有效的模式分类器。在多类、多特征情况下,则设计有效的多级判断树形模式分类器。对某种要求识别其模式的事务,按一定的操作步骤,经若干次与参考模式的匹配,即可判别待识别的事务的类别。

句法(或结构) 方法,将事物的模式类比语言的句子,借用形式语言来描述和表达模式。待分类的模式,只需根据各模式方法进行句法分析即可判别它的类型,并给出其结构描述。

无论哪种模式识别方法,其识别结果都是对实际模式的相似。

2. 模糊相似方法

如果说概率统计是研究一级不确定性问题的话,那么模糊理论则是研究双重或多级不确定性。

对仿真系统来说,相似方法是用来分析仿真系统与真实系统的相似程度(精度)。仿真系统在很多情况下确实存在模糊问题,需要用模糊相似方法才能进行研究分析。

3. 组合相似方法

在仿真系统中,即使各个部件和子系统均已获得精度足够高的相似处理,已经满足各自的性能指标，但未必能保证系统整体性能满足要求，故有必要对各个子系统建立组合相似模块并进行综合补偿处理，形成组合相似方法，以适应不同模态和不同情况需要。

4. 坐标变换相似方法

坐标变换相似方法是研究空中运动物体不可缺少的一种方法，经常用于飞行器状态数学模型中，在视景系统的相似变换中更是经常使用。

2.2　建模方法学

2.2.1　数学模型的作用

数学模型有着十分广泛的应用，它们的应用无论是在纯科学术领域还是在工程技术领域都获得了巨大的成功，对现实世界的影响正在日益增大。首先，它帮助人们不断加深对现象的认识，并且启发人们去进行可以获得满意结果的试验，提高人们的决策和干预能力。

从提高认识能力这个方面来考虑，分为通信、思考、理解三个层次。首先，一个数学描述要提供一个准确的、易于理解的通信模式，即信息传递给别人时，这种模式可以减少引起误解的几率。其次，在研究系统的各种不同问题或考虑选择假设时，还需要一个相当规模的辅助思考过程。最后，一旦模型被综合成一组公理和定理时，这样的模型将使我们更好地认识现实世界的现象。

同样，为了加强决策能力，我们也划分出三个不同的干预层次，分别为管理、控制和设计。人们通过管理可以确定目标和决定行动的大致过程，控制级中的动作虽仅限于某个固定范围，但动作与策略之间的关系是确定的，控制和管理是一种连续的“在线”活动。在设计层，设计者可以在较大程度上进行设计，以满足希望，但需要花费较高的代价，因此不经常使用。

根据上述的情况，我们把现实世界分为可以观测和不可以观测两部分来认识，分为可以控制和不可以控制两部分进行决策。可观测部分对应于系统的所有能被辨别、理解、观测和测定的部分，可控制部分则对应于系统中所有那些可用某种方式加以修改、转换、把握和影响的部分，余下的部分分别对应于不可观测和不可控制部分。在某一特定的环境下，观测和干预必须相应限制在此时系统的可观测部分和可以控制部分。

一般来说，建模工作的目的是提高认识和干预能力，这两者是相辅相成的，也就是说数学模型具有目标的二元性。虽然，在一个给定的环境中，建模的主要目标可能是为了加深对事物的认识程度，但建立的模型同时也可能具有提供干预的能力。同样为了控制而建立的模型也将有助于人们对系统的认识。

2.2.2　数学模型的形式化表示

建立真实世界与数学模型之间的相互关系，抽象是唯一的手段，即抽象是建模的基础。例如，考虑一个物体的运动时，可以应用运动定律，在这个过程当中，物体的详细性质并不重要，经过抽象以后，它们只被看成一个质量重心。在数学上，集合的概念是建立在抽象的基础上的，集合的运算允许我们不必详细说明细节而去处理抽象以后的关系，因此，集合论对建模是非常有用的。

实际系统是所关注的现实世界的某个部分，它具有独立的行为规律，是相互联系又相互作用的对象的有机组合。系统的数学模型就是通过对系统的全部或部分的分析，对系统与外部的作用关系及系统内在的运动规律所做的抽象，并将此抽象用数学的方式表示出来。另外，一个系统可以分解为若干个子系统，而一个子系统又可以分解为若干个更小的子系统，系统的这个特性就决定了描述系统的数学模型存在着递归性。集合论正好可作为研究系统的工具，因为建模就是要得到一个被化为抽象集合结构的系统的定义，这个集合结构总是可以用若干个同类结构的合成体来替换，从而不断地使其具体化。

一个系统可以被定义成下面的七元组集合结构

$$S = \langle T, X, \Omega, Q, Y, \delta, \lambda \rangle \tag{2.4}$$

式中，T 为时间集；X 为输入集；Ω 为输入段集；Q 为内部状态集；Y 为输出集；δ 为状态转移函数；λ 为输出函数。它们的含义与限制如下。

1. 时间集

T 是描述时间和为事件排序的一个集合，通常，T 为整数集 I 或实数集 R，则系统也就分别被称为离散时间系统或连续时间系统。

2. 输入集

X 代表系统界面的一部分，外部环境通过它作用于系统，例如，通过信息流和物质流作用于系统。因此，可以认为系统在任何时刻都受输入流集和 X 的作用，而系统不直接控制集合 X。通常选取 X 为 R^n，其中，$n \in I^+$，即 X 代表 n 个实值的输入变量。如外部输入是离散的事件，X 可表示为 $X_m \cup \{\varnothing\}$，其中 X_m 为外部时间集合，$\varnothing$为空事件。

3. 输入段集

一个输入段描述某时间间隔内系统的输入模式。当系统嵌套在一个大系统中时，输入模式由系统的环境决定。当系统处于孤立的情况下，环境被一个段集所替代。考虑到系统重构，该段集应该包括系统所能接受的所有输入模式，因此，一个输入段集是片段的一个特例，同时它又是这样一个映射 $\omega:\langle t_0, t_1 \rangle \to X$，其中，$\langle t_0, t_1 \rangle$ 是时间集中从开始时刻 t_0 到终止时间 t_1 的一个区间，所有上述输入片段所构成的集合都记做(X, T)，输入段集 Ω 是(X, T) 的一个子集。

通常选取Ω为分段连续段集，这时 $T = R, \omega:\langle t_0, t_1 \rangle \to X, X = R^n$；$\Omega$也可以为离散时间段集，$T = R, \omega:\langle t_0, t_1 \rangle \to X_m \cup \{\varnothing\}$，并且，除对于有限的事件时间集合$\{\tau_1, \cdots, \tau_n\} \subset \langle t_0, t_1 \rangle$ 以外，$\omega(t) = \varnothing$。当时间集 $T = I$ 时，Ω 为有限时间序列。

4. 内部状态集

内部状态集 Q 表示系统的记忆，即过去历史的遗留物，它影响着现在和将来的响应。内部状态集 Q 是内部结构建模的核心。例如，对于线性系统，状态方程如下：

$$\begin{aligned} \dot{X} &= AX + BU \\ Y &= CX + DU \end{aligned} \tag{2.5}$$

式中 X 为状态集，是系统建模的核心。

5. 状态转移函数

状态转移函数是一个映射 $\delta: Q \times \Omega \to Q$，它的含义是：若系统在时刻 t_0 处于状态 q，并且施加一个输入段 $\omega:\langle t_0, t_1 \rangle \to X$，则 $\delta(q, \omega)$ 表示系统 t_1 时刻的状态。因此，任一时刻的内部状态和从该时刻起的输入段唯一地决定了段终止时的状态。

根据给定的状态的定义可知，状态集的选择不是唯一的，甚至其维数也是不固定的。因此，寻找系统的一个合适而有利的状态空间，是一件很有意义的事，它将使我们能用当前的一个抽象的数值去替代过去的数值。另外，状态集合主要是一个建模的概念，在真实系统中并没有什么东西和它直接对应。

6. 输出集

输出集合Y代表着界面的一部分，系统通过它作用于环境。除方向不同外，输出集合的含义和输入集合的含义完全相同，如果系统嵌套在一个大系统，那么该系统的输入（输出）部分恰是其环境的输出（输入）部分。

7. 输出函数

输出函数是使假想的系统内部状态与系统对其环境的影响相关联，如系统不允许输入直接影响输出，则输出函数是一个这样的映射$\lambda:Q\rightarrow Y$。但是，输出函数更为普遍的是下面的映射$\lambda:Q\times X\times T\rightarrow Y$，即当系统处于状态$Q$时，并且系统的当前输入是$X$时，$\lambda(q,x,t)$能够通过环境检测出来。输出函数并不一定是不变的，$\lambda$是一个多对1的映射。

2.2.3 模型的有效性和建模的形式化

模型的有效性可用实际系统数据和模型产生的数据之间的符合程度来度量，一般分为三个级别，分别为：复制有效、预测有效和结构有效。不同级别的模型有效，存在不同水平的系统描述，对于复制有效、预测有效和结构有效分别有行为水平、状态结构水平和分解结构水平的系统描述。

1. 行为水平

人们在这个水平上描述系统，是将它看成一个黑盒，并且对它施加一个输入信号，然后，对它的输出信号进行测量和记录，如图2-2所示。为此，至少需要一个时间集，它一般是一个实数的区间（连续时间），或者是一个整数区间（离散时间）。系统的基本描述单位是轨迹，它是从一个时间集的区间到表示可能的观测结果的某个集合上的映射。系统的行为描述是由输入/输出轨迹对偶所构成的集合。通常，加到黑盒上并以箭头表示的某个变量被看做是输入，它不受盒子本身的控制；而另外一个是输出，它指向表示系统边界以外的环境。

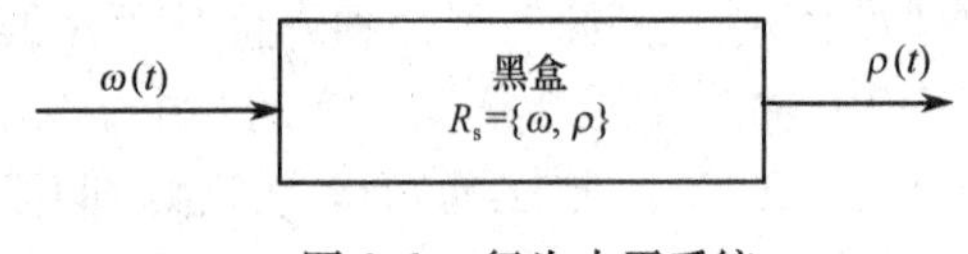

图2-2　行为水平系统

2. 状态结构水平

人们在这个水平上描述系统，建模者对实际系统内部的工作情况了解清楚，且掌握了实际系统的内部状态及其总体结构。随着时间的往后推移，这样一种描述可使模型自动产生一种行为轨迹，如图2-3所示。能产生这种行为轨迹的基础是系统描述中存在“状态集”以及“状态转移函数”，前者表示在任意时刻所有可能的结果，而后者则提供从当前给定状态计算未来状态的规则。另外，为了产生输出集，还需要一个输出函数。在状态结构水平上的描述比以前的行为水平更具有典型性，状态集的存在将足以计算出系统的行为。

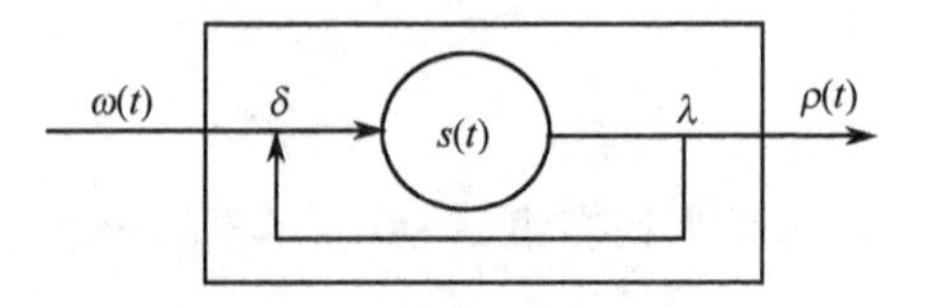

图2-3　状态结构水平的系统

3. 分解结构水平

在这个水平上描述系统，是将它看做由许多基本的黑盒相互连接而成的一个整体，这种描述也可以称为网络描述。具体的基本黑盒被称为“成分”或“子系统”，每个基本黑盒都给出一个在状态结构上的描述。人们在这个水平上描述系统，建模者不但搞清了系统内部工作之间的关系，而且了解了实际系统的内部分解结构，可把实际系统描述为由许多子系统相互联结起来而构成的一个整体。每个子系统都给出了一个系统在状态结构水平上的描述，且必须标明各个子系统的“输入变量”和“输出变量”，还必须给出各个子系统之间的耦合描述，即确定这些系统之间的内部连接及输入与输出变量之间的界面。

对于上述不同水平的系统描述，存在着这样的基本规则：如果给定一个在某种水平上的系统描述，依次可以得到一个比它低一级水平的系统描述。因此，一个明确的分解结构描述可以推出唯一的一个状态结构描述（比如，它的状态集可以通过对每个子系统的状态集进行某种集合运算得到），而状态结构描述本身又只有通过唯一的一个行为来描述，如图 2-4 所示。

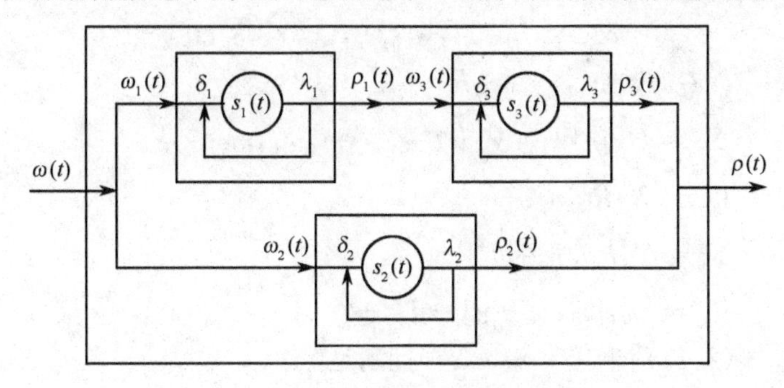

图 2-4　分解结构水平的系统

4. 特定建模形式举例

(1) 时不变，连续时间集中参数模型（常微分方程）

对于时不变连续时间集中参数模型，这一类模型是连续系统，可描述为

$$M_1:\langle U,X,Y,f,g\rangle \tag{2.6}$$

式中，$u\in U$ 为输入集合；$x\in X$ 为状态集合；$y\in Y$ 为输出集合。

$$\left.\begin{aligned}\dot{x}&=f(x,u)\\ y&=g(x,u)\end{aligned}\right\} \tag{2.7}$$

式中，f 为函数变化率；g 为输出函数。

这一类特殊形式的模型，也可统一到系统的一般建模形式 $S:\langle T_s,X_s,\Omega_s,Q_s,Y_s,\delta_s,\lambda_s\rangle$，事实上 $M_1=S_1$，它们之间的关系为

$$\left.\begin{aligned}&t\in T_s:[t_0,\infty]\subset R\\ &X_s=U:R^m,m\in I^+\\ &Q_s=X:R^n,n\in I^+\\ &Y_s=Y:R^p,p\in I^+\\ &\Omega_s=\{\omega:[t_0,t_0+\tau]\to U,\tau>0\}\end{aligned}\right\} \tag{2.8}$$

δ_s：假定模型[式(2.7)]有唯一解 $\varphi(t)$，且满足

$$\varphi(0)=q_0,\frac{\mathrm{d}\varphi(t)}{\mathrm{d}t}=f(\varphi(t),\omega(t)) \tag{2.9}$$

则映射 $\delta_s:Q_s\times\Omega_s\to Q_s$，在解 $\varphi(t)$ 已知的情况下被确定。

$$\lambda_s=g \tag{2.10}$$

(2) 随机的连续时间集中参数模型

在许多场合人们希望有一个可选项，表示不可量测的和随机的输入（如干扰等）。它们体

现在模型中的不可控或不可观部分，这样得到更加有代表性的模型行为

$$\left.\begin{array}{l} M_2:\langle U,V,W,X,Y,f,g\rangle \\ \dot{x}=f(x,u,w,t) \\ y=g(x,v,t) \end{array}\right\} \tag{2.11}$$

附加量 w 和 v 是随机模型的干扰，提供了一个解的存在条件和随机微分方程的内部规律，假设 w 和 v 是一个随机数或是一个随机矢量过程，那么 x 和 y 也将是这样的一个过程。通常，并不将 w 和 v 矢量看成一个输入，其随机特性不属于模型本身的说明范围。当 w 和 v 已知（确定）时，式(2.11) 可以被看成一个集合结构。

$$M_2 \equiv S:\langle T_s,X_s,\Omega_s,Q_s,Y_s,\delta_s,\lambda_s\rangle \tag{2.12}$$

式中

$$\begin{aligned} & t\in T_s:\langle t_0,\infty\rangle \subset R \\ & X_s=U\cup W\cup V:R^{m+m_1+m_2},m,m_1,m_2\in I^+ \\ & Q_s=X:R^n,n\in I^+ \\ & Y_s=Y:R^p,p\in I^+ \\ & \Omega_s=\{\omega:[t_0,t_0+\tau]\rightarrow U,\tau>0\} \end{aligned} \tag{2.13}$$

δ_s：假定模型[式(2.11)]有唯一解 $\varphi(t)$，且满足

$$\varphi(0)=q_0,\quad \frac{\mathrm{d}\varphi(t)}{\mathrm{d}t}=f(\varphi(t),\omega(t)) \tag{2.14}$$

$$\lambda_s=g:X_s\times Q_s\times T_s\rightarrow Y_s \tag{2.15}$$

由于存在许多 w 和 v 的实现，所以一个“随机”模型就是一组确定的集合结构。

(3) 离散事件模型

离散事件系统的时间是连续变化的，而系统状态仅在一些离散的时刻上由于随机事件的驱动而发生变化。这类模型的规范性时刻描述为

$$M_m:\langle X_m,S_m,Y_m,\delta_m,\lambda_m,\tau_m\rangle \tag{2.16}$$

式中，X_m 为外部事件集合；S_m 为序列离散事件状态集合；Y_m 为输出集合；δ_m 为准转移函数。

可以分为两种情况：一是无外部事件发生，系统从一个给定状态转移到另一个状态，准转移函数是这样一个映射

$$\delta_m^{\phi}=S_m\rightarrow S_m$$

二是在上次状态转移发生后的时间 e，有一个外部事件 x 发生，其状态转移则为

$$\delta_m^{ex}:X_m\times S_m\times\tau_m\rightarrow S_m$$

式中，λ_m 为输出函数，它是一个映射 $\lambda_m:S_m\rightarrow Y_m$；$\tau_m$ 为时间拨动函数。它是一个映射 $\tau_m:S_m\rightarrow R^+_{0,\infty}$，含义为：系统在没有外部事件作用，且在新的状态转移发生之前，系统的状态保持不变。

这类离散事件模型，也可以统一到系统的一般建模形式 $S:\langle T_s,X_s,\Omega_s,Q_s,Y_s,\delta_s,\lambda_s\rangle$。另外，许多真实的系统有空间连续变化的特性，一般要根据具体的情况列出偏微分方程来描述。

5. 系统描述之间的关系

建模的本质是在一对系统之间建立一种相似关系，而仿真的本质则是在建模和仿真程序两者之间建立某种相似关系。因为系统具有内部关系结构和外部行为，因此，所建立的这些相似关系应具有两个基本的水平，即行为水平和结构水平。

(1) 行为水平的相似关系

在行为水平上最基本的关系是等价关系。

系统行为等价：如果两个系统，$S_1:\langle T_1, X_1, \Omega_1, Q_1, Y_1, \delta_1, \lambda_1\rangle$ 和 $S_2:\langle T_2, X_2, \Omega_2, Q_2, Y_2, \delta_2, \lambda_2\rangle$ 具有完全相同的 输入/输出关系，则两个系统行为等价。

两个系统的等价关系表明，我们无论是在主观判断方面还是在客观上用任何的观测装置或环境去衡量两个系统，都无法将两个等价的系统分开。人们在进行模型验证时，往往就是利用了系统行为等价这种关系。考虑到对于现实世界中的两个系统，要是他们的输入/输出完全相同几乎是不可能的，而只能是一种近似相等关系，故在工程上提出了准行为等价的关系。

系统准行为等价：如果两个系统，$S_1:\langle T_1, X_1, \Omega_1, Q_1, Y_1, \delta_1, \lambda_1\rangle$ 和 $S_2:\langle T_2, X_2, \Omega_2, Q_2, Y_2, \delta_2, \lambda_2\rangle$ 的输入集之间的差异 E_x 和输出集之间的差异 E_y 都没有超出各自的最大误差限，则两个系统是准行为等价的。

(2) 结构水平的相似关系

结构水平上的相似关系又分系统同态和系统同构。

系统同态：如果两个系统 $S_1:\langle T_1, X_1, \Omega_1, Q_1, Y_1, \delta_1, \lambda_1\rangle$ 和 $S_2:\langle T_2, X_2, \Omega_2, Q_2, Y_2, \delta_2, \lambda_2\rangle$，具有如下特征：

① 相同的时间集，输入集、输入段集合、输出集，即 $T_1 \equiv T_2, X_1 \equiv X_2, \Omega_1 \equiv \Omega_2, y_1 \equiv y_2$；

② 不同的内部结构，即 $Q_1 \neq Q_2, \delta_1 \neq \delta_2, \lambda_1 \neq \lambda_2$；

③ 存在 S_1 到 S_2 的同态映射，$h: Q_1 \rightarrow Q_2$。

则称 S_1 与 S_2 是同态系统，且满足转移函数的保存性和输出函数的保存性。

系统同构：同构是一种同态，在这种同态中，映射 h 是与状态一一对应的。

(3) 行为水平相似与结构水平相似的关系

如果系统 S 到系统 S' 是同态，则它们是行为等价的，且同态系统 S' 的内部结构可以比原有系统 S 的内部结构要简单。而两个系统同构，则是系统的等价，也就是两个系统具有相同的内部状态结构。同构必定具有行为等价的特性，但行为等价的两个系统并不一定具有同构关系。

2.2.4　数学建模方法

1. 建模过程中的信息源

前面介绍的抽象化和形式化的集合结构描述，一般来说只起到了理论上的指导作用，而在工程实践中真正用到的是具体化的数学模型。建立系统模型必须依据与系统有关的信息，在系统分析中，必须设法获得尽可能多的有用信息。在系统设计中，分析者将利用他们的技能及不同资源的信息技术，得到一个满意的结果。建模活动本身是一个持续的、永无止境的活动集合，这些活动需要有关的信息源，建模过程主要有三类信息源。

(1) 建模目的

事实上，一个系统模型只能对所研究的系统给出一个非常有限的映射。另外，同一个系统中可以有多个研究对象或目的，它规定了建模的过程和方向，从而造成了系统描述不是唯一的。建模的目的对模型的形式有很大的影响，在不同的建模目的下，同一个行为有时可以定义为系统内部的作用，有时又可以定义为系统边界上的输入变量。同样，如果仅需要了解系统与外界相互作用的关系，那么可以建立一个以输入/输出为主的系统外部行为模型，而若需要了解系统的内在活动规律，就要设法建立一个描述系统输入集合、状态集合及输出集合之间关系的内部结构状态模型。由此可以看出，建立系统集合的目的是建模过程的重要信息来源之一。

(2) 先验知识

很多的实际系统已经被前人研究过，而且有些部分经过长期的研究已积累了丰富的知识并形成了一个科学分支。在这个分支中，已经发现了许多的原理、定理和模型。前人的研究成果可以作为后人解决问题的起点。正如牛顿所说的："假如说我看得远，那是因为我站在巨人的肩膀上。"因此，在建立系统模型的过程中，可以从与系统有关的已有的知识出发，提高建模的速度和及建模的正确性。如果相同的或相关的过程已经有其他建模者为了类似的目的而进行过研究分析，而且证明了结论是正确的，那么就没有必要重复这部分工作，可以将这些先验的知识作为建模的信息来源。

(3) 实验数据

建模过程的信息来源，也可以通过对系统进行实验和观测得到。在系统建模过程中，仅有先验知识是不充分的。先验知识尤其是与系统相关学科中的原理和定理是具有普遍性的，而实际系统除了适用普遍的原理之外，还有特殊性。即使是两个相同的系统，在不同的环境条件下，所表现出的特性也不会完全一样。因此，对实际系统的实验和测量是掌握系统自身特性的重要手段。通过实验可以获得一定数量的实验数据，这些实验数据是建立系统模型的又一个重要信息来源。

2. 建模途径

建模技术的运用在于利用不同的信息源构造满足目标的模型。根据模型信息源的不同，建模途径主要有演绎法和归纳法两种。

演绎法是运用先验信息，建立某些假设和定理，通过数学的逻辑演绎来建立模型。它是一个从一般到特殊的过程，将模型看做是一组前提下经过演绎而得出的结果。在演绎法建模中，假定对实际系统已经有一些定理和原理可以被利用，由此可以通过数学演绎和逻辑演绎来建立系统模型，而实验数据只是用来证实或否定原始原理。

归纳法是基于实验数据来建立系统模型的方法。这种方法从观测到的行为出发，试图推导出与观测一致的更高一级的具有普遍性的理论结果。归纳法是从系统描述分类中最低一级水平开始的，即从实验数据出发，并试图去推断较高水平的信息，是一个从特殊到一般的过程。由于实验数据经常是有限的，而且是不充分的，所以归纳过程中必定会要求对数据进行某种外推。这就产生了一个问题，即如何附加最少的信息就能完成这种外推，另外，利用这种外推建立的系统模型不是唯一的。

在具体的情况下，建模途径可归纳如下：

① 对于内部结构和特性清楚的系统，即所谓的白盒系统，可以利用已知的一些基本定律，经过分析和演绎导出系统模型。

② 对那些内部结构和特性不清楚或不很清楚的系统，即所谓黑盒或灰盒系统，如果允许直接进行实验性观测，则可假设模型并通过实验对假设的模型加以验证和修正。

③ 对于那些属于黑盒但又不允许直接实验观测的系统，则可采用数据收集和统计归纳的方法来假设模型。

实际上，采用单一的途径建模很难获得有效的结果，通常是采用混合的途径，而如何进行混合则是一个关键的问题。系统建模的一般过程如图2-5所示。

3. 模型可信性

模型的可信度就是指模型的真实程度。模型的可信性分析是一个十分复杂的问题，它取

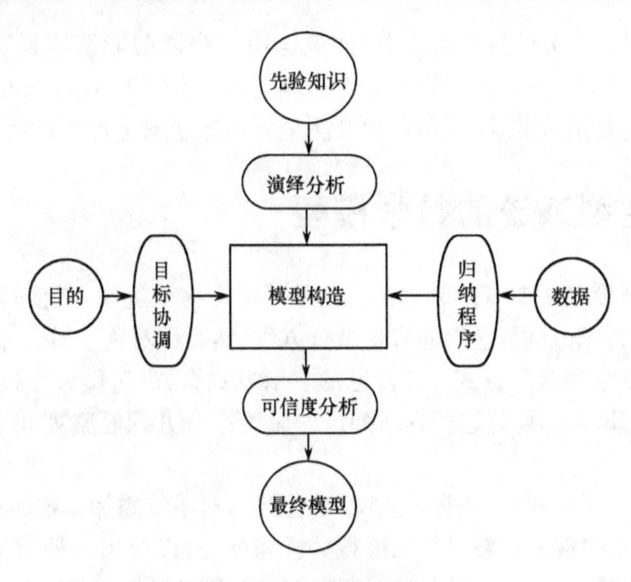

图 2-5　建模过程

决于模型的种类,又取决于模型的构造过程。模型本身可通过试验在不同的水平上建立起来,因此,也可以区别不同的可信程度水平。一个模型的可信性可以分为:

① 在行为水平上的可信性,即模型是否能重现真实系统的行为;

② 在状态结构水平上的可信性,即模型是否与真实系统在状态上互相对应,通过这样的模型可以对未来的行为进行唯一的预测;

③ 在分解结构水平上的可信性,即模型能否表示出真实系统内部的工作情况,而且是唯一地表示出来。

无论对于哪一个可信程度水平,可信性的考虑应贯穿在整个建模阶段及以后各阶段,必须考虑以下几个方面:

(1) 在演绎中的可信性

演绎分析应在一个逻辑上正确、数学上严格的含义上进行,在这样的条件下,其数学表示的可信性将取决于先验知识的可信度。但是,一个有效的先验知识寓于正确性和普遍性之中,确定这种正确性和普遍性是非常不容易的,对一些基本假设的评价也很困难。可信性能从两个途径来进行分析:(a) 通过对前提的正确性的研究来验证模型本身是否可信;(b) 通过对前提的其他结果的检验来分析信息及由此可得到的模型的可信性。

(2) 在归纳中的可信性

归纳法建模的主要信息来源于实验数据,其可信性分析首先是检查归纳程序是否按数学上和逻辑上正确的途径进行,进一步的可信性分析都归结为模型行为与真实系统行为之间的比较。在可信性分析中,将真实系统看成一个数据源,人们可以通过测量获得这些数据源,也就是真实系统的输入 / 输出关系。而模型本身也可以产生输入/输出行为数据,也是一个数据源。这样,其可信性分析主要比较同一时刻的模型数据与真实系统的数据之间的偏离程度。假如系统的数据被确信为具有统计特性或者模型是用一个随机过程来表示,在这时必须选择一种统计实验方法,在实际系统仅有有限个有效数据的条件下,通过对随机过程进行采样获得模型的数据,以便估计实际系统与模型之间的一致程度。

(3) 在目的方面的可信性

模型在系统目标方面的可信性也是非常重要的。一个模型只有在它用于原定的目标时才能体现它的实际意义。从实践的观点出发，如果运用一个模型能够达到系统的预期目标，那么，这个模型就是成功的。一个在实际上可信的模型应当满足所有可能的研究目的。但因为建立如此的综合模型是困难的，所以可行的办法是分别建立满足各个目标的模型群。

2.3　确定型系统的数学模型

建立系统的数学模型主要有两种方法。一种是根据物理规律，直接列写出系统各个变量之间的相互关系的动力学方程，它们通常是微分方程，然后再对这些微分方程加以整理、变换，以得到所需要的数学模型表示方式。最常见的表示方式有：高阶微分方程、一阶微分方程组、状态方程、传递函数等，它们均可以根据所列出的原始微分方程经整理和变换得到，这是机理建模的主要方式。

建立数学模型的另外一种方法是采用试验的方法，对系统施加一定的试验信号，测量系统的输入和输出，并对这些输入和输出数据进行分析和处理，以求出一种数学表示方式，如果使它能较好地描述这些输入和输出数据之间的相互关系，则该数学描述就是系统的数学模型，这样的建模方法称为系统辨识。

2.3.1　连续时间系统的模型

1. 微分方程

根据物理规律，列写出系统的微分方程，这是机理建模的最根本方法。下面我们以一个熟知的例子来说明这种方法建模的过程。

【例 2.1】　已知如图 2-6 所示的 RLC 电路系统，其中 $u(t)$ 为输入量，$u_c(t)$ 为输出量，要求建立该系统的微分方程模型。

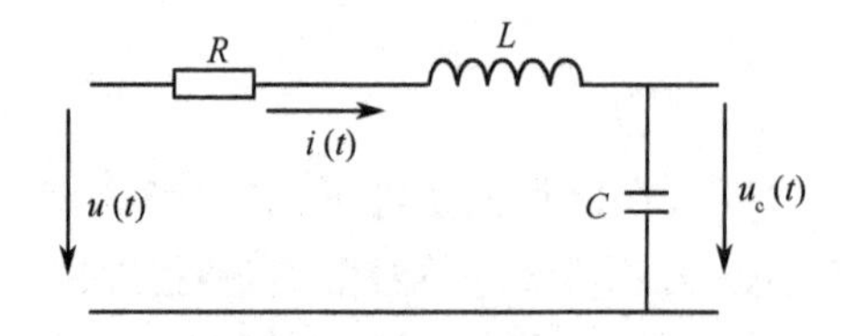

图 2-6　RLC 电路系统

根据电路的基本定律，可以写出如(2.17) 式的微分方程组，这是该电路系统的原始微分方程。

$$u(t)=L\frac{\mathrm{d}i(t)}{\mathrm{d}t}+Ri(t)+u_c(t)$$

$$i(t)=C\frac{\mathrm{d}u_c(t)}{\mathrm{d}t} \tag{2.17}$$

解：为了便于对系统进行分析、求解，必须将该微分方程组化为标准的微分方程。所谓的标准微分方程主要有两种形式：高阶微分方程和一阶微分方程组。

高阶微分方程是将所有原始微分方程合并为一个总的微分方程。在该微分方程中只包含输入量、输出量及它们的导数项，式(2.17) 消去中间变量 $i(t)$ 后，可以得到如下的高阶微分方程形式的数学模型。

$$LC\frac{\mathrm{d}^2u_c(t)}{\mathrm{d}t^2}+RC\frac{\mathrm{d}u_c(t)}{\mathrm{d}t}+u_c(t)=u(t) \tag{2.18}$$

该微分方程的最高阶导数为 2，所以称该微分方程为二阶微分方程，相应的系统为二阶系统，即系统的阶次等于相应的微分方程的阶次。

一般情况下，系统的微分方程可以表示如下

$$\begin{aligned}&y^{(n)}(t)+a_1y^{(n-1)}(t)+\cdots+a_{n-1}\dot{y}(t)+a_ny(t)\\&=b_0u^m(t)+b_1u^{(m-1)}(t)+\cdots+b_{m-1}\dot{u}(t)+b_mu(t)\end{aligned} \tag{2.19}$$

式中，$u(t)$ 是输入量，$y(t)$ 是输出量，且有 $n \geqslant m$。

对于微分方程式(2.18)，只要已知了输入量函数 $u(t)$ 及初始条件 $u_c(0)$ 和 $\dot{u}_c(0)$，即可得出输出量函数 $u_c(t)$。对于高阶微分方程，比较适合手工解析。

建立系统微分方程形式模型的一般步骤为：

① 根据物理规律列写原始的微分方程；

② 对原始的微分方程加以整理，将其变换成高阶微分方程。

对于简单的系统，第 ② 步的变换是比较容易的，而如果系统复杂，则第 ② 步的变换是不容易做到的。

2. 传递函数

前面介绍了系统的微分方程模型。它是根据物理规律列写的，直接表示在时间域内，因而物理意义比较明显。通过求解微分方程可以求得相应的时域准确解。这些都是微分方程模型的主要优点。然而，求解微分方程是非常困难的。对于工程应用来说，常常并不需要准确的求解，且微分方程模型也不便于系统的分析和设计。

为此，引入传递函数这个数学工具，它是与系统的高阶微分方程模型紧密相关的另外一种模型表示。

设式(2.19) 所示的系统为零初始条件，对它的两边取拉普拉斯变换得

$$\begin{aligned}&(s^n + a_1 s^{n-1} + \cdots + a_{n-1}s + a_n)Y(s)\\&= (b_0 s^m + b_1 s^{m-1} + \cdots + b_{m-1}s + b_{\mathrm{m}})U(s)\end{aligned} \tag{2.20}$$

定义

$$G(s) = \frac{Y(s)}{U(s)} = \frac{b_0 s^m + b_1 s^{m-1} + \cdots + b_{m-1}s + b_{\mathrm{m}}}{s^n + a_1 s^{n-1} + \cdots + a_{n-1}s + a_n} \tag{2.21}$$

为系统的传递函数，也就是说，系统的传递函数是在零初始条件下输出量的拉普拉斯变换与输入量的拉普拉斯变换之比。

【例 2.2】　对于例 2.1 中 RLC 电路，已知它的高阶微分模型如式(2.18) 所示，设初始条件为零，两边取拉普拉斯变换得

$$(LCs^2 + RCs + 1)U_c(s) = U(s)$$

进一步求得相应的传递函数为

$$G(s) = \frac{U_c(s)}{U(s)} = \frac{1}{LCs^2 + RCs + 1}$$

解：从传递函数的推导过程，可以看出传递函数具有以下的主要性质：

① 传递函数只是用于线性、定常和集中参数系统。

② 传递函数只与系统的结构参数有关，而与系统的变量无关。因而，可以利用它来分析系统本身的一些性质，如稳定性等。

③ 系统的传递函数等于系统的单位脉冲响应的拉普拉斯变换。

设 $g(t)$ 表示系统的单位脉冲响应，即当系统的输入为单位脉冲函数 $\delta(t)$ 时，系统的输出为 $g(t)$，根据传递函数的定义，显然有

$$G(s) = \frac{L[g(t)]}{L[\delta(t)]} = L[g(t)] \tag{2.22}$$

④ 传递函数是以 s 为自变量的复变函数，其中 $s = \sigma + \mathrm{j}\omega$，称 s 为复频率，ω 为角频率。这是由拉普拉斯变换的性质所决定的。

⑤ 若将 s 看成为微分算符，即 $s \leftrightarrow \frac{\mathrm{d}}{\mathrm{d}t}, s^2 \leftrightarrow \frac{\mathrm{d}^2}{\mathrm{d}t}, \cdots$，则系统的高阶微分方程模型与传递函数之间有着十分简单的相互转换关系。

⑥ 一般情况，传递函数是 s 的有理函数，即传递函数的分子和分母均为 s 的多项式，分母的阶次大于分子的阶次。

⑦ 当系统中包含有纯延时环节时，传递函数具有如下的形式

$$G(s) = G_0(s)\mathrm{e}^{-Ts} \tag{2.23}$$

式中，$G_0(s)$ 表示通常的有理传递函数，T 表示纯时延的大小。

【例 2.3】 系统的微分方程为 $\dot{y}(t) + ay(t) = u(t - T)$，则该系统包含了纯时延环节，$T$ 表示延时的大小，两边取拉普拉斯变换得

$$(s + a)Y(s) = U(s)\mathrm{e}^{-Ts}$$

进一步得到传递函数

$$G(s) = \frac{Y(s)}{U(s)} = \frac{1}{s + a}\mathrm{e}^{-Ts} = G_0(s)\mathrm{e}^{-Ts}$$

解：⑧ 若记 $G(s) = N(s)/D(s)$，则称 $D(s)$ 为系统的特征多项式，$D(s) = 0$ 为系统的特征方程。特征多项式的阶次也就是系统的阶次，特征方程的根决定了系统的一些重要性质，如稳定性等。

⑨ 传递函数的概念还可以推广到多输入和多输出系统。

3. 状态方程

前面介绍的微分方程和传递函数描述方法仅仅描述了系统的外部特性，即仅确定了输入和输出之间的关系，故称为系统的外部模型。

为了描述一个连续系统内部的特性及其运动规律，即描述组成系统的实体之间由于相互作用而引起的实体属性的变化情况，通常采用“状态”的概念。动态系统的状态是指能够完全刻画系统行为的最小的一组变量。研究系统主要就是研究系统状态的改变，即系统的进展，状态变量能够完整地描述系统的当前状态及其对系统未来的影响。换句话说，只要知道了 $t = t_0$ 时刻的初始状态向量 $x(t_0)$ 和 $t > t_0$ 时的输入 $u(t)$，那么就能完全确定系统在任何 $t > t_0$ 时刻的行为。

一阶微分方程组形式的数学模型中，每个方程只包含一个变量的一阶导数，方程的个数便等于未知变量的个数，这些未知变量也被称为状态变量，它们是系统中的独立变量，这些状态变量完全确定了系统的状态，其个数就等于系统的阶次。

状态方程引入了系统的内部变量 —— 状态变量，因而状态方程描述了系统的内部特性，也被称为系统的内部模型。

在例 2.1 中，选 $i(t)$ 和 $u_c(t)$ 为状态变量，根据原始的微分方程式(2.17) 可以求得如下的一阶微分方程组形式的数学模型，即状态方程形式的数学模型。

$$\begin{cases} \frac{\mathrm{d}i(t)}{\mathrm{d}t} = -\frac{R}{L}i(t) - \frac{1}{L}u_c(t) + \frac{1}{L}u(t) \\ \frac{\mathrm{d}u_c(t)}{\mathrm{d}t} = \frac{1}{C}i(t) \end{cases} \tag{2.24}$$

对于式(2.24) 所示的一阶微分方程组，只要已知输入量函数 $u(t)$ 及初始条件 $i(0)$ 和 $u_c(0)$，即可解得 $i(t)$ 和 $u_c(t)$。对于一阶微分方程组，比较适合于用计算机数值求解。

相应的输出为

$$y(t)=u_c(t) \tag{2.25}$$

若令

$$\boldsymbol{X}=\begin{bmatrix} i(t) \\ u_c(t) \end{bmatrix},\quad \boldsymbol{A}=\begin{bmatrix} -\dfrac{R}{L} & -\dfrac{1}{L} \\ \dfrac{1}{C} & 0 \end{bmatrix},\boldsymbol{B}=\begin{bmatrix} \dfrac{1}{L} \\ 0 \end{bmatrix},\boldsymbol{C}=[0\quad 1],\boldsymbol{D}=[0]$$

则式(2.24)和式(2.25)可以写成标准形式的状态方程，即

$$\begin{aligned}\dot{\boldsymbol{X}}(t)&=\boldsymbol{AX}(t)+\boldsymbol{BU}(t)\\ \boldsymbol{Y}(t)&=\boldsymbol{CX}(t)+\boldsymbol{DU}(t)\end{aligned} \tag{2.26}$$

一般情况下，式(2.26)中的 $\boldsymbol{X}=[x_1(t)\quad x_2(t)\cdots x_n(t)]^{\mathrm{T}}$ 是 n 维状态向量，$\boldsymbol{U}(t)=[u_1(t)\quad u_2(t)\cdots u_m(t)]^{\mathrm{T}}$ 是 m 维输入向量，$\boldsymbol{Y}(t)=[y_1(t)\quad y_2(t)\cdots y_r(t)]^{\mathrm{T}}$ 是 r 维输出向量。$\boldsymbol{A}$ 为 $n\times n$ 阶参数矩阵，又称动态矩阵，$\boldsymbol{B}$ 为 $n\times m$ 阶输入矩阵，$\boldsymbol{C}$ 为 $r\times n$ 阶输出矩阵，$\boldsymbol{D}$ 为 $r\times m$ 阶交联矩阵，输出和输入直接交联。

单输入、单输出为特殊情况，$m=r=1$，u 和 y 均为标量，$\boldsymbol{B}$ 为 $n\times 1$ 维列向量，$\boldsymbol{C}$ 为 $1\times n$ 维行向量，$\boldsymbol{D}$ 也为标量。

建立系统状态方程模型的一般步骤为：

① 根据物理规律列写原始微分方程；

② 选择状态变量，并建立关于这些状态变量的一阶微分方程组；

③ 根据微分方程组写出标准的状态方程，同时根据所选的输出量写出相应的输出方程。

关于状态方程模型，还有几点需要特别指出：

① 状态向量的元素是一组独立的状态变量，它们完全决定了系统的状态，也就是说，只要给定了初值 $\boldsymbol{X}(t_0)$ 和输入量函数 $\boldsymbol{U}(t)(t\geqslant t_0)$，则系统的所有变量在 $t\geqslant t_0$ 以后的运动便完全可知了。

② 对于一个系统，其状态向量的选择不是唯一的。例如，若原来选择的系统的状态向量为 $\boldsymbol{x}$，它满足式 2.26 所示的状态方程，那么若选择

$$\overline{\boldsymbol{X}}(t)=\boldsymbol{PX}(t)$$

式中，$\boldsymbol{P}$ 为 $n\times n$ 阶非奇异矩阵，则 $\overline{\boldsymbol{X}}(t)$ 也可以作为系统的状态向量。显然，$\overline{\boldsymbol{X}}(t)$ 的分量是 $\boldsymbol{X}(t)$ 的分量的线性组合。容易求得关于 $\overline{\boldsymbol{X}}(t)$ 的状态方程为

$$\begin{aligned}\dot{\overline{\boldsymbol{X}}}(t)&=\boldsymbol{P}\dot{\boldsymbol{X}}(t)=\boldsymbol{P}(\boldsymbol{AX}(t)+\boldsymbol{BU}(t))\\ &=\boldsymbol{PAP}^{-1}\overline{\boldsymbol{X}}(t)+\boldsymbol{PBU}(t)\\ &=\overline{\boldsymbol{A}}\,\overline{\boldsymbol{X}}(t)+\boldsymbol{BU}(t)\end{aligned} \tag{2.27}$$

输出方程为

$$\begin{aligned}\boldsymbol{Y}(t)&=\boldsymbol{CX}(t)+\boldsymbol{DU}(t)\\ &=\boldsymbol{CP}^{-1}\overline{\boldsymbol{X}}(t)+\boldsymbol{DU}(t)\\ &=\overline{\boldsymbol{C}}\,\overline{\boldsymbol{X}}(t)+\boldsymbol{DU}(t)\end{aligned} \tag{2.28}$$

式中　$\overline{\boldsymbol{A}}=\boldsymbol{PAP}^{-1},\quad \overline{\boldsymbol{B}}=\boldsymbol{PB},\quad \overline{\boldsymbol{C}}=\boldsymbol{CP}^{-1}$

③ 传递函数模型只适用于线性定常系统，而状态方程模型可以有较宽的适用范围。它可以用于时变系统，相应的状态方程为

$$\begin{aligned}\dot{\boldsymbol{X}}(t) &= \boldsymbol{A}(t)\boldsymbol{X}(t) + \boldsymbol{B}(t)\boldsymbol{U}(t) \\ \boldsymbol{Y}(t) &= \boldsymbol{C}(t)\boldsymbol{X}(t) + \boldsymbol{D}(t)\boldsymbol{U}(t)\end{aligned} \tag{2.29}$$

对于非线性定常系统，相应的状态方程为

$$\begin{aligned}\dot{\boldsymbol{X}}(t) &= \boldsymbol{f}(\boldsymbol{X},\boldsymbol{U}) \\ \boldsymbol{Y}(t) &= \boldsymbol{g}(\boldsymbol{X},\boldsymbol{U})\end{aligned} \tag{2.30}$$

对于非线性时变系统，相应的状态方程为

$$\begin{aligned}\dot{\boldsymbol{X}}(t) &= \boldsymbol{f}(\boldsymbol{X},\boldsymbol{U},t) \\ \boldsymbol{Y}(t) &= \boldsymbol{g}(\boldsymbol{X},\boldsymbol{U},t)\end{aligned} \tag{2.31}$$

4. 结构图

结构图是描述系统的一种图形形式，是系统中每个元件或环节的功能和信号流向的图解表示，它的主要特点和用途是：

① 结构图的描述非常形象和直观，它将系统中各部分的相互联系一目了然地显示出来。

② 利用结构图的等效变换和化简规则，可以比较容易地根据各个环节的模型求出整个系统的模型。也可以用来帮助求出从系统的输入到系统中某个其他变量之间的传递函数。

③ 可以简化从原始微分方程到标准微分方程之间的变换。

对于单输入、单输出系统通过结构图变换可以很容易得到整个系统的传递函数；对于多输入、多输出或具有非线性环节的系统也可以通过面向结构图的仿真方法得到系统的动态特性。

图 2-7 所示为一个典型的反馈控制系统的结构图，主要由求和比较和方框两种图形符号来表示。其中带箭头的线段表示信号变量及传递方向。这里变量可以直接表示为时域信号，也可以是它们的拉普拉斯函数。方框是结构图中应用最为广泛的一种符号，方框中标以相应环节的传递函数，方框两边的箭头表示该环节的输入和输出。图 2-7 中的 $G(s)$ 称为前向通道传递函数，$H(s)$ 称为反馈传递函数。$Q(s) = G(s)H(s)$ 称为开环传递函数或回路传递函数。可见，开环传递函数是沿着闭合回路走一圈时所有的传递函数的乘积。注意在上述定义中，反馈信号是以负号加入到求和比较环节的。如果不这样，可以在环路中人为地增加一个传递函数为 -1 的环节，以变换到标准的形式。

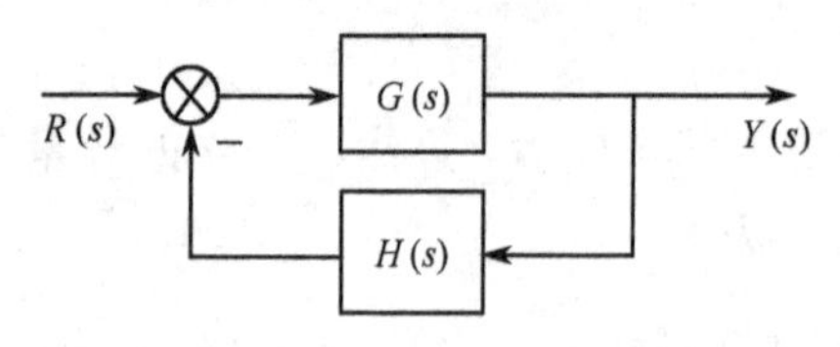

图 2-7　典型反馈控制系统的结构图

由图 2-7 可以很容易地求出

$$Y(s) = G(s)[R(s) - H(s)Y(s)]$$

整理后得到

$$Y(s) = \frac{G(s)}{1+G(s)H(s)}R(s)$$

从而得到整个闭环系统的传递函数为

$$M(s) = \frac{Y(s)}{R(s)} = \frac{G(s)}{1+G(s)H(s)} \tag{2.32}$$

下面以一个具体的例子来说明如何画出系统的结构图。

【例 2.4】 仍以例 2.1 中图 2-6 所示的 RLC 系统为例，其中 $u(t)$ 为输入，$u_c(t)$ 为输出。要求用结构图的方法求出从 $u(t)$ 到 $u_c(t)$ 的传递函数。

解： 在例 2.1 中已经列出了该电路的原始微分方程为

$$u(t) = L\frac{\mathrm{d}i(t)}{\mathrm{d}t} + Ri(t) + u_c(t)$$

$$i(t)=C\frac{\mathrm{d}u_c(t)}{\mathrm{d}t}$$

对上式取拉普拉斯变换，并加以整理得

$$\begin{aligned}U_c(s)&=U(s)-(Ls+R)I(s)\\ I(s)&=CsU_c(s)\end{aligned}\tag{2.33}$$

根据式(2.33)可以画出系统的结构图如图 2-8 所示。

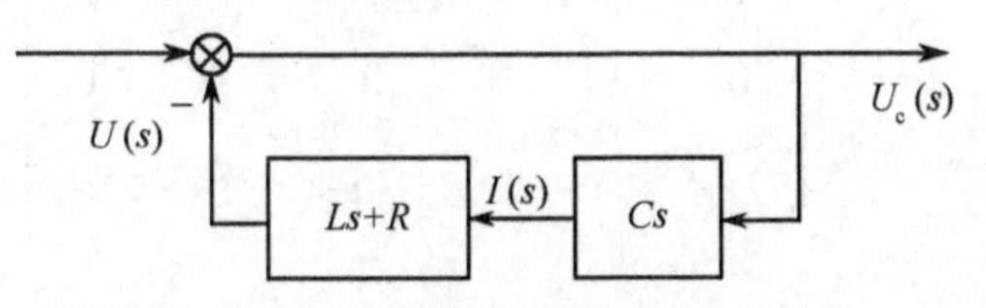

图 2-8　RLC 系统结构图

对照图 2-7 的反馈控制系统的典型结构图，得

$$G(s)=1$$
$$H(s)=Cs(Ls+R)$$

按式(2.32)得

$$M(s)=\frac{U_c(s)}{U(s)}=\frac{1}{1+Cs(Ls+R)}=\frac{1}{LCs^2+RCs+1}\tag{2.34}$$

2.3.2　连续系统数学模型之间的转换

从本质上来说，系统仿真就是利用模型来仿实际系统内部发生的运动过程，以便揭示真实系统的动态特性和运动规律。换句话来说，为了利用仿真手段对实际系统进行分析、试验和设计，往往需要从各个方面复现这个真实系统，紧紧依靠外部模型计算出输入和输出量是不够的，必须复现系统内部的状态变量，因此，在进行系统仿真的时候更多地采用系统内部模型。下面主要介绍将一个系统的外部模型转化为系统的内部模型的常用方法。

1. 化微分方程为状态方程

(1) 单输入/单输出系统，不含输入导数项

首先假设系统的输入量中不含导数项，系统的数学模型如式(2.35)所示

$$y^{(n)}(t)+a_1y^{(n-1)}(t)+\cdots+a_{n-1}\dot{y}(t)+a_ny(t)=u(t)\tag{2.35}$$

现取

$$\begin{cases}x_1=y\\ x_2=\dot{y}\\ \vdots\\ x_n=y^{(n-1)}\end{cases}$$

作为状态变量，则式(2.35)可以改写为

$$\begin{cases}\dot{x}_1=x_2\\ \dot{x}_2=x_3\\ \vdots\\ \dot{x}_{n-1}=x_n\\ \dot{x}_n=-a_nx_1-a_{n-1}x_2-\cdots-a_2x_{n-1}-a_1x_n+u\end{cases}\tag{2.36}$$

可以进一步写成状态方程的标准形式

$$\dot{\boldsymbol{X}}=\boldsymbol{A}\boldsymbol{X}+\boldsymbol{B}u \tag{2.37}$$

式中 $\boldsymbol{X}=\begin{bmatrix}x_1\\x_2\\\vdots\\x_{n-1}\\x_n\end{bmatrix}$，$\boldsymbol{A}=\begin{bmatrix}0&1&0&\cdots&0\\0&0&1&\cdots&0\\\vdots&\vdots&\vdots&\vdots&\vdots\\0&0&0&\cdots&1\\-a_n&-a_{n-1}&-a_{n-2}&\cdots&-a_1\end{bmatrix}$，$\boldsymbol{B}=\begin{bmatrix}0\\0\\\vdots\\0\\1\end{bmatrix}$

系统的输出方程为 $$y=x_1 \tag{2.38}$$

写成标准形式为 $$y=\boldsymbol{C}\boldsymbol{X} \tag{2.39}$$

式中 $$\boldsymbol{C}=(1\quad 0\quad 0\quad\cdots\quad 0)$$

【例2.5】 系统的常微分方程描述为 $\ddot{y}+2\xi\omega\dot{y}+\omega^2y=\omega^2u$，输入为 u，输出为 y，试写出系统的状态方程和输出方程。

解：取状态变量为

$$\begin{cases}x_1=y\\x_2=\dot{y}\end{cases}$$

则系统的状态方程为

$$\begin{cases}\dot{x}_1=x_2\\\dot{x}_2=-\omega^2x_1-2\xi\omega x_2+\omega^2u\end{cases}$$

写成标准形式为

$$\begin{bmatrix}\dot{x}_1\\\dot{x}_2\end{bmatrix}=\begin{bmatrix}0&1\\-\omega^2&-2\xi\omega\end{bmatrix}\begin{bmatrix}x_1\\x_2\end{bmatrix}+\begin{bmatrix}0\\\omega^2\end{bmatrix}u$$

输出方程为

$$y=(1\quad 0)\begin{bmatrix}x_1\\x_2\end{bmatrix}$$

【例2.6】 非线性时变系统的微分方程为

$$\begin{cases}\dfrac{\mathrm{d}x}{\mathrm{d}t}=t^2+x^3(t)\\\dfrac{\mathrm{d}^3u}{\mathrm{d}t^3}=5x^2(t)\dfrac{\mathrm{d}u}{\mathrm{d}t}+3u(t)\cos t\end{cases}$$

试写出系统的状态方程。

解：首先需要明确的是，这里的 $u(t)$ 不是系统的输入函数，它同 $x(t)$ 一样是系统的状态变量。取系统的状态变量为

$$\begin{cases}x_1=x\\x_2=u\\x_3=\dot{u}\\x_4=\ddot{u}\end{cases}$$

则系统的状态方程为

$$\begin{cases}\dot{x}_1 = t^2 + x_1^3 \\ \dot{x}_2 = x_3 \\ \dot{x}_3 = x_4 \\ \dot{x}_4 = 5x_1^2x_3 + 3x_2\cos t\end{cases}$$

(2) 单输入/单输出系统,含输入导数项

系统的输入量含有导数时,系统的微分方程为

$$\begin{aligned}&y^{(n)}(t) + a_1y^{(n-1)}(t) + \cdots + a_{n-1}\dot{y}(t) + a_ny(t)\\ &= b_0u^{(m)}(t) + b_1u^{(m-1)}(t) + \cdots + b_{m-1}\dot{u}(t) + b_mu(t)\end{aligned} \tag{2.40}$$

一般输入量中的导数的次数小于或等于n即($m\leqslant n$),这里仅讨论等于n的情况($m=n$),当输入量的导数的次数小于n时,所推导的公式仍适用。

对公式(2.40)进行变换得到

$$\begin{aligned}&[y^{(n)} - b_0u^{(n)}] + [a_1y^{(n-1)} - b_1u^{(n-1)}] + \cdots + [a_{n-1}\dot{y} - b_{n-1}\dot{u}]\\ &= -a_ny + b_nu\end{aligned} \tag{2.41}$$

令 $\dot{x}_n = -a_ny + b_nu$,又

$$\begin{aligned}&[y^{(n-1)} - b_0u^{(n-1)}] + [a_1y^{(n-2)} - b_1u^{(n-2)}] + \cdots + [a_{n-2}\dot{y} - b_{n-2}\dot{u}]\\ &= -a_{n-1}y + b_{n-1}u + x_n\end{aligned} \tag{2.42}$$

令 $\dot{x}_{n-1} = x_n - a_{n-1}y + b_{n-1}u$,同理有

$$\dot{x}_i = x_{i+1} - a_iy + b_iu \quad i = 1,2,\cdots,n \tag{2.43}$$

取 $y - b_0u = x_1$,则 $y = x_1 + b_0u$,代入式(2.43)得

$$\begin{aligned}\dot{x}_i &= x_{i+1} - a_i(x_1 + b_0u) + b_iu\\ &= -a_ix_1 + x_{i+1} + (b_i - a_ib_0)u \quad i = 1,2,\cdots,n\end{aligned} \tag{2.44}$$

因 $x_{n+1} = 0$,将式(2.44)写成状态方程的标准形式为

$$\begin{aligned}\dot{\boldsymbol{X}} &= \boldsymbol{AX} + \boldsymbol{B}u\\ y &= \boldsymbol{CX} + \boldsymbol{D}u\end{aligned} \tag{2.45}$$

式中

$$\boldsymbol{A} = \begin{bmatrix}-a_1 & 1 & 0 & \cdots & 0\\ -a_2 & 0 & 1 & \cdots & 0\\ \vdots & \vdots & \vdots & \cdots & \vdots\\ -a_{n-1} & 0 & 0 & \cdots & 1\\ -a_n & 0 & 0 & \cdots & 0\end{bmatrix},\quad \boldsymbol{B} = \begin{bmatrix}b_1 - a_1b_0\\ b_2 - a_2b_0\\ \vdots\\ b_{n-1} - a_{n-1}b_0\\ b_n - a_nb_0\end{bmatrix}$$

$$\boldsymbol{C} = (1 \quad 0 \quad 0 \quad \cdots \quad 0)$$

$$\boldsymbol{D} = b_0$$

由于选取的状态变量不同,所得到的状态方程也不一样,即转换方程不唯一。由线性系统理论,我们还可以将微分方程转换成可控标准型和可观标准型。

【例2.7】 设系统的微分方程为,$\dddot{y} + 6\ddot{y} + 11\dot{y} + 6y = 6u$,式中$y$为输出量,$u$为输入量,试求系统的状态空间描述。

解:取系统的状态变量为

$$\begin{aligned}x_1 &= y\\ x_2 &= \dot{y}\\ x_3 &= \ddot{y}\end{aligned}$$

则

$$\dot{x}_1 = x_2$$
$$\dot{x}_2 = x_3$$
$$\dot{x}_3 = -6x_1 - 11x_2 - 6x_3 + 6u$$

写成状态方程的标准形式为

$$\begin{bmatrix}\dot{x}_1\\ \dot{x}_2\\ \dot{x}_3\end{bmatrix} = \begin{bmatrix}0 & 1 & 0\\ 0 & 0 & 1\\ -6 & -11 & -6\end{bmatrix}\begin{bmatrix}x_1\\ x_2\\ x_3\end{bmatrix} + \begin{bmatrix}0\\ 0\\ 6\end{bmatrix}u$$

$$y = \begin{bmatrix}1 & 0 & 0\end{bmatrix}\begin{bmatrix}x_1\\ x_2\\ x_3\end{bmatrix}$$

也可以把系数代入式(2.37)～式(2.39)，直接得到系统的状态方程。

【例2.8】 设系统的微分方程为，$\dddot{y} + 6\ddot{y} + 11\dot{y} + 6y = \dddot{u} + 8\ddot{u} + 17\dot{u} + 8u$，式中 y 为输出量，u 为输入量，试求系统的状态空间描述。

解：把微分方程的系数直接代入式(2.45)，进行求解。

首先列写该微分方程的系数

$$a_1 = 6, a_2 = 11, a_3 = 6, b_0 = 1, b_1 = 8, b_2 = 17, b_3 = 8$$

则可以利用式(2.45)得到

$$\boldsymbol{A} = \begin{bmatrix}-6 & 1 & 0\\ -11 & 0 & 1\\ -6 & 0 & 0\end{bmatrix},\quad \boldsymbol{B} = \begin{bmatrix}b_1 - a_1 b_0\\ b_2 - a_2 b_0\\ b_3 - a_3 b_0\end{bmatrix} = \begin{bmatrix}2\\ 6\\ 2\end{bmatrix},$$

$$\boldsymbol{C} = \begin{bmatrix}1 & 0 & 0\end{bmatrix},\quad \boldsymbol{D} = b_0 = 1$$

则系统的状态方程为

$$\begin{bmatrix}\dot{x}_1\\ \dot{x}_2\\ \dot{x}_3\end{bmatrix} = \begin{bmatrix}-6 & 1 & 0\\ -11 & 0 & 1\\ -6 & 0 & 0\end{bmatrix}\begin{bmatrix}x_1\\ x_2\\ x_3\end{bmatrix} + \begin{bmatrix}2\\ 6\\ 2\end{bmatrix}u$$

$$y = \begin{bmatrix}1 & 0 & 0\end{bmatrix}\begin{bmatrix}x_1\\ x_2\\ x_3\end{bmatrix} + u$$

2. 化传递函数为状态方程

根据已知系统的传递函数或传递函数矩阵求相应的状态方程被称为实现问题，同样对于一个可实现的传递函数或传递函数矩阵，求得的状态方程不是唯一的。

假设系统的传递函数如式(2.46)所示

$$G(s) = \frac{Y(s)}{U(s)} = \frac{b_1 s^{(n-1)} + \cdots + b_{n-1}s + b_n}{s^n + a_1 s^{(n-1)} + \cdots + a_{n-1}s + a_n} \tag{2.46}$$

下面介绍把传递函数转化为状态方程的四种不同的实现方式。

(1) 化为可控标准型的状态方程

将式(2.46)改写成

$$G(s) = \frac{1}{s^{(n)} + a_1 s^{(n-1)} + \cdots + a_{n-1}s + a_n}(b_1 s^{(n-1)} + \cdots + b_{n-1}s + b_n) = \frac{Z(s)}{U(s)}\frac{Y(s)}{Z(s)} \tag{2.47}$$

将

$$\frac{Z(s)}{U(s)}=\frac{1}{s^{(n)}+a_1s^{(n-1)}+\cdots+a_{n-1}s+a_n}$$

$$\frac{Y(s)}{Z(s)}=b_1s^{n-1}+\cdots+b_{n-1}s+b_n$$

取拉普拉斯反变换，得

$$z^{(n)}(t)+a_1z^{(n-1)}(t)+\cdots+a_{n-1}\dot{z}(t)+a_nz(t)=u(t)$$

$$y(t)=b_1z^{(n-1)}(t)+\cdots+b_{n-1}\dot{z}(t)+b_nz(t)$$

取状态变量为

$$\begin{cases}x_1=z\\x_2=\dot{z}\\\vdots\\x_n=z^{(n-1)}\end{cases}$$

便可以得到系统的可控标准型的状态方程

$$\begin{aligned}\dot{\boldsymbol{X}}&=\boldsymbol{AX}+\boldsymbol{B}u\\y&=\boldsymbol{CX}\end{aligned}\tag{2.48}$$

$$\boldsymbol{X}=\begin{bmatrix}x_1\\x_2\\\vdots\\x_{n-1}\\x_n\end{bmatrix},\boldsymbol{A}=\begin{bmatrix}0&1&0&\cdots&0\\0&0&1&\cdots&0\\\vdots&\vdots&\vdots&\vdots&\vdots\\0&0&0&\cdots&1\\-a_n&-a_{n-1}&-a_{n-2}&\cdots&-a_1\end{bmatrix},\boldsymbol{B}=\begin{bmatrix}0\\0\\\vdots\\0\\1\end{bmatrix}$$

$$\boldsymbol{C}=\begin{bmatrix}b_n&b_{n-1}&\cdots&b_2&b_1\end{bmatrix}$$

(2) 化为可观标准型的状态方程

对式(2.46)所示的传递函数，直接做反拉氏变换并取一组状态变量

$$x_n=y$$

$$x_{n-1}=\dot{y}+a_1y-b_1u=\dot{x}_n+a_1x_n-b_1u$$

$$x_{n-2}=\ddot{y}+a_1\dot{y}+a_2y-b_1\dot{u}-b_2u=\dot{x}_{n-1}+a_2x_n-b_2u$$

$$\vdots$$

$$x_1=y^{(n-1)}+a_1y^{(n-2)}+\cdots+a_{n-1}y-b_1u^{(n-2)}-\cdots-b_{n-1}u=\dot{x}_2+a_{n-1}x_n-b_{n-1}u$$

$$x_0=y^{(n)}+a_1y^{(n-1)}+\cdots+a_ny-b_1u^{(n-1)}-\cdots-b_nu=\dot{x}_1+a_nx_n-b_nu$$

写成状态方程的标准形式为

$$\begin{aligned}\dot{\boldsymbol{X}}&=\boldsymbol{AX}+\boldsymbol{B}u\\y&=\boldsymbol{CX}\end{aligned}\tag{2.49}$$

式中

$$\boldsymbol{X}=\begin{bmatrix}x_1\\x_2\\\vdots\\x_{n-1}\\x_n\end{bmatrix},\quad\boldsymbol{A}=\begin{bmatrix}0&0&\cdots&0&-a_n\\1&0&\cdots&0&-a_{n-1}\\\vdots&\vdots&\vdots&\vdots&\vdots\\0&0&\cdots&0&-a_2\\0&0&\cdots&1&-a_1\end{bmatrix},\quad\boldsymbol{B}=\begin{bmatrix}b_n\\b_{n-1}\\\vdots\\b_2\\b_1\end{bmatrix}$$

$$C=[0\quad 0\quad \cdots\quad 0\quad 1]$$

系统的可控标准型和可观标准型满足对偶关系，这一点从式(2.48) 和式(2.49) 可以看出。另外式(2.46) 的分子的阶次小于分母的阶次，如果分子的阶次等于分母的阶次，那么依旧可以按此方法推出系统的可控标准型和可观标准型。

可控标准型的 $\boldsymbol{A},\boldsymbol{B}$ 阵不变，$\boldsymbol{C}$ 阵做适当的修正，$\boldsymbol{D}=b_0$，输出方程变为 $y=\boldsymbol{CX}+\boldsymbol{D}u$；

可观标准型的 $\boldsymbol{A},\boldsymbol{C}$ 阵不变，$\boldsymbol{B}$ 阵做适当的修正，$\boldsymbol{D}=b_0$，输出方程变为 $y=\boldsymbol{CX}+\boldsymbol{D}u$。

(3) 化为对角线标准型的状态方程

对式 (2.46) 所示的传递函数，若传递函数的特征方程

$$s^{(n)}+a_1s^{(n-1)}+\cdots+a_{n-1}s+a_n=0 \tag{2.50}$$

有 n 个互异的特征根 $\lambda_1,\lambda_2,\cdots,\lambda_n$，则可以把传递函数展开成部分分式的形式

$$G(s)=\frac{c_1}{s-\lambda_1}+\frac{c_2}{s-\lambda_2}+\cdots+\frac{c_n}{s-\lambda_n} \tag{2.51}$$

式中
$$c_i=\lim_{s\to\lambda_i}(s-\lambda_i)G(s)\qquad i=1,2,\cdots,n$$

设

$$\frac{x_1(s)}{u(s)}=\frac{1}{s-\lambda_1},\cdots,\frac{x_n(s)}{u(s)}=\frac{1}{s-\lambda_n} \tag{2.52}$$

对式(2.52) 进行反拉氏变换，取 $x_1,x_2,\cdots,x_n$ 为状态变量，则可以把式(2.46) 化成对角线形式的状态方程

$$\begin{aligned}\dot{\boldsymbol{X}}&=\boldsymbol{AX}+\boldsymbol{B}u\\ y&=\boldsymbol{CX}\end{aligned} \tag{2.53}$$

式中
$$\boldsymbol{A}=\begin{bmatrix}\lambda_1 & 0 & 0 & 0\\ 0 & \lambda_2 & 0 & 0\\ \vdots & \vdots & \ddots & \vdots\\ 0 & 0 & 0 & \lambda_n\end{bmatrix},\boldsymbol{B}=\begin{bmatrix}1\\ 1\\ \vdots\\ 1\end{bmatrix},\boldsymbol{C}=[c_1\quad c_2\quad \cdots\quad c_n]$$

(4) 化为约当标准型的状态方程

若传递函数的特征方程有重根，则其部分分式的展开比较复杂，下面以一个特例来说明，其他情况以此类推。设 λ_1 为 r 重特征根，其余 $(n-r)$ 个特征根互异，则传递函数的部分分式展开式为

$$G(s)=\frac{c_{11}}{(s-\lambda_1)^r}+\frac{c_{12}}{(s-\lambda_1)^{r-1}}+\cdots+\frac{c_{1r}}{s-\lambda_1}+\frac{c_{r+1}}{s-\lambda_{r+1}}+\cdots+\frac{c_n}{s-\lambda_n} \tag{2.54}$$

式中

$$c_{1i}=\frac{1}{(i-1)!}\lim_{s\to\lambda_1}\frac{\mathrm{d}^{i-1}}{\mathrm{d}s^{i-1}}[(s-\lambda_1)^rG(s)]\quad i=1,2,\cdots,r$$
$$c_j=\lim_{s\to\lambda_j}(s-\lambda_j)G(s)\qquad j=r+1,r+2,\cdots,n$$

设

$$\begin{cases}\dfrac{x_1(s)}{u(s)}=\dfrac{1}{(s-\lambda_1)^r}\\[2mm] \dfrac{x_2(s)}{u(s)}=\dfrac{1}{(s-\lambda_1)^{r-1}},\cdots,\dfrac{x_r(s)}{u(s)}=\dfrac{1}{s-\lambda_1}\\[2mm] \dfrac{x_j(s)}{u(s)}=\dfrac{1}{s-\lambda_j}\qquad j=r+1,r+2,\cdots,n\end{cases} \tag{2.55}$$

对式(2.55)进行反拉普拉斯变换，并取 $x_1,x_2,\cdots,x_n$ 为系统的状态变量，则传递函数被化为约当标准型形式的状态方程

$$\begin{aligned}\dot{X}&=AX+Bu\\ y&=CX\end{aligned}\tag{2.56}$$

其中

$$A=\begin{bmatrix}\lambda_1 & 1 & \cdots & 0 & 0 & \cdots & 0\\ 0 & \lambda_1 & \ddots & 0 & & & \\ & & \ddots & 1 & & & \vdots\\ \vdots & & & \lambda_1 & 0 & & \\ & & & & \lambda_{r+1} & \ddots & \\ & & & & & \ddots & 0\\ 0 & & \cdots & & & 0 & \lambda_n\end{bmatrix},B=\begin{bmatrix}0\\0\\\vdots\\1\\1\\\vdots\\1\end{bmatrix}$$

$$C=\begin{bmatrix}c_{11} & c_{12} & \cdots & c_{1r} & c_{r+1} & \cdots & c_n\end{bmatrix}$$

【例 2.9】 已知系统的传递函数数学模型为

$$G(s)=\frac{4s+7}{3s^4+2s^2+5s+6}$$

要求写出该系统的可控标准型和可观标准型的状态方程。

解：首先将该传递函数化为如式(2.46)的标准形式，即

$$G(s)=\frac{\frac{4}{3}s+\frac{7}{3}}{s^4+\frac{2}{3}s^2+\frac{5}{3}s+2}$$

按照式(2.48)可以得到系统的可控标准型形式的状态方程和输出方程为

$$\begin{aligned}\dot{X}&=AX+Bu\\ y&=CX\end{aligned}$$

$$X=\begin{bmatrix}x_1\\x_2\\x_3\\x_4\end{bmatrix},\quad A=\begin{bmatrix}0 & 1 & 0 & 0\\ 0 & 0 & 1 & 0\\ 0 & 0 & 0 & 1\\ -2 & -\frac{5}{3} & -\frac{2}{3} & 0\end{bmatrix},\quad B=\begin{bmatrix}0\\0\\0\\1\end{bmatrix},\quad C=\begin{bmatrix}\frac{7}{3} & \frac{4}{3} & 0 & 0\end{bmatrix}$$

按照式(2.49)可以得到系统的可观标准型形式的状态方程和输出方程

$$\begin{aligned}\dot{X}&=AX+Bu\\ y&=CX\end{aligned}$$

$$X=\begin{bmatrix}x_1\\x_2\\x_3\\x_4\end{bmatrix},\quad A=\begin{bmatrix}0 & 0 & 0 & -2\\ 1 & 0 & 0 & -\frac{5}{3}\\ 0 & 1 & 0 & -\frac{2}{3}\\ 0 & 0 & 1 & 0\end{bmatrix},\quad B=\begin{bmatrix}\frac{7}{3}\\\frac{4}{3}\\0\\0\end{bmatrix},\quad C=\begin{bmatrix}0 & 0 & 0 & 1\end{bmatrix}$$

【例2.10】 已知系统的传递函数模型为

$$G(s)=\frac{2s^3+2s+1}{(10s+1)(s^2+s+1)}$$

要求列写出该系统的可控制标准型和可观测标准型形式的状态方程。

解：首先将 $G(s)$ 化为标准型形式的传递函数得

$$G(s)=\frac{2s^3+2s+1}{10s^3+11s^2+11s+1}=\frac{0.2s^3+0.2s+0.1}{s^3+1.1s^2+1.1s+0.1}$$

用前面的方法，考虑分子的阶次与分母的阶次相等的情况，利用式(2.48)和式(2.49)进行变换，做一次相除以后把传递函数化为分子比分母阶次小的的形式如下

$$G(s)=\frac{Y(s)}{U(s)}=0.2+\frac{-0.22s^2-0.02s+0.08}{s^3+1.1s^2+1.1s+0.1}$$

可以得到可控标准型形式的状态方程和输出方程

$$\begin{bmatrix}\dot{x}_1\\ \dot{x}_2\\ \dot{x}_3\end{bmatrix}=\begin{bmatrix}0 & 1 & 0\\ 0 & 0 & 1\\ -0.1 & -1.1 & -1.1\end{bmatrix}\begin{bmatrix}x_1\\ x_2\\ x_3\end{bmatrix}+\begin{bmatrix}0\\ 0\\ 1\end{bmatrix}u$$

$$y=\begin{bmatrix}0.08 & -0.02 & -0.22\end{bmatrix}\begin{bmatrix}x_1\\ x_2\\ x_3\end{bmatrix}+0.2u$$

同样也可以得到可观测标准型形式的状态方程和输出方程

$$\begin{bmatrix}\dot{x}_1\\ \dot{x}_2\\ \dot{x}_3\end{bmatrix}=\begin{bmatrix}0 & 0 & -0.1\\ 1 & 0 & -1.1\\ 0 & 1 & -1.1\end{bmatrix}\begin{bmatrix}x_1\\ x_2\\ x_3\end{bmatrix}+\begin{bmatrix}0.08\\ -0.02\\ -0.22\end{bmatrix}u$$

$$y=\begin{bmatrix}0 & 0 & 1\end{bmatrix}\begin{bmatrix}x_1\\ x_2\\ x_3\end{bmatrix}+0.2u$$

【例2.11】 设系统的传递函数为

$$G(s)=\frac{4s^2+17s+16}{s^3+7s^2+16s+12}$$

试把该传递函数形式的数学模型转化为约当标准型形式的状态方程。

解：首先求系统的特征方程的特征根

$$s^3+7s^2+16s+12=0$$

$$(s+2)^2(s+3)=0$$

得到的特征根为

$$\lambda_1=\lambda_2=-2,\lambda_3=-3$$

将传递函数按分母因式展开成部分分式得

$$G(s)=\frac{c_{11}}{(s+2)^2}+\frac{c_{12}}{(s+2)}+\frac{c_3}{s+3}$$

$$c_{11}=\lim_{s\to-2}(s+2)^2G(s)=\lim_{s\to-2}\frac{4s^2+17s+16}{s+3}=-2$$

$$c_{12}=\lim_{s\to -2}\frac{\mathrm{d}}{\mathrm{d}t}[(s+2)^2G(s)]=\lim_{s\to -2}\frac{\mathrm{d}}{\mathrm{d}t}\frac{4s^2+17s+16}{s+3}=3$$

$$c_3=\lim_{s\to -3}(s+3)G(s)=\lim_{s\to -3}\frac{4s^2+17s+16}{(s+2)^2}=1$$

因此得到系统的约当标准型形式的状态方程和输出方程为

$$\begin{bmatrix}\dot{x}_1\\ \dot{x}_2\\ \dot{x}_3\end{bmatrix}=\begin{bmatrix}-2 & 1 & 0\\ 0 & -2 & 0\\ 0 & 0 & -3\end{bmatrix}\begin{bmatrix}x_1\\ x_2\\ x_3\end{bmatrix}+\begin{bmatrix}0\\ 1\\ 1\end{bmatrix}u$$

$$y=[-2\quad 3\quad 1]\begin{bmatrix}x_1\\ x_2\\ x_3\end{bmatrix}$$

3. 化系统结构图为状态方程

(1) 模拟结构图

如果系统的传递函数是以方框图的形式来表示的，就可以将方框图先转化为状态变量图，然后根据状态变量图中积分器的输出确定系统的状态变量及状态方程。这一方法实际上应用了模拟计算机仿真的主要思想。

如图 2-9(a) 所示的一个一阶系统，它的传递函数为$\frac{1}{s+a}$，对这个一阶环节，可以用一个积分器加反馈环节来模拟，如图 2-9(b) 所示，把积分器的输出 x 看成一个状态变量，积分器的输入是 $\dot{x}$，在图上进行标注后得到系统的状态变量图。根据系统的状态变量图，可以很容易地列写出系统的状态方程和输出方程

$$\dot{x}=-ax+u$$

$$y=x$$

上述方法可以推广到高阶系统，根据方框图的组合形式的不同，具体的转换方法有级联法、串联法和并联法等方法。

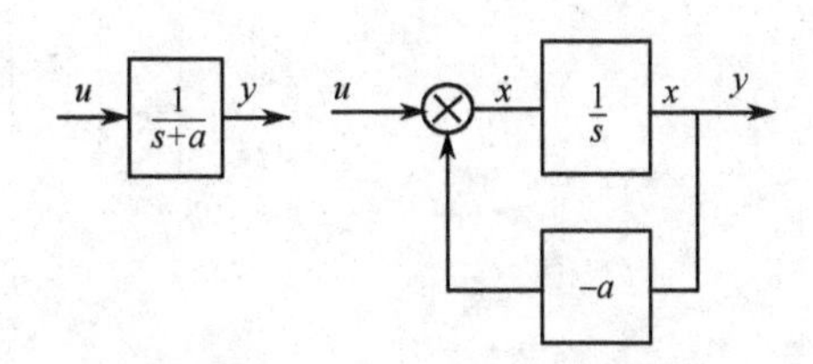

图 2-9　一阶系统图

(2) 级联法

一个三阶系统的传递函数如式(2.57) 所示

$$G(s)=\frac{4s+10}{s^3+8s^2+19s+12} \tag{2.57}$$

如果把式(2.57) 改写成式(2.58) 的形式

$$G(s)=\frac{4s^{-2}+10s^{-3}}{1+8s^{-1}+19s^{-2}+12s^{-3}} \tag{2.58}$$

就可以采用级联法来列写系统的状态方程。

首先根据系统的传递函数画出系统的状态变量图如图 2-10 所示。

根据图 2-10(a) 的状态变量图可以写出系统的状态方程和输出方程为

$$\begin{bmatrix}\dot{x}_1\\ \dot{x}_2\\ \dot{x}_3\end{bmatrix}=\begin{bmatrix}0 & 1 & 0\\ 0 & 0 & 1\\ -12 & -19 & -8\end{bmatrix}\begin{bmatrix}x_1\\ x_2\\ x_3\end{bmatrix}+\begin{bmatrix}0\\ 0\\ 1\end{bmatrix}u$$

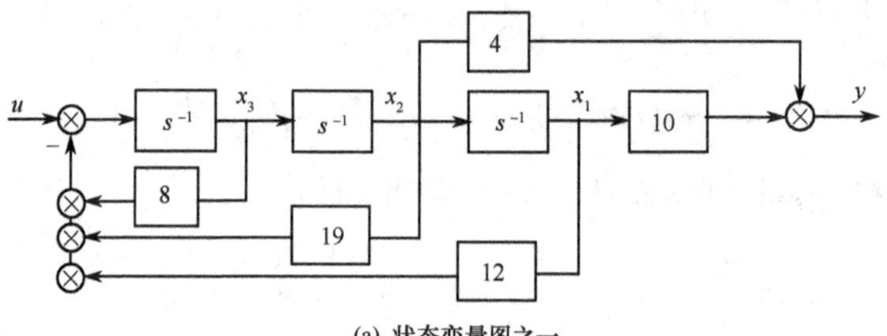

(a) 状态变量图之一

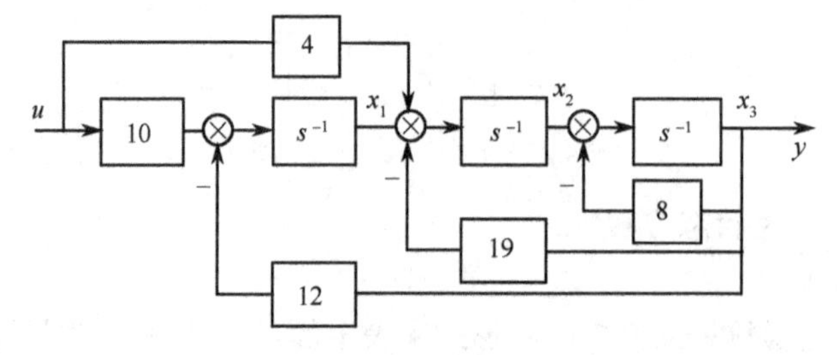

(b) 状态变量图之二

图 2-10　级联法状态变量图

$$y = \begin{bmatrix} 10 & 4 & 0 \end{bmatrix} \begin{bmatrix} x_1 \\ x_2 \\ x_3 \end{bmatrix} \tag{2.59}$$

式(2.59)是一个能控标准型形式的状态方程和输出方程。

根据图 2-10(b)的状态变量图可以写出系统的状态方程和输出方程为

$$\begin{bmatrix} \dot{x}_1 \\ \dot{x}_2 \\ \dot{x}_3 \end{bmatrix} = \begin{bmatrix} 0 & 0 & -12 \\ 1 & 0 & -19 \\ 0 & 1 & -8 \end{bmatrix} \begin{bmatrix} x_1 \\ x_2 \\ x_3 \end{bmatrix} + \begin{bmatrix} 10 \\ 4 \\ 0 \end{bmatrix} u$$

$$y = \begin{bmatrix} 0 & 0 & 1 \end{bmatrix} \begin{bmatrix} x_1 \\ x_2 \\ x_3 \end{bmatrix} \tag{2.60}$$

式(2.60)是一个能观标准型形式的状态方程和输出方程。

从图 2-10(a)、(b)及式(2.59)和式(2.60)可以看出,一个系统的能控标准型和能观标准型是满足对偶关系的。

(3) 串联法

如果把式(2.57)改写成式(2.61)的形式,传递函数是三个一阶环节的连乘积,相当于三个一阶环节串联,画出系统的模拟结构图如图 2-11 所示。

$$G(s) = \frac{1}{s+1} \cdot \frac{s+2.5}{s+3} \cdot \frac{4}{s+4} \tag{2.61}$$

按照图 2-11 的模拟结构图可以列写出系统的状态方程和输出方程如下

$$\begin{bmatrix} \dot{x}_1 \\ \dot{x}_2 \\ \dot{x}_3 \end{bmatrix} = \begin{bmatrix} -4 & 4 & 4 \\ 0 & -3 & -0.5 \\ 0 & 0 & -1 \end{bmatrix} \begin{bmatrix} x_1 \\ x_2 \\ x_3 \end{bmatrix} + \begin{bmatrix} 0 \\ 0 \\ 1 \end{bmatrix} u$$

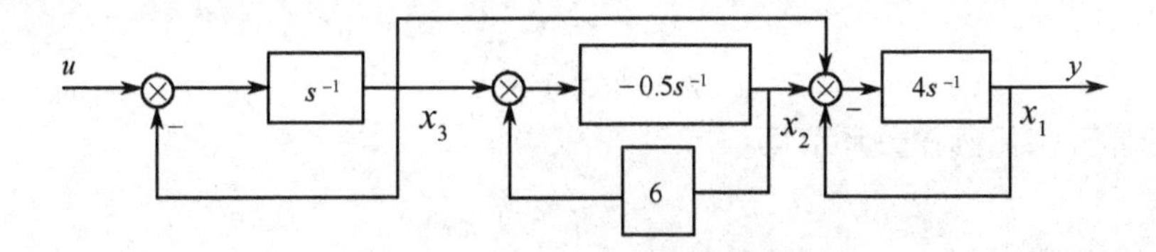

图 2-11　系统的模拟结构图

$$y=\begin{bmatrix}1 & 0 & 0\end{bmatrix}\begin{bmatrix}x_1\\x_2\\x_3\end{bmatrix} \tag{2.62}$$

(4) 并联法

如果把式(2.57)改写成式(2.63)的形式，传递函数是三个一阶环节的并联，系统的模拟结构图是这三个一阶环节并联，按照结构图可以直接列写出系统的状态方程和输出方程

$$G(s)=\frac{1}{s+1}+\frac{1}{s+3}-\frac{2}{s+4} \tag{2.63}$$

$$\begin{bmatrix}\dot{x}_1\\\dot{x}_2\\\dot{x}_3\end{bmatrix}=\begin{bmatrix}-1 & 0 & 0\\0 & -3 & 0\\0 & 0 & -4\end{bmatrix}\begin{bmatrix}x_1\\x_2\\x_3\end{bmatrix}+\begin{bmatrix}1\\1\\1\end{bmatrix}u$$

$$y=\begin{bmatrix}1 & 1 & -2\end{bmatrix}\begin{bmatrix}x_1\\x_2\\x_3\end{bmatrix} \tag{2.64}$$

式(2.64)是对角线标准型的状态方程，是约当标准型的特殊形式。

4. 实际中应用的一般方法

在工程实际问题中，实际的物理装置常常由多个部件或分系统构成，建立数学模型时，最方便的方法是对每一个部件或分系统分别用传递函数来描述。在进行仿真时，一般不必事先求出闭环系统的传递函数，再将传递函数转化为状态方程，实际上是将每一个部件或分系统的传递函数转化为对应的状态方程，这样做对所选择的状态变量能有较明确的物理意义，特别是能使实际物理装置的输出作为系统的输出变量，并在输出方程中表示出来。这种方法为对系统的性能进行分析提供了极大的方便。

下面给出在描述部件的传递函数时常常用到的典型环节及其对应的状态方程和输出方程。

(1) 积分环节

$$\frac{y(s)}{u(s)}=\frac{k}{s}$$

相应的状态方程和输出方程为

$$\dot{x}=ku$$
$$y=x$$

(2) 比例加积分环节

$$\frac{y(s)}{u(s)}=\frac{k_1}{s}+k_2$$

相应的状态方程和输出方程为

$$\dot{x}=u$$
$$y=k_1x+k_2u$$

(3) 积分环节与比例积分环节串联

$$\frac{y(s)}{u(s)}=\frac{1}{s}\left(\frac{k_1}{s}+k_2\right)$$

相应的状态方程和输出方程为

$$\dot{x}_1=x_2$$
$$\dot{x}_2=u$$
$$y=k_1x_1+k_2x_2$$

(4) 惯性环节

$$\frac{y(s)}{u(s)}=\frac{k}{s+a}$$

相应的状态方程和输出方程为

$$\dot{x}=-ax+ku$$
$$y=x$$

(5) 超前－滞后环节

$$\frac{y(s)}{u(s)}=\frac{s+b}{s+a}$$

相应的状态方程和输出方程为

$$\dot{x}=-ax+(b-a)u$$
$$y=x+u$$

另外,在做外部模型到内部模型的转换时,如果系统的初始条件不为零,那么在进行从外部模型到内部模型的转换时,还必须考虑如何将给定的初始条件——通常是给定的输入和输出 $u(t)$、$y(t)$ 及其各阶导数的初始值,转变为相应的状态变量的初始值。一般情况要求所选择的状态变量确定的系统应该是完全可观的,系统外部输入/输出的初始值才可以转化为内部状态变量的初始值。下面举例说明。

【例2.12】 设有一系统,它的微分方程为

$$\ddot{y}+3\dot{y}+2y=\dot{u}+u$$

已知系统的初始条件为 $\dot{y}(0)=0, y(0)=0, u(0)=0$,试求出该系统的状态方程,并给出状态变量的初始值。

解:根据系统的微分方程建立可控标准型形式的状态方程

$$\begin{bmatrix}\dot{x}_1\\\dot{x}_2\end{bmatrix}=\begin{bmatrix}0&1\\-2&-3\end{bmatrix}\begin{bmatrix}x_1\\x_2\end{bmatrix}+\begin{bmatrix}0\\1\end{bmatrix}u$$

输出方程为

$$y=\begin{bmatrix}1&1\end{bmatrix}\begin{bmatrix}x_1\\x_2\end{bmatrix}$$

系统的可观测判定矩阵为

$$\boldsymbol{V}=\begin{bmatrix}\boldsymbol{C}\\\boldsymbol{CA}\end{bmatrix}=\begin{bmatrix}1&1\\-2&-2\end{bmatrix}$$

可以看出 $\boldsymbol{V}$ 是一个奇异矩阵,没有逆矩阵,因此系统不完全可观,所以无法确定状态变量的初

始值。

为了求出状态变量的初始值，必须选择合适的状态变量使系统是完全可观的。

令

$$x_1 = y$$
$$x_2 = \dot{y} + 3y - u = \dot{x}_1 + 3x_1 - u$$

则有

$$\dot{x}_1 = \dot{y} = -3x_1 + x_2 + u$$
$$\dot{x}_2 = \ddot{y} + 3\dot{y} - \dot{u} = -2y + u = -2x_1 + u$$

写成标准形式为

$$\begin{bmatrix}\dot{x}_1\\ \dot{x}_2\end{bmatrix} = \begin{bmatrix}-3 & 1\\ -2 & 0\end{bmatrix}\begin{bmatrix}x_1\\ x_2\end{bmatrix} + \begin{bmatrix}1\\ 1\end{bmatrix}u$$

$$y = \begin{bmatrix}1 & 0\end{bmatrix}\begin{bmatrix}x_1\\ x_2\end{bmatrix}$$

从状态方程可以看出这个系统是可观测的，状态变量的初值为

$$\begin{bmatrix}x_1(0)\\ x_2(0)\end{bmatrix} = \begin{bmatrix}y(0)\\ \dot{y}(0) + 3y(0) - u(0)\end{bmatrix} = \begin{bmatrix}1\\ 4\end{bmatrix}$$

5. 化状态方程为传递函数

前面主要介绍了如何将一个系统的外部模型转化为内部模型的方法，对于已知系统的内部模型需要求出对应的外部模型的情况，因为实际中用得不多，所以这里只作简单的介绍。

已知系统的状态空间表达式和输出方程如下

$$\dot{\boldsymbol{X}} = \boldsymbol{A}\boldsymbol{X} + \boldsymbol{B}u$$
$$\boldsymbol{y} = \boldsymbol{C}\boldsymbol{X} + \boldsymbol{D}u \tag{2.65}$$

其相应的传递函数矩阵为

$$\boldsymbol{G}(s) = \boldsymbol{C}(s\boldsymbol{I} - \boldsymbol{A})^{-1}\boldsymbol{B} + \boldsymbol{D} \tag{2.66}$$

其中

$$(s\boldsymbol{I} - \boldsymbol{A})^{-1} = \frac{\mathrm{adj}(s\boldsymbol{I} - \boldsymbol{A})}{\det(s\boldsymbol{I} - \boldsymbol{A})}$$

多项式矩阵求逆的算法很多，一般采用计算机容易实现的方法计算。

2.3.3　离散时间系统的模型

离散时间系统是同连续时间系统相对应的，它的输入、输出均是离散时间信号。同连续时间系统一样，它的数学模型也分为四种形式，依旧以单输入 / 单输出系统为例。

1. 系统的差分模型

设系统的输入序列$\{u(k)\}$，输出序列$\{y(k)\}$，则系统的数学模型可表示为

$$\begin{aligned}&y(k+n) + a_1 y(k+n-1) + \cdots + a_{n-1}y(k+1) + a_n y(k)\\ &= b_0 u(k+n) + b_1(k+n-1) + \cdots + b_{n-1}u(k+1) + b_n u(k)\end{aligned} \tag{2.67}$$

2. 离散传递函数(z 函数)

对式(2.67)两边取 z 变换，若系统的初始条件为零，$y(k)=0$，$u(k)=0$，$(k\leqslant 0)$，则可得

$$\begin{aligned}&(1+a_1z^{-1}+\cdots+a_{n-1}z^{-(n-1)}+a_nz^{-n})Y(z)\\&=(b_0+b_1z^{-1}+\cdots+b_{n-1}z^{-(n-1)}+b_nz^{-n})U(z)\end{aligned}\tag{2.68}$$

式中，$Y(z)$ 是序列$\{y(k)\}$ 的 z 变换；$U(k)$ 是序列$\{u(k)\}$ 的 z 变换。

系统的离散传递函数为

$$H(z)=\frac{Y(z)}{U(z)}=\frac{b_0+b_1z^{-1}+\cdots+b_{n-1}z^{-(n-1)}+b_nz^{-n}}{1+a_1z^{-1}+\cdots+a_{n-1}z^{-(n-1)}+a_nz^{-n}}\tag{2.69}$$

3. 离散状态空间模型

前面列出的模型只描述了系统的输入序列和输出序列之间的关系，为了进行仿真，通常要采用系统的内部模型，即离散状态空间模型。通常引进状态变量序列$\{\boldsymbol{X}(k)\}$，构造系统的状态空间模型。一般的形式为

$$\begin{aligned}\boldsymbol{X}(k+1)&=f[\boldsymbol{X}(k),u(k),k]\\y(k+1)&=g[\boldsymbol{X}(k+1),u(k+1),k+1]\end{aligned}\tag{2.70}$$

对于线性定常系统有

$$\begin{aligned}\boldsymbol{X}(k+1)&=\boldsymbol{FX}(k)+\boldsymbol{G}u(k)\\\boldsymbol{y}(k+1)&=\boldsymbol{CX}(k)+\boldsymbol{D}u(k)\end{aligned}\tag{2.71}$$

4. 结构图表示

离散系统的结构图表示和连续系统的相似，只要将每一个方框图内的连续系统的传递函数 s 换成离散系统的 z 函数即可。

5. 数学模型之间的转化

同连续时间系统一样，离散时间系统的数学模型之间的转换也主要是从外部模型向内部模型转换，即从差分方程模型和 z 函数模型转换为离散状态空间模型。

式(2.67)的差分方程可以转换成(2.69)所示的离散传递函数

$$H(z)=\frac{Y(z)}{U(z)}=\frac{b_0+b_1z^{-1}+\cdots+b_{n-1}z^{-(n-1)}+b_nz^{-n}}{1+a_1z^{-1}+\cdots+a_{n-1}z^{-(n-1)}+a_nz^{-n}}$$

当 $b_0=0$ 时，有

$$H(z)=\frac{Y(z)}{U(z)}=\frac{b_1z^{-1}+\cdots+b_{n-1}z^{-(n-1)}+b_nz^{-n}}{1+a_1z^{-1}+\cdots+a_{n-1}z^{-(n-1)}+a_nz^{-n}}\tag{2.72}$$

式(2.72)可以转换成如下的状态方程

$$\begin{aligned}\boldsymbol{X}(k+1)&=\boldsymbol{FX}(k)+\boldsymbol{G}u(k)\\y(k+1)&=\boldsymbol{CX}(k)+\boldsymbol{D}u(k)\end{aligned}\tag{2.73}$$

其中

$$\boldsymbol{F}=\begin{bmatrix}0&1&\cdots&0&0\\0&0&\cdots&&0\\\vdots&\vdots&\vdots&\vdots&\vdots\\0&0&\cdots&0&1\\-a_n&-a_{n-1}&\cdots&-a_2&-a_1\end{bmatrix},\quad\boldsymbol{G}=\begin{bmatrix}0\\0\\0\\0\\1\end{bmatrix}$$

$$\boldsymbol{C}=(b_n\quad b_{n-1}\quad\cdots\quad b_2\quad b_1),\quad\boldsymbol{D}=0$$

同连续系统一样，上式是可控标准型形式的状态方程，同理也可以写出可观测标准型形式的状态方程，如式(2.74)所示

$$\begin{aligned}\boldsymbol{X}(k+1)&=\overline{\boldsymbol{F}}\boldsymbol{X}(k)+\overline{\boldsymbol{G}}u(k)\\ y(k+1)&=\overline{\boldsymbol{C}}\boldsymbol{X}(k)+\overline{\boldsymbol{D}}u(k)\end{aligned}\tag{2.74}$$

其中

$$\overline{\boldsymbol{F}}=\boldsymbol{F}^{\mathrm{T}}=\begin{bmatrix}0 & 0 & \cdots & 0 & -a_n\\ 1 & 0 & \cdots & 0 & -a_{n-1}\\ \vdots & \vdots & \vdots & \vdots & \vdots\\ 0 & 0 & \cdots & 0 & -a_2\\ 0 & 0 & \cdots & 1 & -a_1\end{bmatrix},\quad \overline{\boldsymbol{G}}=\boldsymbol{C}^{\mathrm{T}}=\begin{bmatrix}b_n\\ b_{n-1}\\ \vdots\\ b_2\\ b_1\end{bmatrix}$$

$$\overline{\boldsymbol{C}}=\boldsymbol{G}^{\mathrm{T}}=[0\quad 0\quad \cdots\quad 0\quad 1],\quad \overline{\boldsymbol{D}}=0$$

当 $b_0\neq 0$ 时，有

$$\begin{aligned}H(z)&=b_0+\frac{(b_1-b_0a_1)z^{-1}+\cdots+(b_{n-1}-b_0a_{n-1})z^{-(n-1)}+(b_n-b_0a_n)z^{-n}}{1+a_1z^{-1}+\cdots+a_{n-1}z^{-(n-1)}+a_nz^{-n}}\\ &=b_0+\frac{b'_1z^{-1}+\cdots+b'_{n-1}z^{-(n-1)}+b'_nz^{-n}}{1+a_1z^{-1}+\cdots+a_{n-1}z^{-(n-1)}+a_nz^{-n}}\end{aligned}\tag{2.75}$$

式(2.75) 可以转换成如式(2.73) 所示的可控标准型形式的状态方程，也可以转换成式(2.74) 所示的可观测标准型形式的状态方程，只要把相应的系数矩阵修正一下即可，$\boldsymbol{D}=b_0,b_i=b'_i$，$i=1,2,\cdots,n$，其他不变。

同连续系统一样，离散的状态空间描述也可以转化成离散的传递函数描述，已知有一个离散的状态方程如式(2.76) 所示

$$\begin{aligned}\boldsymbol{X}(k+1)&=\boldsymbol{F}\boldsymbol{X}(k)+\boldsymbol{G}u(k)\\ \boldsymbol{y}(k+1)&=\boldsymbol{C}\boldsymbol{X}(k)\end{aligned}\tag{2.76}$$

可以将它转换成如式(2.77) 所示的离散传递函数

$$H(z)=\boldsymbol{C}(z\boldsymbol{I}-\boldsymbol{F})^{-1}\boldsymbol{G}\tag{2.77}$$

2.3.4　采样系统的数学模型

随着计算机科学与技术的发展，人们不仅采用数字计算机而且利用微型计算机进行控制系统的分析与设计，形成数字控制系统(或计算机控制系统)，其控制器是由数字计算机组成的。它的输入变量和控制变量只是在采样点(时刻) 取值的间断的脉冲序列信号，描述它的数学模型是离散的 —— 差分方程或离散状态方程；而被控对象是连续的，其数学模型是连续时间模型，所以整个系统实际是一个连续－离散混合系统。它主要由连续的控制对象、离散的控制器、采样器和保持器等几个环节组成，这就是采样系统的典型形式。

描述采样系统的模型就是连续－离散混合模型，数据采样系统的框图如图 2-12 所示。采样控制系统里，采样开关和保持器是作为物理实体存在的。

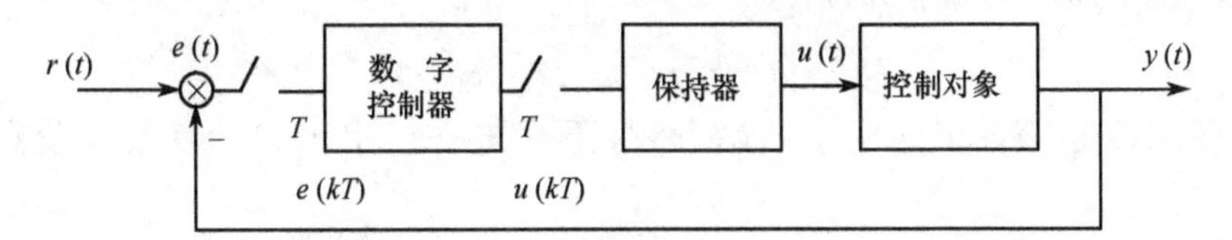

图 2-12　数据采样系统的框图

数字控制器把系统的模拟信号 $e(t)$ 经过采样器及 A/D 转换器变成计算机可以接受的数字信号，经过计算机处理以后以数字量输出，再经过 D/A 转换器变成模拟量输入到被控对象。

一般地,D/A 转换器要将计算机第 k 次的输出保持一段时间,直到计算机第 $k+1$ 次计算结果给它以后,其值才改变,因此,通常把 D/A 转换器看成零阶保持器。严格地来讲,A/D 转换器、计算机处理器、D/A 转换器这三者并不是同步并行地进行工作,而是一种串行流水的工作方式,通常三者完成各自的任务所花费的时间并不严格相等,但如果三个时间的总和与采样周期 T 相比可以忽略不计时,一般就认为数字控制器对控制信号的处理是瞬时完成的,采样开关是同步进行的,如果要考虑完成任务的时间的话,可以在系统中增加一个纯滞后环节。显然 D/A 转换的作用相当于一个零阶的信号重构器。

我们如果将连续的控制对象同保持器一起进行离散化,那么采样系统就简化为离散系统,采样系统的数学模型可以采用离散系统的四种数学模型表示,以差分方程为例说明,控制器和控制对象的数学模型如下

$$\begin{aligned}&y(k+p)+c_1y(k+p-1)+\cdots+c_{p-1}y(k+1)+a_py(k)\\&=d_0u(k+p)+d_1(k+p-1)+\cdots+d_{p-1}u(k+1)+d_pu(k)\end{aligned}\tag{2.78}$$

$$\begin{aligned}&y(k+n)+a_1y(k+n-1)+\cdots+a_{n-1}y(k+1)+a_ny(k)\\&=b_0u(k+n)+b_1(k+n-1)+\cdots+b_{n-1}u(k+1)+b_nu(k)\end{aligned}\tag{2.79}$$

其中 $k=kT$,T 是采样周期。

我们也可以将图 2-12 所示的采样控制系统在时域中写成状态空间的形式,其中数字控制器由差分方程描述,而控制对象由微分方程描述,在仿真过程中采用连续－离散混合模型进行计算。

2.4　系统建模举例

前面已经介绍过质量－弹簧－阻尼系统和 RLC 电路系统的模型,下面再举几个其他系统建模的例子。

2.4.1　机械转动系统

对一个机械转动系统来说,设 $T_{\mathrm{M}}(t)$ 是电机的驱动力矩,它也是整个系统的输入力矩;J_{M} 是电机的转动惯量,B_{M} 是电机的粘滞阻尼系数,它产生的阻力矩与电机的转速成正比;$\theta_{\mathrm{M}}(t)$ 是电机的转角,$\theta_{\mathrm{L}}(t)$ 是负载轴的转角;K 是轴的弹性系数,弹性力矩与轴的扭曲角度($\theta_{\mathrm{M}}(t)-\theta_{\mathrm{L}}(t)$) 成正比;$J_{\mathrm{L}}$ 是负载的转动惯量。

先分析电机轴的受力情况,它受到三个力矩的作用:驱动力矩 $T_{\mathrm{M}}(t)$,写出下列方程

$$J_{\mathrm{M}}\ddot{\theta}_{\mathrm{M}}(t)=T_{\mathrm{M}}(t)-B_{\mathrm{M}}\dot{\theta}_{\mathrm{M}}(t)-K(\theta_{\mathrm{M}}(t)-\theta_{\mathrm{L}}(t))\tag{2.80}$$

再分析负载轴的受力,它只受到弹性力矩的作用 $K(\theta_{\mathrm{M}}(t)-\theta_{\mathrm{L}}(t))$。对于负载轴来说,它是主力矩,因此可以列写出如下的方程

$$J_{\mathrm{L}}\ddot{\theta}_{\mathrm{L}}(t)=K(\theta_{\mathrm{M}}(t)-\theta_{\mathrm{L}}(t))\tag{2.81}$$

式(2.80)、式(2.81) 是该系统的两个原始方程,下面进一步求出它的状态方程和传递函数模型。

设系统的状态变量为

$$\boldsymbol{X}(t)=[x_1(t)\quad x_2(t)\quad x_3(t)\quad x_4(t)]^{\mathrm{T}}=[\theta_{\mathrm{M}}(t)\quad \theta_{\mathrm{L}}(t)\quad \dot{\theta}_{\mathrm{M}}(t)\quad \dot{\theta}_{L}(t)]^{\mathrm{T}}$$

系统的输入为

$$u(t)=T_M(t)$$

则

$$\dot{x}_1(t)=x_3(t)$$
$$\dot{x}_2(t)=x_4(t)$$
$$\begin{aligned}\dot{x}_3(t)&=-\frac{K}{J_M}\theta_M(t)+\frac{K}{J_M}\theta_L(t)-\frac{B_M}{J_M}\dot{\theta}_M(t)+\frac{1}{J_M}T_M(t)\\&=-\frac{K}{J_M}x_1(t)+\frac{K}{J_M}x_2(t)-\frac{B_M}{J_M}x_3(t)+\frac{1}{J_M}u(t)\end{aligned}$$
$$\dot{x}_4(t)=\frac{K}{J_L}\theta_M(t)-\frac{K}{J_L}\theta_L(t)=\frac{K}{J_L}x_1(t)-\frac{K}{J_L}x_2(t)$$

写成矩阵形式为

$$\dot{\boldsymbol{X}}(t)=\boldsymbol{AX}(t)+\boldsymbol{B}u(t)$$

其中

$$\boldsymbol{A}=\begin{bmatrix}0&0&1&0\\0&0&0&1\\-\frac{K}{J_M}&\frac{K}{J_M}&-\frac{B_M}{J_M}&0\\\frac{K}{J_L}&-\frac{K}{J_L}&0&0\end{bmatrix},\quad \boldsymbol{B}=\begin{bmatrix}0\\0\\\frac{1}{J_M}\\0\end{bmatrix}$$

如果取 $\theta_M(t)$ 和 $\theta_L(t)$ 作为输出变量，则可以写出输出方程为

$$\boldsymbol{y}(t)=\boldsymbol{Cx}(t)$$

其中

$$\boldsymbol{y}(t)=\begin{bmatrix}\theta_M(t)\\\theta_L(t)\end{bmatrix},\quad \boldsymbol{C}=\begin{bmatrix}1&0&0&0\\0&1&0&0\end{bmatrix}$$

以上是系统的状态方程描述，我们可以用前面介绍的方法来求出传递函数描述，但因为 $(s\boldsymbol{I}-\boldsymbol{A})$ 的逆矩阵不容易求，所以这里我们借助结构图来求出系统的传递函数描述。

根据系统的原始微分方程，对式(2.80)、式(2.81) 取拉普拉斯变换并稍加整理得到

$$T_M(s)-K(\theta_M(s)-\theta_L(s))=(J_Ms^2+B_Ms)\theta_M(s)$$
$$J_Ls^2\theta_L(s)=K(\theta_M(s)-\theta_L(s))$$

据此，可以画出如图 2-13 所示的系统结构图。

可以用梅逊公式直接求出系统的传递函数为

$$\frac{\theta_L(s)}{T_M(s)}=\frac{\dfrac{K}{J_Ls^2(J_Ms^2+B_Ms)}}{1+\dfrac{K}{J_Ms^2+B_Ms}+\dfrac{K}{J_Ls^2}}$$

$$\frac{\theta_M(s)}{T_M(s)}=\frac{\dfrac{1}{(J_Ms^2+B_Ms)}\left(1+\dfrac{K}{J_Ls^2}\right)}{1+\dfrac{K}{J_Ms^2+B_Ms}+\dfrac{K}{J_Ls^2}}$$

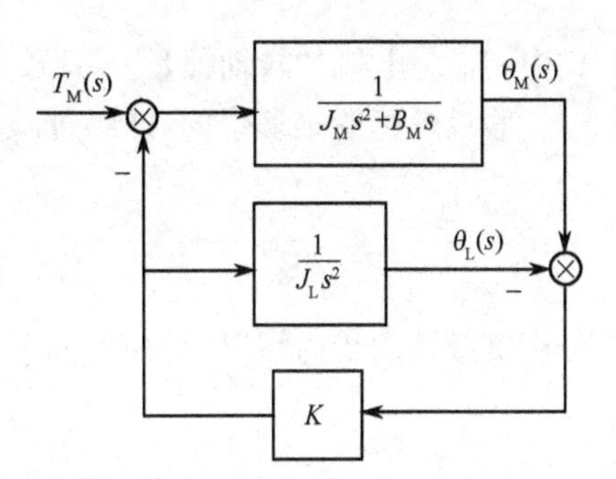

图 2-13　机械转动系统的结构图

可以进一步化简为

$$\frac{\theta_L(s)}{T_M(s)}=\frac{K}{s(J_MJ_Ls^3+B_MJ_Ls^2+K(J_M+J_L)s+B_MK)}$$

$$\frac{\theta_M(s)}{T_M(s)}=\frac{K+J_Ls^2}{s(J_MJ_Ls^3+B_MJ_Ls^2+K(J_M+J_L)s+B_MK)}$$

也可以根据系统的结构图直接列写系统的状态方程，当然这样得到的结果不同于前面求得的状态方程。

2.4.2 直流电动机系统

前面我们讨论过纯粹的电路系统和机械转动系统，图 2-14 所示为一个机电合一的系统，该系统的输入量是加到电枢两端的电压 $u_a(t)$，R_a 和 L_a 是电枢回路的总电阻和总电感。在 $u_a(t)$ 的作用下产生电枢电流 $i_a(t)$，并进而产生驱动力矩 $T_M(t)$，它带动电机轴转动并通过减速器带动负载轴转动。减速比为 $n:1$，即

$$\frac{\theta_M(t)}{\theta_L(t)}=\frac{\dot{\theta}_M(t)}{\dot{\theta}_L(t)}=n$$

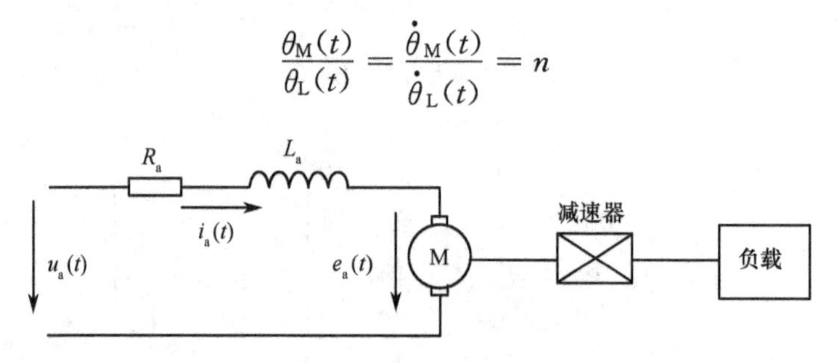

图 2-14 直流电动机系统

下面根据电路及力学原理逐项列出系统的微分方程。

电枢回路的微分方程为

$$u_a(t)=R_ai_a(t)+L_a\frac{\mathrm{d}i_a(t)}{\mathrm{d}t}+e_a(t)$$

其中 $e_a(t)$ 是反电动势，它满足

$$e_a(t)=K_b\omega_M(t)=K_b\frac{\mathrm{d}\theta_M(t)}{\mathrm{d}t}$$

式中 K_b 是电动势常数，电动机的驱动力矩与电枢电流成正比，即

$$T_M(t)=K_ii_a(t)$$

其中 K_i 是力矩常数，分析电机轴所受力矩的情况可以列出如下方程

$$J_M\frac{\mathrm{d}^2\theta_M(t)}{\mathrm{d}t^2}=T_M(t)-T_L(t)$$

式中，J_M 为电机的转动惯量；$T_M(t)$ 为电机的驱动力矩；$T_L(t)$ 为电机轴的阻力矩。

假设减速器是理想的，即经过减速器无能量损失，有

$$T_L(t)\omega_M(t)=T_2(t)\omega_L(t)$$

$$T_2(t)=\frac{\omega_M(t)}{\omega_L(t)}T_L(t)=nT_L(t)$$

分析负载轴的受力情况，可列出如下方程

$$J_L\frac{\mathrm{d}^2\theta_L(t)}{\mathrm{d}t^2}=T_2(t)-T_1(t)$$

式中，J_L 为负载的转动惯量；$T_1(t)$ 为负载的阻力矩；$T_2(t)$ 为是电机经减速器传到负载的驱动力矩。

整理后得到

$$J_{\mathrm{M}}\frac{\mathrm{d}^2\theta_{\mathrm{M}}(t)}{\mathrm{d}t^2}=T_{\mathrm{M}}(t)-\frac{1}{n}T_2(t)=T_{\mathrm{M}}(t)-\frac{1}{n}\left(J_{\mathrm{L}}\frac{\mathrm{d}^2\theta_{\mathrm{L}}(t)}{\mathrm{d}t^2}+T_1(t)\right)$$

$$=T_{\mathrm{M}}(t)-\frac{1}{n^2}J_{\mathrm{L}}\frac{\mathrm{d}^2\theta_{\mathrm{M}}(t)}{\mathrm{d}t^2}-\frac{T_1(t)}{n}$$

$$\left(J_{\mathrm{M}}+\frac{J_{\mathrm{L}}}{n^2}\right)\frac{\mathrm{d}^2\theta_{\mathrm{M}}(T)}{\mathrm{d}t^2}=T_{\mathrm{M}}(t)-\frac{T_1(t)}{n}$$

令

$$\hat{J}_{\mathrm{M}}=J_{\mathrm{M}}+\frac{J_{\mathrm{L}}}{n^2},\hat{T}_{\mathrm{L}}(t)=\frac{T_1(t)}{n}$$

则

$$\hat{J}_{\mathrm{M}}\frac{\mathrm{d}^2\theta_{\mathrm{M}}(t)}{\mathrm{d}t^2}=T_{\mathrm{M}}(t)-\hat{T}_{\mathrm{L}}(t)$$

可见，若将电机轴、减速器及负载轴合并到一起考虑，把负载的转动惯量及阻力矩折算到电机轴，就相当于将负载的转动惯量除以减速比的平方并将负载的阻力矩除以减速比。反之，若折算到负载轴也可以，相当于将电机的转动惯量乘以减速比的平方并将电机的驱动力矩乘以减速比。得到折算后的微分方程如下

$$\hat{J}_{\mathrm{L}}\frac{\mathrm{d}^2\theta_{\mathrm{L}}(t)}{\mathrm{d}t^2}=\hat{T}_{\mathrm{M}}(t)-T_1(t)$$

$$\hat{J}_{\mathrm{L}}=n^2J_{\mathrm{M}}+J_{\mathrm{L}},\hat{T}_{\mathrm{M}}(t)=nT_{\mathrm{M}}(t)$$

以上列出了该系统的所有微分方程，要根据这些原始的方程求出标准的高阶微分方程或一阶微分方程组并不是一件容易的事情，下面以结构图辅助完成建模工作。

将上面的所有微分方程进行拉普拉斯变换得到

$$U_{\mathrm{a}}(s)-E_{\mathrm{a}}(s)=(R_{\mathrm{a}}+L_{\mathrm{a}}s)I_{\mathrm{a}}(s)$$

$$E_{\mathrm{a}}(s)=K_{\mathrm{b}}s\,\theta_{\mathrm{M}}(s)$$

$$T_{\mathrm{M}}(s)=K_{\mathrm{i}}I_{\mathrm{a}}(s)$$

$$\hat{J}_{\mathrm{M}}s^2\theta_{\mathrm{M}}(s)=T_{\mathrm{M}}(s)-\hat{T}_{\mathrm{L}}(s)$$

据此，画出如图 2-15 所示的系统结构图。

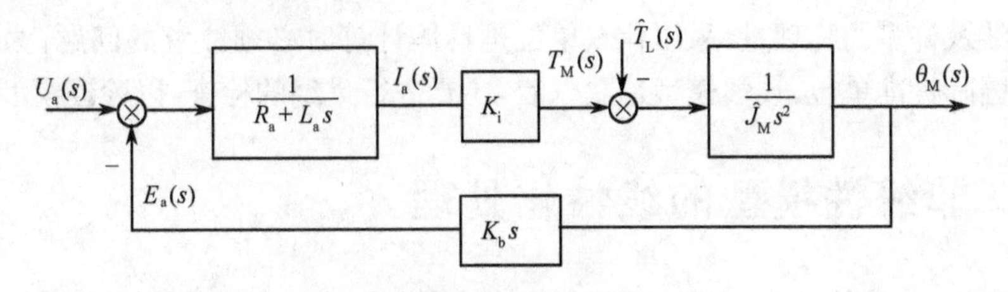

图 2-15　直流电动机系统结构图

根据图 2-15 可以很方便地列写出系统的传递函数

$$\frac{\theta_{\mathrm{M}}(s)}{U_{\mathrm{a}}(s)}=\frac{\dfrac{K_{\mathrm{i}}}{(R_{\mathrm{a}}+L_{\mathrm{a}}s)\hat{J}_{\mathrm{M}}s^2}}{1+\dfrac{K_{\mathrm{i}}K_{\mathrm{b}}s}{(R_{\mathrm{a}}+L_{\mathrm{a}}s)\hat{J}_{\mathrm{M}}s^2}}=\frac{K_{\mathrm{i}}}{(R_{\mathrm{a}}+L_{\mathrm{a}}s)\hat{J}_{\mathrm{M}}s^2+K_{\mathrm{i}}K_{\mathrm{b}}s}$$

$$\frac{\theta_{\mathrm{M}}(s)}{\hat{T}_{\mathrm{L}}(s)}=\frac{-\dfrac{1}{\hat{J}_{\mathrm{M}}s^2}}{1+\dfrac{K_{\mathrm{i}}K_{\mathrm{b}}s}{(R_{\mathrm{a}}+L_{\mathrm{a}}s)\hat{J}_{\mathrm{M}}s^2}}=\frac{-(R_{\mathrm{a}}+L_{\mathrm{a}}s)}{(R_{\mathrm{a}}+L_{\mathrm{a}}s)\hat{J}_{\mathrm{M}}s^2+K_{\mathrm{i}}K_{\mathrm{b}}s}$$

设

$$T_a=\frac{L_a}{R_a},T_M=\frac{\hat{J}_M R_a}{K_i K_b}$$

称 T_a 为电磁时间常数，T_M 为机电时间常数，则系统的传递函数可以改写为

$$\frac{\theta_M(s)}{U_a(s)}=\frac{\dfrac{1}{K_b}}{s(T_a T_M s^2+T_M s+1)}$$

$$\frac{\theta_M(s)}{\hat{T}_L(s)}=\frac{-\dfrac{R_a}{K_i K_b}(T_a s+1)}{s(T_a T_M s^2+T_M s+1)}$$

当 $\hat{T}_L=0$ 时，系统的传递函数可以写成标准形式

$$\frac{\theta_M(s)}{U_a(s)}=\frac{\dfrac{1}{K_b T_a T_M}}{s^3+\dfrac{1}{T_a}s^2+\dfrac{1}{T_a T_M}s}$$

从而可以容易地写出系统的可控标准型形式的状态方程

$$\dot{\boldsymbol{X}}(t)=\boldsymbol{A}\boldsymbol{X}(t)+\boldsymbol{B}u(t)$$
$$\boldsymbol{y}(t)=\boldsymbol{C}\boldsymbol{X}(t)$$

其中

$$\boldsymbol{A}=\begin{bmatrix}0 & 1 & 0\\ 0 & 0 & 1\\ 0 & -\dfrac{1}{T_a T_M} & -\dfrac{1}{T_a}\end{bmatrix},\quad \boldsymbol{B}=\begin{bmatrix}0\\0\\1\end{bmatrix}$$

$$\boldsymbol{C}=\begin{bmatrix}\dfrac{1}{K_b T_a T_M} & 0 & 0\end{bmatrix}$$

该系统涉及许多的物理量，采用什么单位是具体计算时必须注意的问题，为了减少错误，一般均采用国际标准单位，数学模型建立以后，还要进行量纲的检查，以验证模型的正确性。

2.5　非线性模型的线性化处理

在实际工作中，纯粹的线性系统几乎是不存在的，说一个物理系统是线性的，实际上是看它的某些主要物理性能可以充分精确地用一个线性模型加以描述而已。所谓"充分精确"是指实际系统与理想的线性系统之间的差别相对于所研究的问题而言，已经小到忽略不计的程度。由于非线性模型的性质一般比线性模型的性质复杂得多，所以工程上常常用线性的关系近似地代替非线性关系。

在进行模型线性化处理时，一般把受控量与输入量之间的函数关系分成两类：一类函数的函数值与各阶导数值都是连续的，至少在工作范围内是连续的，称这类函数是光滑的，光滑函数的非线性是不严重的非线性，或可以在一个小的范围内用线性函数来近似；另一类函数是不光滑函数，不光滑函数是严重的非线性，一般来说不能用线性函数来近似，而只能视系统的物理性质来采取特定的线性化方法。

2.5.1　微偏线性化方法

对于光滑函数 $f(x)$，常用微偏线性化的方法进行线性化处理，把 $f(x)$ 在 x_0 处展开成 taylor(台劳) 级数，如式(2.82) 所示

$$f(x_0+\Delta x)=f(x_0)+f'(x_0)\Delta x+\frac{f''(x_0)}{2!}\Delta x^2+\cdots \tag{2.82}$$

当 $|\Delta x|=|x-x_0|$ 充分小的时候，式(2.82) 可以写成

$$f(x_0+\Delta x)\approx f(x_0)+f'(x_0)\Delta x$$

或

$$\Delta f(x)\approx f'(x_0)\Delta x \tag{2.83}$$

式(2.83) 是一个线性模型，在工程上常常把 $f(x)$，$f'(x)$ 都连续的函数近似地当做光滑函数，在工作点处求函数的微分，完成线性化。由于是在工作点附近小范围内进行的，因而这样的线性化也被称为增量线性化或微偏线性化。

函数 $y=f(x)$ 在工作点(x_0,y_0) 处的微分是

$$\mathrm{d}y=f'(x)\mathrm{d}x$$

只要把 $\mathrm{d}x$、$\mathrm{d}y$ 改写成 Δx、Δy 就可以得到式(2.83)，完成函数 $y=f(x)$ 的微偏线性化。

对多变量非线性模型可以做类似的处理。对多变量非线性系统函数 $f(x_1,x_2,\cdots,x_n)$，把它在工作点 $x_0=(x_{10},x_{20},\cdots,x_{n0})$ 处展开成 taylor 级数，可以得到

$$f(x_1,x_2,\cdots,x_n)\approx f(x_{10},x_{20},\cdots,x_{n0})+\left.\frac{\partial f}{\partial x_1}\right|_{x_0}\Delta x_1+\left.\frac{\partial f}{\partial x_2}\right|_{x_0}\Delta x_2+\cdots+\left.\frac{\partial f}{\partial x_n}\right|_{x_0}\Delta x_n$$

就可以把函数进行微偏线性化。

2.5.2　线性化的基本步骤

对一个非线性模型进行线性化处理，一般常常采用以下的步骤：

① 根据系统的物理条件，导出合适的非线性方程和选定所求的受控制量和输出量，并由此确定模型的工作点；

② 用变量的工作点值与增量值之和来代替该变量，并重新写出系统的微分方程；

③ 将方程中的非线性项用 taylor 级数表示；

④ 用定义工作点的代数方程式消去微分方程中的对应常数项，仅保留只包含增值量的线性项；

⑤ 用非线性模型的初值确定所有增值量的初值。

2.5.3　非线性时变模型的线性化

线性时变函数的一般形式是

$$\boldsymbol{f}(\boldsymbol{x},t)=\boldsymbol{A}(t)\boldsymbol{X}$$

式中，$\boldsymbol{X}=(x_1x_2\cdots x_n)^{\mathrm{T}}$是系统变量；$\boldsymbol{A}=(a_{ij}(t))_{n\times n}(i=1,2,\cdots,n;j=1,2,\cdots,n)$ 是随时间改变的系数阵。

为了讨论问题方便，我们以单变量系统为例

$$f(x,t)=a(t)x \tag{2.84}$$

令变量由变量的工作点值与变量的增量值之和来代替

$$x = x_0 + \Delta x, a(t) = a_0 + \Delta a(t)$$

式中，x_0 为系统的工作点值，由系统的平衡条件确定；a_0 为 $a(t)$ 的平均值；Δx 为变量增量；$\Delta a(t)$ 为系数增量。

则

$$\begin{aligned} f(x,t) &= [a_0 + \Delta a(t)](x_0 + \Delta x) \\ &= a_0 x_0 + a_0 \Delta x + x_0 \Delta a(t) + \Delta a(t)\Delta x \end{aligned} \tag{2.85}$$

当 $|\Delta x| \ll |x_0|$ 时，$\Delta a(t)\Delta x \ll \Delta a(t) x_0$，$\Delta a(t)\Delta x$ 可以忽略不计；

当 $|\Delta a(t)| \ll |a_0|$ 时，$\Delta a(t)\Delta x \ll a_0 \Delta x$，$\Delta a(t)\Delta x$ 也以忽略不计。

对于上述两种情况的任意一种，式(2.85)可以写成

$$f(x,t) = [a_0 + \Delta a(t)](x_0 + \Delta x) = a_0 x_0 + a_0 \Delta x + x_0 \Delta a(t) \tag{2.86}$$

这就是非线性时变系统的线性化形式。

也可以由函数在工作点(a_0, x_0)处 taylor 展开直接得到式(2.86)所示的线性化形式。

【例 2.13】 已知系统方程为

$$\ddot{x} + (1 + a\sin\omega t)x = u(t)$$

试将它线性化。

解：令 $x = x_0 + \Delta x, u = u_0 + \Delta u(t)$，得

$$\Delta\ddot{x} + x_0 + \Delta x + a x_0 \sin\omega t + a\sin\omega t \Delta x = u_0 + \Delta u(t)$$

可以取 $x_0 = u_0$，则系统的线性化形式为

$$\Delta\ddot{x} + \Delta x + a x_0 \sin\omega t + a\sin\omega t \Delta x = \Delta u(t)$$

【例 2.14】 将下面的非线性系统在平衡点附近线性化。

$$\begin{cases} \dot{x}_1 = x_2 \\ \dot{x}_2 = -\alpha\sin x_1 - \beta x_2 + \gamma u \end{cases}$$

其中 $\alpha, \beta, \gamma > 0$，输入 u 为常数。

解：在线性化之前，首先需要确定平衡点的值。因为是平衡点，所以 $\dot{x}_1 = \dot{x}_2 = 0$，得到

$$x_{10} = \arcsin\left(\frac{\gamma}{\alpha}u\right)$$

$$x_{20} = 0$$

取 $\hat{x}_1 = \Delta x_1 = x_1 - x_{10}, \hat{x}_2 = \Delta x_2 = x_2 - x_{20}$ 代入原方程得

$$\begin{cases} \dot{\hat{x}}_1 = \hat{x}_2 \\ \dot{\hat{x}}_2 = -\alpha\sin\left[\hat{x}_1 + \arcsin\left(\frac{\gamma}{\alpha}u\right)\right] - \beta\hat{x}_2 + \gamma u \end{cases}$$

因为输入 u 是常数，所以进一步化为标准形式为

$$\dot{\hat{\boldsymbol{x}}}(t) = \boldsymbol{A}\hat{\boldsymbol{x}}(t)$$

$$\boldsymbol{A} = \begin{bmatrix} \dfrac{\partial f_1}{\partial \hat{x}_1} & \dfrac{\partial f_1}{\partial \hat{x}_2} \\ \dfrac{\partial f_2}{\partial \hat{x}_1} & \dfrac{\partial f_2}{\partial \hat{x}_2} \end{bmatrix}_{\substack{\hat{x}_{10}=0 \\ \hat{x}_{20}=0}} = \begin{bmatrix} 0 & 1 \\ -\alpha\cos\left(\hat{x}_{10} + \arcsin\left(\frac{\gamma}{\alpha}u\right)\right) & -\beta \end{bmatrix}_{\substack{\hat{x}_{10}=0 \\ \hat{x}_{20}=0}}$$

$$
= \begin{bmatrix} 0 & 1 \\ -a\cos\left[\arcsin\left(\dfrac{\gamma}{\alpha}u\right)\right] & -\beta \end{bmatrix}
$$

【例 2.15】 已知单机——无穷大系统的发电机励磁控制系统的数学模型为

$$
\begin{cases}
\dfrac{H_{\rm j}}{\omega_0}\dfrac{{\rm d}\omega}{{\rm d}t} = P_{\rm m} - P_{\rm e} - P_{\rm D} \\
\dfrac{{\rm d}\delta}{{\rm d}t} = \omega - \omega_0 \\
P_{\rm e} = \dfrac{E'_q U_{\rm s}}{X'_{d\Sigma}}\sin\delta + \dfrac{U_{\rm s}^2}{2}\dfrac{X'_{d\Sigma} - X_{d\Sigma}}{X'_{d\Sigma}X_{d\Sigma}}\sin 2\delta \\
\dfrac{{\rm d}E_{\rm fd}}{{\rm d}t} = -\dfrac{E_{\rm fd}}{T_{\rm e}} + \dfrac{K_{\rm e}}{T_{\rm e}}U_{\rm R}
\end{cases}
$$

式中：δ— 发电机转子摇摆角(rad)；

ω— 发电机转子角速度(rad/s)；

ω_0— 同步角速度，$\omega_0 = 2\pi f_0 = 314$ (rad/s)；

$P_{\rm m}$— 发电机机械功率(p. u.)；

$P_{\rm D}$— 发电机阻尼功率(p. u.)；

$P_{\rm e}$— 发电机的电磁功率(p. u.)；

D— 发电机的阻尼系数；

$H_{\rm j}$— 发电机的惯性时间常数(s)；

$E'_{\rm q}$— 发电机暂态电势(p. u.)；

$U_{\rm s}$— 无穷大母线电压(p. u.)；

x'_d— 发电机 d 轴暂态电抗(p. u.)；

x_q— 发电机 q 轴电抗(p. u.)；

$x_{\rm T}$— 变压器电抗(p. u.)；

$x_{\rm L}$— 输电线路电抗(p. u.)；

$x'_{d\Sigma} = x'_d + x_{\rm T} + x_{\rm L}$；

$x_{q\Sigma} = x_q + x_{\rm T} + x_{\rm L}$。

试将其化为线性化模型。

解：首先选定工作点为($\delta_0, \omega_0, P_{\rm e0}, E_{\rm fd0}$)，然后进行微偏线性化。前面的两个方程是发电机的转子运动方程，按照前面的方法可以变换成如下的线性方程

$$
\frac{H_{\rm j}}{\omega_0}\Delta\ddot{\delta} = \Delta P_{\rm m} - \Delta P_{\rm e} - \Delta P_{\rm D}
$$

$$
\Delta\dot{\delta} = \Delta\omega
$$

第三个方程是电磁功率方程，可以线性化为

$$
\Delta P_{\rm e} = S_{\rm E'}\Delta\delta + R_{\rm E'}\Delta E'_{\rm q}
$$

其中

$$
S_{\rm E'} = \frac{E_q U_{\rm s}}{X_{d\Sigma}}\cos\delta + U_{\rm s}^2\frac{X'_{d\Sigma} - X_{d\Sigma}}{X'_{d\Sigma}X_{d\Sigma}}\cos 2\delta
$$

$$
R_{\rm E'} = \frac{U_{\rm s}}{X'_{d\Sigma}}\sin\delta
$$

第四个非线性方程为励磁机的方程,线性化后为

$$\Delta \dot{E}_{fd} = -\frac{1}{T_e}\Delta E_{fd} + \frac{1}{T_e}\Delta U_R$$

线性化以后的励磁控制系统的模型就可以用来进行最优励磁控制的设计了,当然对这个线性方程组还要做进一步的变化,转化成标准的状态方程形式,因为这个过程比较复杂,所以就不详细介绍了。

2.6 高阶模型的降阶处理

在系统分析、设计和仿真中,常常会遇到一些复杂系统,这些系统的状态变量很多,阶次很高。例如,电力系统,研究电磁暂态时的发电机系统等。

对于高阶系统进行仿真或设计是很麻烦的,从仿真的角度来讲,高阶系统的仿真要占用较多的内存和机时。从系统设计的角度来看,高阶系统的控制器往往十分复杂,有的甚至是不可能实现的。因此,需要对高阶系统进行简化降阶,使其变得比较易于在计算机和工程上实现,同时又要能在一定的精度范围内表现原系统的特性。

所谓的模型简化,就是说为高阶复杂的系统准备一个低阶的近似模型,它在计算上、分析上都比原来的高阶系统模型简单,而且还可以提供关于原系统的足够多的信息。

衡量一个模型的简化方法的可行性通常有四条标准:准确性、稳定性、简便性和灵活性。

准确性 —— 要求简化的模型与原型的主要特征一致,如主导极点一致,静态增益一致,频率响应与时间响应基本一致等。

稳定性 —— 要求简化的模型的稳定性与原型一致,而且具有相近的稳定裕量。

简便性 —— 要求从原型获得简化模型的过程简单,计算量小。

灵活性 —— 要求根据实际情况方便地进行调整,并得出有所侧重的简化模型。

通常以上几个要求是难以同时满足的,有的方法准确性好,但计算量大;有的计算方便,但未必能保证稳定性等,在实际中往往要综合考虑才行。

一般模型的简化技术分为两大类:一类是在状态空间模型上进行简化,称为时域模型简化法;另一类是在传递函数模型上进行简化,称为频域简化法。具体的简化方法在近几年不断涌现,在工程实际中都有应用,下面就分析一下汽轮发电机组的蒸汽调节系统的模型的化简。

汽轮发电机组蒸汽调节系统的传递函数的结构如图 2-16 所示。

其中,T_H、T_M 及 T_L 分别为高压缸、中压缸及低压缸的汽惯性时间常数;C_H、C_M 及 C_L 分别为高压缸、中压缸及低压缸的功率分配系数,且有 $C_H + C_M + C_L = 1.0$,其中,C_H 约为 0.3、C_M 约为 0.4、C_L 约为 0.3;P_H、P_M、P_L 分别表示高压缸、中压缸及低压缸输出的机械功率;T_{Hg}、T_{Mg} 分别表示高压和中压调节气门油动机的时间常数;μ_H 和 μ_M 分别表示高压及中压调节气门的开度;T_R 为中间再热器的时间常数;G_1、G_2 分别表示高压缸调节气门开度的控制器(主调节气门控制器)和中压缸调节气门开度控制器(快速气门控制器);u_H、u_M 分别为电液转换器输出的油压控制信号;u_1、u_2 分别为 G_1、G_2 发出的电控制信号。在正常工作运行状况下,中压调节气门快速控制器的输出信号被反映故障的继电器的常开触点 r 切断,不起任何作用;当电力系统发生故障以后,反映故障的继电器被启动,它的常开触点 r 闭合,在这种情况下,中压调节气门受控于 G_2,产生通常所说的"快关"控制作用。

图 2-16 所示的模型对于设计气门控制器来说,显得过于复杂,不利于实际应用。为了分

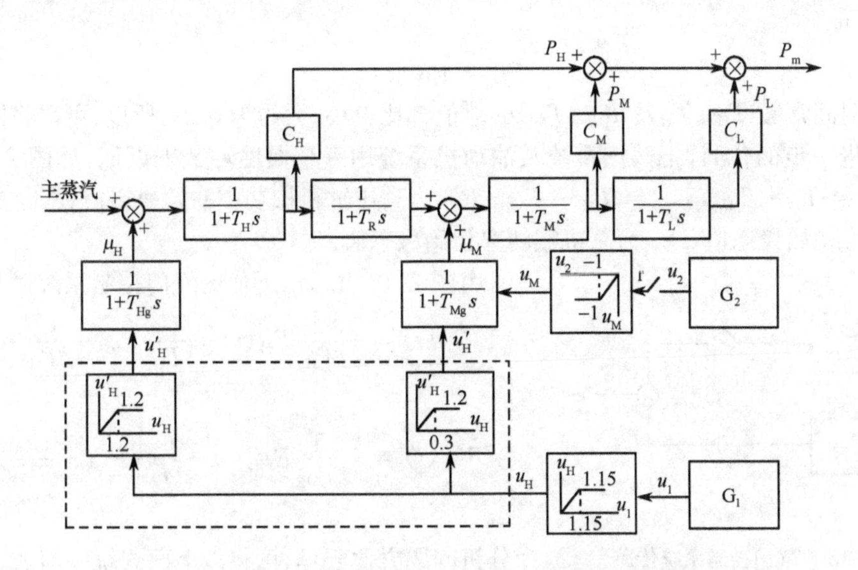

图 2-16　中间再热式机组蒸汽调节系统传递函数结构图

析问题方便起见，可以考虑进行如下的化简：将中压缸、低压缸等效为一个惯性环节，其等效时间常数以 T_{ML} 来表示，$T_{ML}=T_M+T_L$，等效功率分配系数用 C_{ML} 来表示，$C_{ML}=C_M+C_L$，C_{ML} 约为 0.7，相应的输出机械功率用 P_{ML} 来表示。另外，由于电力系统的机电过渡过程所经历的时间一般远小于再热器的时间常数 T_R，所以，在研究电力系统机电过渡过程的控制问题时，可以忽略再热器压力变化对中压缸、低压缸输出功率的影响，认为再热器的输出恒定。如果不考虑气门开度控制系统中的限幅环节，化简后的模型如图 2-17 所示。

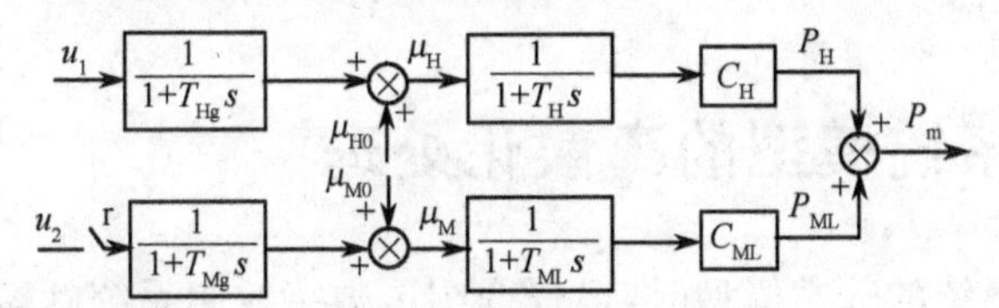

图 2-17　中间再热式机组主调节气门与中间调节气门控制系统实用传递函数结构图

根据图 2-17 所示的传递函数结构图，可以写出高压主调节气门及高压缸所组成的高压调节系统的动态方程为

$$\begin{cases}\dot{P}_H=-\dfrac{1}{T_H}P_H+\dfrac{C_H}{T_H}\mu_H\\ \dot{\mu}_H=-\dfrac{1}{T_{Hg}}\mu_H+\dfrac{1}{T_{Hg}}\mu_{H0}+\dfrac{1}{T_{Hg}}u_1\end{cases}\tag{2.87}$$

中间调节气门及中压缸、低压缸所组成的调节系统的动态方程为

$$\begin{cases}\dot{P}_{ML}=-\dfrac{1}{T_{ML}}P_{ML}+\dfrac{C_{ML}}{T_{ML}}\mu_M\\ \dot{\mu}_M=-\dfrac{1}{T_{Mg}}\mu_M+\dfrac{1}{T_{Mg}}\mu_{M0}+\dfrac{1}{T_{Mg}}u_2\end{cases}\tag{2.88}$$

在式(2.88)中，当发电机正常运行，机械输入功率大于其额定功率的10%时，中压调节门全开，不参加调节，而故障继电器的常开触点 r 不闭合，所以中压调节门不受 u_2 控制。

电动机总的输出机械功率 P_m 应为高压缸输出机械功率 P_H 与中、低压缸输出的机械功率

P_{ML}之和，即

$$P_m = P_H + P_{ML} \tag{2.89}$$

由于时间常数T_{Hg}、T_H及T_{Mg}、T_{ML}的数值都比较小，大约为0.2s，所以，可以将图2-17中的模型做进一步的化简，把蒸汽系统及油动机系统用一个惯性环节来近似，如图2-18所示。其中，$T_{H\Sigma} = T_H + T_{Hg}$，$T_{M\Sigma} = T_M + T_{Mg}$。$P_{H0}$为高压缸机械功率初始稳态值；$P_{ML0}$为中、低压缸机械功率初始稳态值；$P_{m0}$为总机械功率初始稳态值。

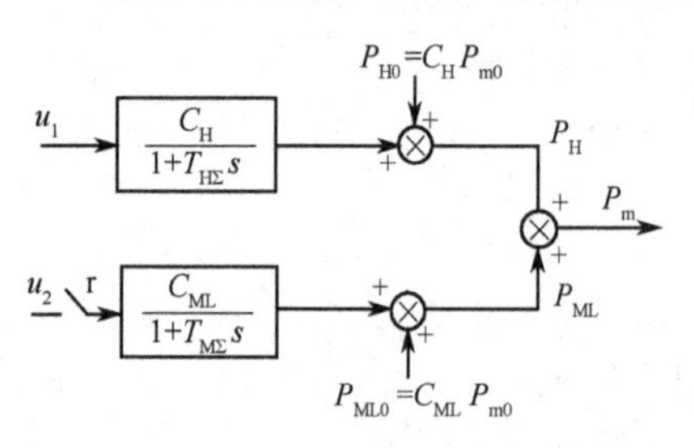

图2-18　气门控制系统传递函数实用化结构图

由图2-18可写出近似的气门控制系统微分方程为

$$\dot{P}_H(t) = -\frac{1}{T_{H\Sigma}}P_H(t) + \frac{C_H}{T_{H\Sigma}}P_{m0} + \frac{C_H}{T_{H\Sigma}}u_1(t) \tag{2.90}$$

$$\dot{P}_{ML}(t) = -\frac{1}{T_{M\Sigma}}P_{ML}(t) + \frac{C_{ML}}{T_{M\Sigma}}P_{m0} + \frac{C_{ML}}{T_{M\Sigma}}u_2(t) \tag{2.91}$$

为分析问题方便起见，可将以上两式统一写成

$$\dot{P}_m = -\frac{1}{T}P_m + \frac{1}{T}P_{m0} + \frac{C}{T}u \tag{2.92}$$

式中，C为功率系数，当只调节高压缸时，$C = C_H$；只调节中、低压缸时，$C = C_{ML}$；T为等效时间常数，只调节高压缸时，$T = T_{H\Sigma}$；只调节中、低压缸时，$T = T_{M\Sigma}$；u为气门控制量，只调节高压缸时，$u = u_1$；只调节中、低压缸时，$u = u_2$。

根据需要还可以进一步把这个模型化为一阶惯性环节，以简化仿真算法，方法同上面的一致，这里就不重复介绍了。

2.7　连续系统模型的离散化处理

在前面介绍采样系统的数学模型时，已经介绍了数字控制系统的模型。在仿真时可以先将连续的数学模型进行离散化得到离散的数学模型，然后再进行仿真。进行的每一步计算都是以这个离散的模型为基础的，原来的连续系统的模型不再参与计算，这些结构上比较简单的离散系统，比较便于在计算机上求解。连续系统离散化的方法有许多，这里主要介绍替换法、根匹配法和离散相似法。

2.7.1　替换法

在连续时间信号系统中，信号一般用连续变量时间t的函数表示，系统用微分方程描述，其频域分析方法是拉普拉斯变换和傅里叶变换，系统用传递函数描述。在离散时间信号系统中，信号用序列表示，其自变量仅取整数，非整数时无定义，系统则用差分方程描述，频域分析方法是Z变换和序列傅里叶变换法，系统用脉冲传递函数描述。

替换法的基本思想是：对于给定的函数$G(s)$，设法找到s域到z域的某种映射关系，它将s域的变量s映射到z平面上，由此得到与连续系统传递函数$G(s)$相对应的离散传递函数$G(z)$（这里我们采用同一个符号G来描述连续系统的传递函数$G(s)$和离散系统的传递函数$G(z)$，只是为了书写的方便而已）。进而根据$G(z)$由z反变换求得系统的时域离散模型——差分方程，据此便可以进行快速求解。

根据 z 变换理论，s 域到 z 域的最基本的映射关系是 z 变换式

$$z = \mathrm{e}^{Ts} \text{ 或 } s = \frac{1}{T}\ln z \tag{2.93}$$

式中 T 为采样周期。

如果按这一映射关系直接代入 $G(s)$，那么得到的 $G(z)$ 是相当复杂的，不便于算法的实现，因此，实际上往往借助于 z 变换的基本映射做一些简化处理。z 变换在离散时间系统中的作用就如同拉普拉斯变换在连续时间系统中的作用一样，它把描述离散系统的差分方程转化为简单的代数方程，使其求解大大简化。常用函数的拉普拉斯变换与 z 变换的对应关系如表 2-1 所示。

表 2-1　主要时间函数的拉普拉斯变换和 Z 变换表

函数名称	连续时间函数 $f(t)$	拉普拉斯变换 $F(s)$	离散时间函数 $f(kT)$ $k=0,1,2\cdots$	Z 变换 $F(z)$
$t=0$ 时的单位脉冲	$\delta(t)$	1	$\delta(kT)$	1
单位阶跃函数	$1(t)$	$\frac{1}{s}$	$1(kT)$	$\frac{z}{z-1}$
单位斜坡函数	t	$\frac{1}{s^2}$	kT	$\frac{Tz}{(z-1)^2}$
抛物线函数	$\frac{t^2}{2}$	$\frac{1}{s^3}$	$\frac{(kT)^2}{2}$	$\frac{T^2z(z+1)}{2(z-1)^3}$
n 阶斜坡函数	$\frac{t^n}{n!}$	$\frac{1}{s^{n+1}}$	$\frac{(kT)^n}{n!}$	$\lim\limits_{a\to 0}\frac{(-1)^n}{n!}\frac{\partial^n}{\partial a^n}\left(\frac{z}{z-\mathrm{e}^{-aT}}\right)$
指数衰减函数	e^{-at}	$\frac{1}{s+a}$	e^{-akT}	$\frac{z}{z-\mathrm{e}^{-aT}}$
指数衰减斜坡函数	$t\mathrm{e}^{-at}$	$\frac{1}{(s+a)^2}$	$kT\mathrm{e}^{-akT}$	$\frac{Tz\mathrm{e}^{-aT}}{(z-\mathrm{e}^{-aT})^2}$
正弦函数	$\sin\omega t$	$\frac{\omega}{s^2+\omega^2}$	$\sin\omega kT$	$\frac{z\sin\omega T}{z^2-2z\cos\omega T+1}$
余弦函数	$\cos\omega t$	$\frac{s}{s^2+\omega^2}$	$\cos\omega kT$	$\frac{z(z-\cos\omega T)}{z^2-2z\cos\omega T+1}$
指数衰减正弦函数	$\mathrm{e}^{-at}\sin\omega t$	$\frac{\omega}{(s+a)^2+\omega^2}$	$\mathrm{e}^{-akT}\sin\omega kT$	$\frac{z\mathrm{e}^{-aT}\sin\omega T}{z^2-2z\mathrm{e}^{-aT}\cos\omega T+\mathrm{e}^{-2aT}}$
指数衰减余弦函数	$\mathrm{e}^{-at}\cos\omega t$	$\frac{s+a}{(s+a)^2+\omega^2}$	$\mathrm{e}^{-akT}\cos\omega kT$	$\frac{z^2-z\mathrm{e}^{-aT}\cos\omega T}{z^2-2z\mathrm{e}^{-aT}\cos\omega T+\mathrm{e}^{-2aT}}$

1. 简单替换法

取 $\mathrm{e}^{Ts}=1+Ts$，即

$$z = 1 + Ts \tag{2.94}$$

或

$$s = (z-1)/T \tag{2.95}$$

式(2.94)及式(2.95)就是一种简单的替换方法,又称 Euler 法。

【例2.16】 已知二阶系统的传递函数为

$$G(s)=\frac{Y(s)}{U(s)}=\frac{1}{s^2+3s+2}$$

用简单替换法确定它的 z 传递函数和差分方程。

解:做变换

$$s=(z-1)/T$$

得

$$G(z)=\frac{Y(z)}{U(z)}=\frac{1}{\left(\frac{z-1}{T}\right)^2+3\left(\frac{z-1}{T}\right)+2}$$

$$=\frac{T^2}{z^2+(3T-2)z+(1-T)(1-2T)}$$

进行 z 反变换得

$$y(n+2)=(2-3T)y(n+1)-(1-T)(1-2T)y(n)+T^2u(n)$$

下面用 Euler 法重新做上述例题,把原系统表示成微分方程的形式为

$$\ddot{y}+3\dot{y}+2y=u(t)$$

状态方程和输出方程为

$$\begin{cases}\dot{x}_1=x_2\\ \dot{x}_2=-2x_1-3x_2+u(t)\end{cases}$$

$$y=x_1$$

用 Euler 法得到的差分方程是

$$x_1(t_{n+1})=x_1(t_n)+hx_2(t_n)$$

$$x_2(t_{n+1})=x_2(t_n)+h[-2x_1(t_n)-3x_2(t_n)+u(t_n)]$$

$$y(t_{n+1})=x_1(t_{n+1})$$

整理后得到

$$y(t_{n+2})=(2-3h)y(t_{n+1})-(1-h)(1-2h)y(t_n)+h^2u(t_n)$$

$$y_{n+2}=(2-3h)y_{n+1}-(1-h)(1-2h)y_n+h^2u_n$$

可以看出,简单替换法同 Euler 得到的结论是一样的,也就是说这两种方法是等同的。

2. 双线性替换法

若取 $e^{Ts}=\dfrac{1+Ts/2}{1-Ts/2}$

则

$$z=\frac{1+Ts/2}{1-Ts/2}\tag{2.96}$$

即

$$s=\frac{2}{T}\frac{z-1}{z+1}\tag{2.97}$$

式(2.96)、式(2.97)便是通常所说的双线性替换(变换),又称 Tustin 变换。这一变换也可以由下面的关系直接推得

$$z=e^{Ts}=\frac{e^{Ts/2}}{e^{-Ts/2}}\approx\frac{1+Ts/2}{1-Ts/2}$$

【例2.17】 利用 Tustin 变化求上例中的二阶系统的差分模型。

解：原系统为

$$G(s)=\frac{Y(s)}{U(s)}=\frac{1}{s^2+3s+2}$$

则

$$G(z)=\frac{Y(z)}{U(z)}=\frac{1}{\left[\left(\frac{2}{T}\right)\left(\frac{z-1}{z+1}\right)\right]^2+3\left(\frac{2}{T}\right)\left(\frac{z-1}{z+1}\right)+2}$$

$$=\frac{T^2(z^2+2z+1)}{2(T+1)(T+2)z^2+4(T^2-2)z+2(T-1)(T-2)}$$

进行反变换得到相应的差分模型

$$y(n+2)=\frac{1}{2(T+1)(T+2)}[4(2-T^2)y(n+1)-2(T-1)(T-2)y(n)+T^2u(n+2)+2T^2u(n+1)+T^2u(n)]$$

同前面一样，可以证明，Tustin 变换相当于数值积分法中的梯形积分公式。

下面以一个积分环节来证明，因为一个几阶的线性系统总是可以分解成几个积分环节的某些组合形式。积分环节的模型为

$$G(s)=Y(s)/U(s)=1/s$$
$$\dot{y}=u(t)$$

由梯形公式得到

$$y_{n+1}=y_n+\frac{h}{2}(u_{n+1}+u_n)$$

由 Tustin 变换得到

$$G(z)=\frac{Y(z)}{U(z)}=\frac{T}{2}\left(\frac{z+1}{z-1}\right)$$

进行 z 反变换得到

$$y(n+1)=y(n)+\frac{T}{2}[u(n+1)+u(n)]$$

从上面的分析中可以看出这两种变换式是等效的。

2.7.2　根匹配法

由控制理论可知，连续系统的动态特性是由其传递函数的增益及零点、极点的分布情况所决定的，根匹配的基本思想就是构造一个相应于系统传递函数的离散传递函数，使两者的零点、极点相匹配，并且两者具有相同的动态响应值，具体的做法如下。

假定线性系统的传递函数为

$$G(s)=\frac{K(s-q_1)(s-q_2)\cdots(s-q_{\rm m})}{(s-p_1)(s-p_2)\cdots(s-p_n)},\quad (m\leqslant n)\tag{2.98}$$

构造离散系统的传递函数为

$$G(z)=\frac{K_z(z-q'_1)(z-q'_2)\cdots(z-q'_{\rm m})(z+\delta_1)\cdots(z+\delta_{n-m})}{(z-p'_1)(z-p'_2)\cdots(z-p'_n)},\quad (m\leqslant n)\tag{2.99}$$

其中，p'_i 与 $p_i(i=1,2,\cdots,n)$，q'_i 与 $q_i(i=1,2,\cdots,m)$ 满足某种匹配关系；$\delta_1\cdots\delta_{n-m}$是为了实现 $G(z)$ 的分子分母的阶次匹配而设置的零点，它们是根据实际情况，为实现 $G(z)$ 与 $G(s)$ 之间的幅值和相位的最佳匹配附加上去的；K_z 是根据 $G(z)$ 与 $G(s)$ 的终值相同的条件而确定的增益。

显然，按照上述思想构造的离散模型不仅具有良好的算法稳定性，而且保持了原系统的动

态特性。

如上所述，实现动态匹配往往从以下几个方面加以考虑：

① $G(z)$ 与 $G(s)$ 具有相同数目的极点和零点；

② $G(z)$ 具有与 $G(s)$ 的极点、零点相匹配的极点和零点；

③ $G(z)$ 具有与 $G(s)$ 的终值相匹配的终值；

④ 调节相位，使 $G(z)$ 与 $G(s)$ 的动态响应达到最佳匹配。

一般来说，在做系统的离散化时首先要假设原连续系统满足以下条件：系统是线性的；系统必须是可以进行拉普拉斯变换的；系统必须是渐进稳定的，并满足终值定理；终值必须是非零的。

然后，通过以下的步骤来进行系统的离散化：

① 确定连续系统的传递函数 $G(s)$；

② 将 $G(s)$ 写成式(2.98)形式，以确定零、极点，即 $p_i(i=1,2,\cdots,m)$，$q_j(j=1,2,\cdots,n)$；

③ 利用关系式 $z=\mathrm{e}^{Ts}$ 将 s 平面上的零、极点映射到 z 平面上；

④ 利用上一步求得的 z 平面上的零、极点写出如式(2.99)所示的离散传递函数 $G(z)$，暂不考虑附加零点，K_z 待定；

⑤ 确定连续系统在单位阶跃作用下的终值，若对单位阶跃信号的响应终值为零，则考虑其他形式的典型输入函数；

⑥ 确定离散系统在典型信号(与第 ⑤ 步中使用的信号形式完全相同)作用下的终值；

⑦ 根据终值不变的原则，由第 ⑤、第 ⑥ 两步的计算结果确定第 ④ 步中的增益 K_z；

⑧ 确定离散传递函数 $G(z)$ 的附加零点，使得 $G(z)$ 分子与分母阶次相匹配，并尽量保证 $G(z)$ 和 $G(s)$ 达到最佳匹配(附加零点后应重新确定增益 K_z)；

⑨ 对第 ⑧ 步中的 $G(z)$ 进行 z 逆变换，求得仿真用的差分方程。

此外，在确定离散传递函数 $G(z)$ 增益 K_z 时，其取值同具体的输入信号形式有关，所以在利用最终的差分模型进行仿真时，仿真模型的输入信号应同求解 K_z 时的输入函数保持匹配，否则有可能使仿真结果产生较大的误差。

按照上述步骤求得的差分方程不仅是稳定的，而且也是精确的，因为差分方程的解和连续系统微分方程的齐次解是严格匹配的，因而利用差分方程式能够精确地计算连续过程齐次解的采样序列，并能精确地计算单位阶跃(或其他典型信号)强制函数作用下的连续系统解的序列。一般地，只要函数值的采样频率超出强制函数的最高频率足够多的倍数(5～10 倍)，则差分方程就可以用于仿真连续系统对任意强制函数的响应。

【例 2.18】 已知一阶系统

$$\tau\dot{x}+x=u \quad x(0)=0$$

试求其仿真差分方程模型。

解：(1) 传递函数　　$G(s)=\dfrac{1}{\tau s+1}=\dfrac{x(s)}{u(s)}$

(2) $G(s)$ 有一个极点　　$p_1=-\dfrac{1}{\tau}$

(3) 将 p_1 映射到 z 平面上，得　　$p'_1=\mathrm{e}^{-T/\tau}$

(4) 写出离散传递函数

$$G(z)=\frac{K_z}{z-\mathrm{e}^{-T/\tau}}=\frac{x(z)}{u(z)}$$

(5) 求连续系统的单位阶跃响应的终值

$$x(+\infty)=\lim_{s\to 0}s\,x(s)=\lim_{s\to 0}s\,G(s)u(s)=\lim_{s\to 0}\left[s\cdot\frac{1}{\tau s+1}\cdot\frac{1}{s}\right]=1$$

(6) 确定离散系统单位阶跃响应的终值

$$\begin{aligned}x(+\infty)&=\lim_{z\to 1}\frac{z-1}{z}x(z)=\lim_{z\to 1}\frac{z-1}{z}G(z)u(z)\\&=\lim_{z\to 1}\left[\frac{z-1}{z}\cdot\frac{K_z}{z-\mathrm{e}^{-T/\tau}}\cdot\frac{z}{z-1}\right]=\frac{K_z}{1-\mathrm{e}^{-T/\tau}}\end{aligned}$$

(7) 根据终值相等的原则，得

$$\frac{K_z}{1-\mathrm{e}^{-T/\tau}}=1\ \text{得到},K_z=1-\mathrm{e}^{-T/\tau}$$

(8) 设附加零点在原点，则

$$G(z)=\frac{(1-\mathrm{e}^{-T/\tau})z}{z-\mathrm{e}^{-T/\tau}}$$

因为附加零点在原点，所以这个附加零点不影响终值，从而不需要重新确定 K_z，但是如果附加零点不在原点，则要附加零点以后重新计算终值以求取 K_z，附加零点的具体数值可利用频率特性拟合或时域特性拟合的方法求取，为了方便起见就把零点设置在原点。不论附加零点在何处，都会影响离散模型的幅频特性，所以往往用优化的方法确定合适的最佳匹配。

(9) 确定差分模型

$$(z-\mathrm{e}^{-T/\tau})x(z)=(1-\mathrm{e}^{-T/\tau})zu(z)$$

进行 z 逆变换得

$$x(n+1)=\mathrm{e}^{-T/\tau}x(n)+(1-\mathrm{e}^{-T/\tau})u(n+1)$$

2.7.3　离散相似法

离散相似法是将连续模型处理成与之等效的离散模型的一种方法，具体地说，就是设计一个离散系统模型，使其中的信息流与给定的连续系统的信息流相似，或者说，它是依据给定的连续系统的数学模型，通过具体的离散化方法，构造一个离散化模型，使之与连续系统等效。

由于连续系统可由传递函数（频域）及状态方程（时域）两种形式描述，相应地，离散相似法也有两种形式：一种是传递函数的离散化处理，得到离散传递函数；另一种是连续的状态方程的离散处理，得到离散化状态方程。下面分别介绍这两种方法。

1. z 域离散相似法

设有一个连续系统如图 2-19(a) 所示，在输入信号 $u(t)$ 的后面加一个采样开关，经采样以后得到离散的信号 $u^*(t)$，然后再加上一个保持器，其传递函数为 $G_h(s)$，功能是把离散信号 $u^*(t)$ 转化为连续信号 $\tilde{u}(t)$，并把连续信号 $\tilde{u}(t)$ 加到连续系统上，其输出为 $\tilde{y}(t)$。

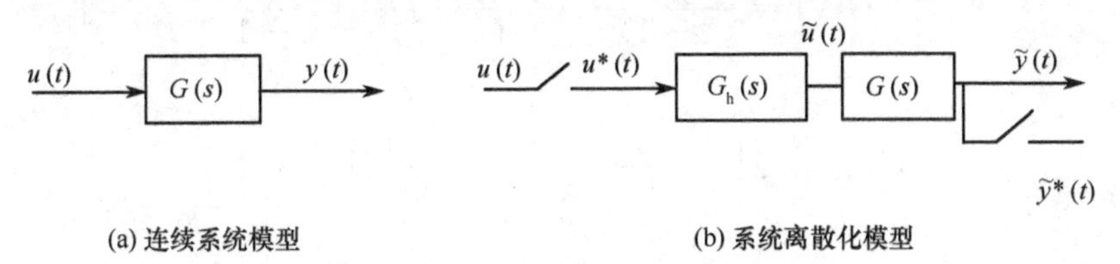

图 2-19　连续系统的离散化过程

对上述离散模型，可以直接用 z 变换的方法求出其脉冲函数

$$G(z)=\frac{\widetilde{y}^{*}(z)}{\widetilde{u}^{*}(z)}=Z[G_h(s)G(s)]$$

如果取 $G(s)=\dfrac{k}{s+a}$，并采用零阶保持器，即 $G_h(s)=\dfrac{1-\mathrm{e}^{-Ts}}{s}$，可得

$$\begin{aligned}G(z)&=Z\left[\frac{1-\mathrm{e}^{-Ts}}{s}\frac{k}{s+a}\right]=\frac{z-1}{z}Z\left[\frac{k}{s(s+a)}\right]\\&=\frac{z-1}{z}Z\left[\frac{k}{a}\left(\frac{1}{s}-\frac{1}{s+a}\right)\right]=\frac{k}{a}\cdot\frac{z-1}{z}\left(\frac{z}{z-1}-\frac{z}{z-\mathrm{e}^{-aT}}\right)\\&=\frac{k}{a}\frac{1-\mathrm{e}^{-aT}}{z-\mathrm{e}^{-aT}}\end{aligned}$$

这就是惯性环节的 z 域离散相似模型，利用这个模型可以求得便于在计算机上实现的差分模型

$$y(n+1)=\mathrm{e}^{-aT}y(n)+\frac{k}{a}(1-\mathrm{e}^{-aT})u(n)$$

利用上述方法可以求出各种线性定常系统的 z 域离散相似模型，不过应该注意，采用不同的信号重构器得到的离散模型是不一样的，究竟采用什么类型的重构器，这要看所研究的具体问题而定。

采用 z 域离散相似方法对连续系统进行离散化的主要步骤可以归纳如下：

首先画出连续系统的结构图；然后在适当的地方加入虚拟的采样开关，选择合适的信号重构器；并将所引进的信号重构器传递函数与连续系统的传递函数串联，通过 z 变换求得系统的脉冲传递函数；最后通过 z 逆变换求得差分方程。

然后就可以根据差分方程编制仿真程序了。

下面就介绍一些典型环节的离散相似模型。

(1) 积分环节

系统的传递函数为　　$G(s)=1/s$

采用零阶保持器　　$G_h(s)=\dfrac{1-\mathrm{e}^{-Ts}}{s}$

则系统的离散化传递函数为

$$G(z)=Z\left[\frac{1-\mathrm{e}^{-Ts}}{s}\cdot\frac{1}{s}\right]=Z\left[\frac{1}{s^2}-\frac{1}{s^2}\mathrm{e}^{-Ts}\right]$$

由 z 变换的线性性质和移位定理得

$$G(z)=\frac{Tz}{(z-1)^2}-\frac{1}{z}\frac{Tz}{(z-1)^2}=\frac{T}{z-1}$$

或者

$$\begin{aligned}G(z)&=Z\left[\frac{1-\mathrm{e}^{-Ts}}{s}\frac{1}{s}\right]=\frac{z-1}{z}Z\left[\frac{1}{s}\cdot\frac{1}{s}\right]\\&=\frac{z-1}{z}\cdot\frac{Tz}{(z-1)^2}=\frac{T}{z-1}\end{aligned}$$

所以

$$\frac{Y(z)}{U(z)}=\frac{T}{z-1}$$

进行 z 逆变换,得到系统的差分模型

$$y(n+1)=y(n)+Tu(n)$$

当选用零阶保持器时,这种方法同数值积分中的方法相当。若选用一阶信号重构器,则其传递函数为

$$G_h(s)=T(1+Ts)\left(\frac{1-e^{-Ts}}{Ts}\right)^2$$

离散化之后的脉冲传递函数为

$$\begin{aligned}G(z)&=Z\left[T(1+Ts)\left(\frac{1-e^{-Ts}}{Ts}\right)^2\frac{1}{s}\right]\\&=Z\left[\left(\frac{1}{Ts^3}+\frac{1}{s^2}\right)(1-2e^{-Ts}+e^{-2Ts})\right]=(1-z^{-1})^2Z\left[\frac{1}{Ts^3}+\frac{1}{s^2}\right]\\&=(1-z^{-1})^2\left[\frac{1}{T}\frac{T^2z^{-1}(1+z^{-1})}{2(1-z^{-1})^3}+\frac{Tz^{-1}}{(1-z^{-1})^2}\right]=\frac{T}{2}\cdot\frac{z^{-1}(3-z^{-1})}{1-z^{-1}}\end{aligned}$$

或者

$$\begin{aligned}G(z)&=Z\left[T(1+Ts)\left(\frac{1-e^{-Ts}}{Ts}\right)^2\frac{1}{s}\right]\\&=(1-z^{-1})^2Z\left[T(1+Ts)\cdot\frac{1}{T^2s^2}\cdot\frac{1}{s}\right]=(1-z^{-1})^2Z\left[\left(\frac{1}{Ts^2}+\frac{1}{s}\right)\frac{1}{s}\right]\\&=\frac{T}{2}\cdot\frac{z^{-1}(3-z^{-1})}{1-z^{-1}}\end{aligned}$$

进行 z 逆变换得差分方程

$$y(n+1)=y(n)+\frac{T}{2}[3u(n)-u(n-1)]$$

从上面的分析可以看出,采用不同的保持器,得到的离散模型的精度是不一样的,在实际应用中,为了方便起见,常采用零阶保持器。

(2) 一阶环节(适用于超前－滞后、惯性环节等)

连续系统的传递函数为

$$G(s)=\frac{C+Ds}{A+Bs}$$

如果采用零阶保持器,得脉冲传递函数为

$$\begin{aligned}G(z)&=Z\left[\frac{1-e^{-Ts}}{s}\frac{C+Ds}{A+Bs}\right]=\frac{z-1}{z}Z\left[\frac{1}{s}\frac{C+Ds}{A+Bs}\right]=\frac{z-1}{z}Z\left[\frac{D}{A+Bs}+\frac{C}{s(A+Bs)}\right]\\&=\frac{z-1}{z}Z\left[\frac{D}{B}\frac{1}{A/B+s}+\frac{C}{B}\frac{1}{s(A/B+s)}\right]\\&=\frac{z-1}{z}\left[\frac{D}{B}\frac{1}{1-e^{-aT}z^{-1}}+\frac{C}{B}\frac{B}{A}\frac{(1-e^{-aT})z^{-1}}{(1-z^{-1})(1-e^{-aT}z^{-1})}\right]\\&=\frac{DA(z-1)+BC(1-e^{-aT})}{AB(z-e^{-aT})}\end{aligned}$$

其中

$$a=A/B$$

进行 z 反变换得到差分方程为

$$y(n+1)=\mathrm{e}^{-aT}y(n)+\frac{D}{B}u(n+1)+\frac{BC-DA-BC\mathrm{e}^{-aT}}{AB}u(n)$$

若取

$$P=\mathrm{e}^{-aT},\quad Q=D/B,\quad R=\frac{BC-DA-BC\mathrm{e}^{-aT}}{AB}$$

则

$$y(n+1)=Py(n)+Qu(n+1)+Ru(n)$$

(3) 二阶环节

设二阶环节的传递函数为

$$G(s)=\frac{b_0s^2+b_1s+b_2}{a_0s^2+a_1s+a_2}=\frac{b_2}{a_2}+\frac{\left(\frac{b_0}{a_0}-\frac{b_2}{a_2}\right)s+\left(\frac{b_1}{a_0}-\frac{a_1b_2}{a_0a_2}\right)}{s^2+\frac{a_1}{a_0}s+\frac{a_2}{a_0}}$$

令

$$c_2=\frac{b_2}{a_2},\quad A_1=\frac{a_1}{a_0},\quad A_2=\frac{a_2}{a_0},\quad B_0=\frac{b_0}{a_0}-\frac{b_2}{a_2},\quad B_1=\frac{b_1}{a_0}-\frac{a_1b_2}{a_0a_2}$$

则

$$G(s)=c_2+\frac{B_0s^2+B_1s}{s^2+A_1s+A_2}$$

采用零阶保持器,得到脉冲传递函数

$$G(z)=c_2+\frac{z-1}{z}Z\left[\frac{B_0s+B_1}{s^2+A_1s+A_2}\right]$$

下面分三种情况进行讨论:

① 当 $A_1^2-4A_2<0$ 时,系统有一对共轭虚根;

② 当 $A_1^2-4A_2=0$ 时,系统有二重实根;

③ 当 $A_1^2-4A_2>0$ 时,系统有不等实根。

可以将脉冲函数做 z 反变换得到差分方程,如下面所示的形式:

$$y(n+1)=Ay(n)+By(n-1)+Cu(n+1)+Du(n)+Eu(n-1)$$

三种不同的情况,得到的差分方程的形式是一样的,只是系数不一样,具体的系数这里就不做推导了。

2. 时域离散相似法原理

如果系统的数学模型以状态方程来描述,则同样可以应用离散相似法的原理,对它进行离散化处理,求得离散化状态方程组(差分方程组),然后编制程序来进行仿真。

设系统的状态方程和输出方程为

$$\begin{aligned}\dot{\boldsymbol{X}}(t)&=\boldsymbol{AX}(t)+\boldsymbol{B}u(t)\\ \boldsymbol{y}(t)&=\boldsymbol{CX}(t)+\boldsymbol{D}u(t)\end{aligned}\tag{2.100}$$

对状态方程的两边取拉普拉斯变换得到

$$s\boldsymbol{X}(s)-\boldsymbol{X}(0)=\boldsymbol{AX}(s)+\boldsymbol{B}u(s)$$
$$(s\boldsymbol{I}-\boldsymbol{A})\boldsymbol{X}(s)=\boldsymbol{X}(0)+\boldsymbol{B}u(s)$$

进一步得到

$$\boldsymbol{X}(s)=(s\boldsymbol{I}-\boldsymbol{A})^{-1}[\boldsymbol{X}(0)+\boldsymbol{B}u(s)]$$

然后进行拉普拉斯逆变换,并利用卷积公式得到

$$\boldsymbol{X}(t)=\boldsymbol{\varphi}(t)\boldsymbol{X}(0)+\int_{0}^{t}\boldsymbol{\varphi}(t-\tau)\boldsymbol{B}u(\tau)\mathrm{d}\tau$$

其中

$$\boldsymbol{\varphi}(t)=\mathrm{e}^{\boldsymbol{A}t}=L^{-1}[(s\boldsymbol{I}-\boldsymbol{A})^{-1}]$$

上面的结论也可以通过以下的方法得到

$$\frac{\mathrm{d}}{\mathrm{d}t}[\mathrm{e}^{-\boldsymbol{A}t}\boldsymbol{X}(t)]=-\boldsymbol{A}\mathrm{e}^{-\boldsymbol{A}t}\boldsymbol{X}(t)+\mathrm{e}^{-\boldsymbol{A}t}\dot{\boldsymbol{X}}(t)=\mathrm{e}^{-\boldsymbol{A}t}[\dot{\boldsymbol{X}}(t)-\boldsymbol{A}\boldsymbol{X}(t)]=\mathrm{e}^{-\boldsymbol{A}t}\boldsymbol{B}u(t)$$

对上式的两边从 $0\sim t$ 积分得到

$$\mathrm{e}^{-\boldsymbol{A}t}\boldsymbol{X}(t)-\boldsymbol{X}(0)=\int_{0}^{t}\mathrm{e}^{-\boldsymbol{A}\tau}\boldsymbol{B}u(\tau)\mathrm{d}\tau$$

$$\boldsymbol{X}(t)=\mathrm{e}^{\boldsymbol{A}t}\boldsymbol{X}(0)+\int_{0}^{t}\mathrm{e}^{\boldsymbol{A}(t-\tau)}\boldsymbol{B}u(\tau)\mathrm{d}\tau \tag{2.101}$$

下面利用离散相似法对状态方程(2.100)进行离散化处理,信号重构器采用零阶保持器。根据式(2.101),可以得到

$$\boldsymbol{X}(kT)=\mathrm{e}^{\boldsymbol{A}kT}\boldsymbol{X}(0)+\int_{0}^{kT}\mathrm{e}^{\boldsymbol{A}(kT-\tau)}\boldsymbol{B}\widetilde{u}(\tau)\mathrm{d}\tau \tag{2.102}$$

$$\boldsymbol{X}((k+1)T)=\mathrm{e}^{\boldsymbol{A}(k+1)T}\boldsymbol{X}(0)+\int_{0}^{(k+1)T}\mathrm{e}^{\boldsymbol{A}((k+1)T-\tau)}\boldsymbol{B}\widetilde{u}(\tau)\mathrm{d}\tau \tag{2.103}$$

进一步变换得到

$$\begin{aligned}\boldsymbol{X}((k+1)T)-\mathrm{e}^{\boldsymbol{A}T}X(kT)&=\mathrm{e}^{\boldsymbol{A}(k+1)T}\boldsymbol{X}(0)-\mathrm{e}^{\boldsymbol{A}T}\mathrm{e}^{\boldsymbol{A}kT}X(0)+\\&\quad\int_{0}^{(k+1)T}\mathrm{e}^{\boldsymbol{A}((k+1)T-\tau)}\boldsymbol{B}\widetilde{u}(\tau)\mathrm{d}\tau-\mathrm{e}^{\boldsymbol{A}T}\int_{0}^{kT}\mathrm{e}^{\boldsymbol{A}(kT-\tau)}\boldsymbol{B}\widetilde{u}(\tau)\mathrm{d}\tau\\&=\int_{kT}^{(k+1)T}\mathrm{e}^{\boldsymbol{A}((k+1)T-\tau)}\boldsymbol{B}\widetilde{u}(\tau)\mathrm{d}\tau\end{aligned}$$

$$\boldsymbol{X}((k+1)T)=\mathrm{e}^{\boldsymbol{A}T}\boldsymbol{X}(kT)+\int_{kT}^{(k+1)T}\mathrm{e}^{[\boldsymbol{A}(k+1)T-\tau]}\boldsymbol{B}\widetilde{u}(\tau)\mathrm{d}\tau$$

对上式的积分项做一个替换,令 $\tau=kT+t$,并考虑 $\boldsymbol{B}$ 是常数阵,而 $\widetilde{u}(t)$ 在相邻的采样点之间保持不变,即当 $kT\leqslant\tau<(k+1)T$ 时,$\widetilde{u}(\tau)=u(kT)$,可得

$$\int_{kT}^{(k+1)T}\mathrm{e}^{\boldsymbol{A}[(k+1)t-\tau]}\boldsymbol{B}u(\tau)\mathrm{d}\tau=\left(\int_{0}^{T}\mathrm{e}^{\boldsymbol{A}(T-t)}\mathrm{d}t\right)\boldsymbol{B}u(kT)$$

则

$$\boldsymbol{X}[(k+1)T]=\mathrm{e}^{\boldsymbol{A}T}\boldsymbol{X}(kT)+\left(\int_{0}^{T}\mathrm{e}^{\boldsymbol{A}(T-t)}\boldsymbol{B}\mathrm{d}t\right)u(kT)$$

令

$$\boldsymbol{F}(T)=\boldsymbol{\varphi}(T)=\mathrm{e}^{\boldsymbol{A}T},\boldsymbol{G}(t)=\int_{0}^{T}\mathrm{e}^{\boldsymbol{A}(T-t)}\boldsymbol{B}\mathrm{d}t$$

可得

$$\boldsymbol{X}[(k+1)T]=\boldsymbol{F}(T)\boldsymbol{X}(kT)+\boldsymbol{G}(T)u(kT)$$

以上便是一个离散化的状态方程,它是采用零阶保持器得到的,若采用其他类型的保持器,则得到的状态方程的形式会发生改变。

信号保持器将离散信号转换成连续信号,它实际上是解决各采样时刻之间的输入 $u(t)$ 的插值问题。通过信号保持器,可以将输入的复杂时间函数转换成一些简单信号的输出。信号

保持是由离散时间信号序列 u_{m} 产生连续信号 $\widetilde{u}(t)$ 的过程。在时间间隔 $t_{\mathrm{m}} \leqslant t < t_{m+1}$ 内，如果信号 $\widetilde{u}(t)$ 表示成多项式

$$\widetilde{u}(t) = \widetilde{u}(t_{\mathrm{m}} + \tau) = a_n\tau^n + a_{n-1}\tau^{n-1} + \cdots + a_1\tau + a_0 \tag{2.104}$$

式中 $0 \leqslant \tau < h, a_0 = u_{\mathrm{m}}$，则称这种保持器为 n 阶保持器。

如果采用三角保持器，则 $\widetilde{u}(t)$ 在两个相邻的采样点之间是一个斜坡函数，即

$$\widetilde{u}(t) = u(kT) + \tau[u(k+1)T - u(kT)]/T \approx u(kT) + \tau\dot{u}(kT)$$

得到离散的状态方程为

$$\boldsymbol{X}[(k+1)T] = \boldsymbol{F}(T)\boldsymbol{X}(kT) + \boldsymbol{G}(T)u(kT) + \boldsymbol{H}(T)\dot{u}(kT)$$

或简写为

$$\boldsymbol{X}(k+1) = \boldsymbol{F}(T)\boldsymbol{X}(k) + \boldsymbol{G}(T)u(k) + \boldsymbol{H}(T)\dot{u}(k) \tag{2.105}$$

其中

$$\boldsymbol{H}(T) = \int_0^T \tau \mathrm{e}^{A(T-\tau)}\boldsymbol{B}\mathrm{d}\tau$$

【例2.19】 用离散相似法求出如图2-20系统的差分方程。

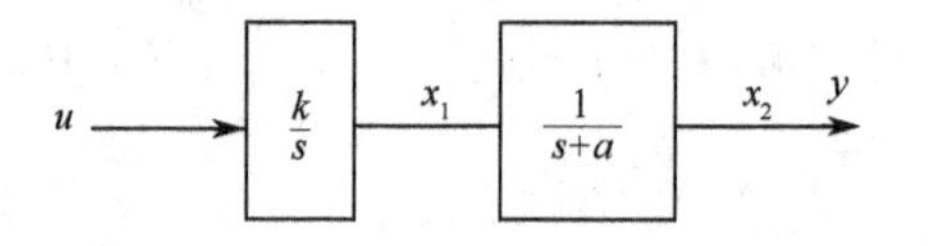

图2-20 例2.19图

解：首先写出系统的状态方程

$$\dot{\boldsymbol{X}} = \boldsymbol{AX} + \boldsymbol{B}u$$

系统的输出方程为

$$\boldsymbol{y} = \boldsymbol{CX}$$

其中

$$\boldsymbol{A} = \begin{bmatrix} 0 & 0 \\ 1 & -a \end{bmatrix}, \boldsymbol{B} = \begin{pmatrix} k \\ 0 \end{pmatrix}, \boldsymbol{C} = (0 \quad 1)$$

可以求得

$$\boldsymbol{F}(T) = \mathrm{e}^{AT} = L^{-1}[(s\boldsymbol{I} - \boldsymbol{A})^{-1}] = \begin{bmatrix} 1 & 0 \\ \dfrac{1}{a}(1 - \mathrm{e}^{-aT}) & \mathrm{e}^{-aT} \end{bmatrix}$$

$$\boldsymbol{G}(T) = \begin{Bmatrix} kT \\ k\left[\dfrac{T}{a} - \dfrac{1}{a^2}(1 + \mathrm{e}^{-aT})\right] \end{Bmatrix}$$

所以离散的状态方程为

$$\boldsymbol{X}(k+1) = \boldsymbol{F}(T)\boldsymbol{X}(k) + \boldsymbol{G}(T)u(k)$$

差分方程组为

$$\begin{cases} x_1(k+1) = x_1(k) + kTu(k) \\ x_2(k+1) = \dfrac{1}{a}(1 - \mathrm{e}^{-aT})x_1(k) + \mathrm{e}^{-aT}x_2(k) + k\left[\dfrac{T}{a} - \dfrac{1}{a^2}(1 + \mathrm{e}^{-aT})\right]u(k) \end{cases}$$

常用的典型环节的离散状态方程的系数阵，可以用解析方法来求解，下面直接列出几个常用的环节如式(2.105)所示的离散状态方程的系数。

(1) 积分环节

$$G(s) = Y(s)/U(s) = k/s$$

状态方程和输出方程为

$$\dot{x} = ku$$

$$y=x$$

初值为 $x(0)=y(0)$。

离散系数为 $$F(T)=1,\quad G(T)=kT,\quad H(T)=kT^2/2$$

(2) 比例－积分环节

$$G(s)=Y(s)/U(s)=\frac{B_0s+B_1}{A_0s}=\frac{b_1(b_0s+1)}{s}$$

$$b_0=B_0/B_1,\quad b_1=B_1/A_0$$

状态方程和输出方程为

$$\dot{x}=b_1u$$

$$y=x+b_0b_1u$$

初值为 $x(0)=y(0)$。

离散系数为 $$F(T)=1,\quad G(T)=b_1T,\quad H(T)=\frac{1}{2}b_1T^2$$

(3) 惯性环节

$$G(s)=Y(s)/U(s)=\frac{B_1}{A_0s+A_1}=\frac{b_0}{s+a_1}$$

$$b_0=\frac{B_1}{A_0},\quad a_1=\frac{A_1}{A_0}$$

状态方程和输出方程为

$$\dot{x}=-a_1x+b_0u$$

$$y=x$$

初值为 $x(0)=y(0)$。

离散系数为 $$F(T)=\mathrm{e}^{-a_1T}$$

$$G(T)=\frac{b_0}{a_1}(1-\mathrm{e}^{-a_1T})$$

$$H(T)=\frac{b_0}{a_1}T+\frac{b_0}{a_1^2}(\mathrm{e}^{-a_1T}-1)$$

(4) 比例－微分环节

$$G(s)=Y(s)/U(s)=\frac{B_0s+B_1}{A_1}=b_0s+b_1$$

$$b_0=\frac{B_0}{A_1},\quad b_1=\frac{B_1}{A_1}$$

离散状态方程和输出方程为

$$x(n+1)=b_1u(n)+b_0\dot{u}(n)$$

$$y(n+1)=x(n+1)$$

初值为 $x(0)=y(0)$。

比例－微分环节必须用三角保持器来进行离散化。

(5) 比例－惯性环节

$$G(s)=Y(s)/U(s)=\frac{B_0s+B_1}{A_0s+A_1}=b_0+b_0\,\frac{b_1-a_1}{s+a_1}$$

$$b_0=\frac{B_0}{A_0},\quad b_1=\frac{B_1}{B_0},\quad a_1=\frac{A_1}{A_0}$$

状态方程和输出方程为

$$\dot{x} = -a_1 x + b_0 u$$
$$y = (b_1 - a_1)x + b_0 u$$

初值为$(b_1 - a_1)x(0) + b_0 u(0) = y(0)$。

离散系数为

$$F(T) = \mathrm{e}^{-a_1 T}$$
$$G(T) = \frac{b_0}{a_1}(1 - \mathrm{e}^{-a_1 T})$$
$$H(T) = \frac{b_0 T}{a_1} + \frac{b_0}{a_1^2}(\mathrm{e}^{-a_1 T} - 1)$$

二阶环节的离散相似模型比较复杂,这里就不做介绍了,有了上述离散相似模型以后,就可以设计它们的仿真程序,以实现高阶线性系统(或含有若干典型非线性环节的非线性系统)的数字仿真了。

习题与思考题

2.1　什么是相似原理?模型的相似方式与相似方法有哪些?

2.2　连续系统的数学模型有哪几种描述形式?离散系统的数学模型有哪几种描述形式?

2.3　已知系统的微分方程模型如下所示,其中 $u(t)$ 是输入,$y(t)$ 是输出,求系统的传递函数模型。

$$\dddot{y}(t) + 2\ddot{y}(t) + 5\dot{y}(t) + 6y(t) = 3\dot{u}(t) + u(t)$$
$$y^{(4)}(t) + 10\ddot{y}(t) + 6\dot{y}(t) + 3y(t) = 8u(t)$$

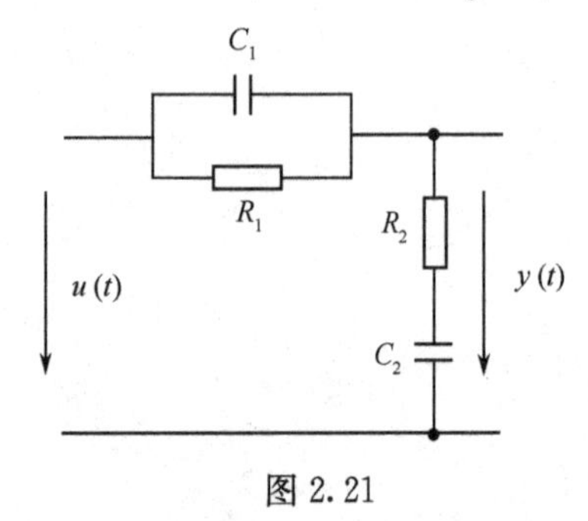

图 2.21

2.4　列写出如图 2.21 所示的电路系统的微分方程和状态方程。

2.5　已知系统的状态方程为

$$\dot{\boldsymbol{X}}(t) = \boldsymbol{A}\boldsymbol{X}(t) + \boldsymbol{B}u(t)$$
$$\boldsymbol{y}(t) = \boldsymbol{C}\boldsymbol{X}(t) + \boldsymbol{D}u(t)$$

$$\boldsymbol{A} = \begin{bmatrix} 0 & 1 \\ -2 & -3 \end{bmatrix},\quad \boldsymbol{B} = \begin{bmatrix} 1 \\ 1 \end{bmatrix},\quad \boldsymbol{C} = (1\quad 0),\quad \boldsymbol{D} = 1$$

求出系统的传递函数 $G(s) = Y(s)/U(s)$。

2.6　已知控制系统的微分方程模型为

$$\ddot{y}(t) + 3\dot{y}(t) + 2y(t) = u(t)$$

(1) 选择状态变量 $x_1(t) = y(t)$,$x_2(t) = \dot{y}(t)$,写出系统的状态方程。

(2) 选择新的状态变量 $\bar{x}_1(t)$,$\bar{x}_2(t)$,使满足

$$\begin{cases} \bar{x}_1(t) = x_1(t) + 2x_2(t) \\ \bar{x}_2(t) = -x_1(t) - x_2(t) \end{cases}$$

写出系统关于新的状态变量的状态方程。

2.7　已知系统的传递函数为

$$\frac{Y(s)}{U(s)} = \frac{5s^2 + 2s + 1}{4s^3 + 8s^2 + 3s + 2}$$

写出系统的状态方程。

2.8　已知 $G(s) = 1/[s(10s + 1)]$,前面有零阶保持器,采样周期 $T = 1\mathrm{s}$,

(1) 直接用 z 变换的方法求等效的离散传递函数;

(2) 用状态方程离散化的方法求离散的传递函数。

2.9　已知 $G(s)=\dfrac{5}{s+2}$;$G(s)=\dfrac{10}{s(s+5)^2}$,试分别用 z 域离散相似法求离散化模型。

2.10　已知系统的状态方程为

$$\begin{cases}\dot{x}_1=x_2+1\\ \dot{x}_2=-x_1-2x_2-u\end{cases}$$

$$x_1(0)=x_2(0)=0,u(t)=1$$

试用时域离散相似方法求出它的离散化模型。

2.11　试分析双线性替换法、根匹配法、离散相似法各有哪些特点。

2.12　试述非线性模型线性化的基本方法。

2.13　试述高阶模型降阶处理的好处。

2.14　采样系统同离散系统相比有什么特点?

本章参考文献

[1] 刘藻珍,魏华梁. 系统仿真. 北京:北京理工大学出版社,1998.

[2] 黄柯棣等. 系统仿真技术. 长沙:国防科技大学出版社,1998.

[3] 熊光楞,肖田元,张燕云. 连续系统仿真与离散事件系统仿真. 北京:清华大学出版社,1991.

[4] 孙增圻. 系统分析与控制. 北京:清华大学出版社,1994.

[5] 姜玉宪. 控制系统仿真. 北京:北京航空航天大学出版社,1998.

[6] 顾启泰. 应用仿真技术. 北京:国防工业出版社,1995.

[7] 王国玉,肖顺平,汪连栋. 电子系统建模仿真与评估. 长沙:国防科技大学出版社,1999.

[8] 肖田园,张燕云,陈加栋. 系统仿真导论. 北京:清华大学出版社,2000.

[9] 康凤举. 现代仿真技术与应用. 北京:国防工业出版社,2001.

[10] 吴旭光,王新民. 计算机仿真技术与应用. 西安:西北工业大学出版社,1998.

[11] 吴麒. 自动控制原理. 北京:清华大学出版社,1990.

[12] 金先级. 机电系统仿真与模型处理. 北京:科学出版社,1993.

[13] 韩英铎,王仲鸿,陈淮金. 电力系统最优分散协调控制. 北京:清华大学出版社,1997.

[14] 卢强,王仲鸿,韩英铎. 输电系统最优控制. 北京:科学出版社,1982.

[15] Gene F. Franklin, J. David Powell, Michael L. Workman. Digital Control of Dynamic Systems(动态系统的数字控制). 北京:清华大学出版社,2001.

[16] 张晓华. 系统建模与仿真. 北京:清华大学出版社,2006.

[17] 张晓华. 控制系统数字仿真与CAD (第3版). 北京:机械工业出版社,2010.

[18] 冯辉宗,岑明,张开碧,彭向华. 控制系统仿真. 北京:人民邮电出版社,2009.

第3章　连续系统的数字仿真通用算法

本章将讨论连续时不变动力学系统的常用仿真算法。给出动力学系统仿真算法的设计思想和分析方法，并介绍由这些思想得到的一些常用仿真算法。根据实际问题的需要，灵活应用本章给出的常用算法的构造思想，将它们适当的组合，可构造出合适的算法，实现对复杂动力学系统有效的数字仿真。

本章内容包括基于离散相似原理建立的欧拉法、梯形法、Adams 法和基于 Taylor 级数匹配原理建立的 Runge-Kutta 方法、线性多步方法等，并介绍了实时半实物仿真原理和采样控制系统的仿真方法。

3.1　基于离散相似原理的数字仿真算法

对动力学系统进行时域仿真分析时，系统模型可用状态方程组描述。它们都可化为如下标准形式

$$\dot{\boldsymbol{x}}(t) = f(\boldsymbol{x}(t), t) \tag{3.1}$$

式(3.1) 可以是线性的或非线性的。对于线性状态方程而言，式(3.1) 右端的 $f(\boldsymbol{x}(t),t)$ 为

$$f(\boldsymbol{x}(t), t) = \boldsymbol{A}\boldsymbol{x}(t) + \boldsymbol{B}\boldsymbol{u}(t) \tag{3.2}$$

对系统进行时域仿真分析，实际上就是要求解这类方程的“初值问题”，即求方程

$$\begin{aligned} \dot{\boldsymbol{x}}(t) &= f(\boldsymbol{x}(t), t) \\ \boldsymbol{x}(t_0) &= \boldsymbol{x}_0 \end{aligned} \tag{3.3}$$

的解。求初值问题式(3.3) 的解析解，意即求一个 $\boldsymbol{x}(t)$，使之满足方程(3.3)。求初值问题的数值解，意即将连续时间区间 $(0,t)$ 离散为时间序列 $t = t_1, t_2, \cdots, t_n$。然后求真实解 $\boldsymbol{x}(t)$ 在上述时刻的近似值 $x_1, x_2, \cdots, x_n$。事实上只有一些特殊类型的状态方程才存在着解析解。大量从实际系统建立的状态方程的求解，主要依靠数值解。因此，在连续系统数值仿真中，首先应建立适于数值计算的数字仿真模型。

离散相似原理将连续系统通过虚拟采样开关和信号保持器转换成离散系统，建立适用于数值计算的数值仿真模型。应用离散相似原理建立仿真模型时，根据对输入信号和信号保持器的不同选择，可以构造各种各样的算法，即相应的数字仿真模型。作为构造算法的例子，下面介绍欧拉法、梯形法、Adams 方法及局部解析方法。

3.1.1　欧拉法(Euler Method)

为了讨论方便，这里以一阶动力学连续系统为例。其状态方程为

$$\begin{aligned} \dot{x}(t) &= f(t, x, u(t)) \\ x(t_0) &= x_0 \end{aligned} \tag{3.4}$$

系统框图如图 3-1(a) 所示。其 $u(t)$ 为输入，$x(t)$ 为输出。为了应用离散相似原理，将图 3-1(a) 的框图转换成图 3-1(b) 的框图。在图 3-1(b) 中 $u(t)$ 和 $x(t)$ 为下框的输入，F 为上框的输入。如果在输入信号 F 后面加入一个以仿真步长 h 为周期的虚拟采样开关，得到离散信号序列 F_m，再由信号保持器得到连续信号 $v(t)$，输入到原来的连续系统。这样图 3-1(b) 的框图转换成图 3-1(c) 中的框图，这里 w 是与原系统相对应的采样系统的状态变量。

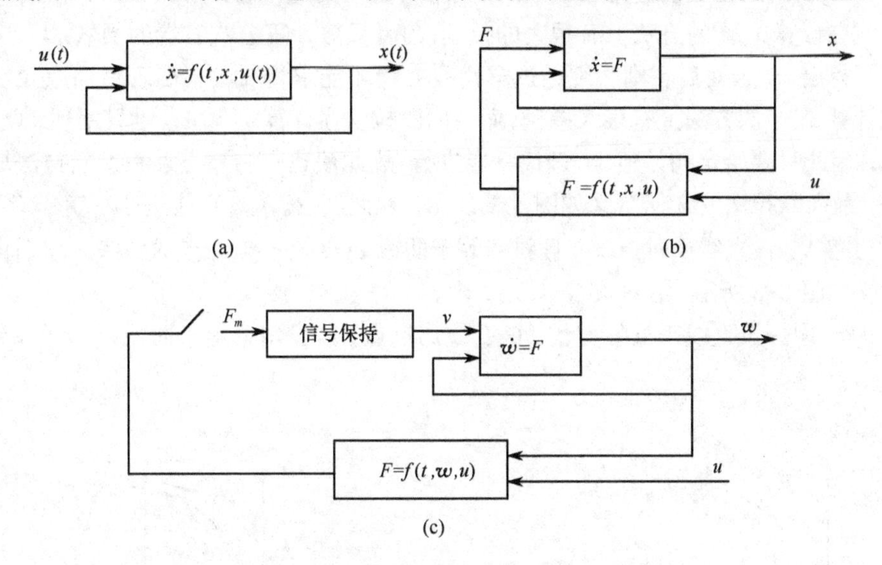

图 3-1　连续系统的离散化

由图 3-1(c) 可以看出，在区间$[t_m, t_{m+1}]$上输出 $w(t)$ 为

$$w(t) = w(t_m) + \int_{t_m}^{t} v(\tau)\mathrm{d}\tau \tag{3.5}$$

信号保持器的输出 $v(t)$ 为采样值 $F_i(i \leqslant m+1)$ 构成的简单函数。将 $v(t)$ 代入式(3.5) 就可以得到 $w(t)$ 在区间$[t_m, t_{m+1}]$上的解析解。在区间$[t_m, t_{m+1}]$上，取信号保持器为零阶保持器，设其输出表达式为

$$v(t) = F_m \tag{3.6}$$

其中

$$F_m = f(t_m, w_m, u(t_m))$$

式(3.5) $w(t)$ 的解为

$$\begin{aligned} w(t) &= w(t_m) + F_m(t - t_m) \\ &= w(t_m) + f(t_m, w_m, u(t_m))(t - t_m) \end{aligned} \tag{3.7}$$

当 $t = t_{m+1}$ 时，有

$$w(t_{m+1}) = w(t_m) + f(t_m, w_m, u(t_m))h \tag{3.8}$$

令 $w(t_m)$ 为 $x(t_m)$ 的近似值 x_m，得到

$$\begin{aligned} x_{m+1} &= x_m + f(t_m, x_m, u(t_m))h \\ &= x_m + \dot{x}_m h \end{aligned} \tag{3.9}$$

式(3.9) 称做前向欧拉法的递推公式，又称做显式欧拉法递推公式。从式(3.9) 可以看出，只要给出初始值 x_0 就能一步一步地计算出变量 $x(t)$ 在任意采样时间点的近似值。我们称这种递推公式为自动起步递推公式。

当取零阶保持器的输出为

$$v(t) = F_{m+1} \tag{3.10}$$

则可得到 x_m 的递推公式为

$$\begin{aligned} x_{m+1} &= x_m + f(t_{m+1}, x_{m+1}, u(t_{m+1}))h \\ &= x_m + \dot{x}_{m+1}h \end{aligned} \tag{3.11}$$

式(3.11)称做后向欧拉法的递推公式,又称做隐式欧拉法递推公式。式(3.9)和式(3.11)两种递推公式在计算 x_{m+1} 的方法上有很大的差别,前者只需计算公式右端的函数 $f(\cdot)$ 在 $t=t_m$ 时的值便可得出 x_{m+1},而后者则必须通过解代数方程才能求得 x_{m+1}。尽管后向欧拉法与前向欧拉法在计算 x_{m+1} 的方法上有很大差别,而后向欧拉法在计算 x_{m+1} 时,也只用到 $x(t)$ 的一个过去值 x_m,因此只要给定初始值 x_0 迭代就能进行,故此法也是自动起步的。欧拉法属于单步计算方法。前向欧拉法的几何意义如图3-2所示。在区间(t_m, t_{m+1})内,把真实解 $x(t)$ 用一条直线来近似替代。该直线通过点 x_m,且斜率等于曲线 $x(t)$ 在 $t=t_m$ 点的斜率 $\dot{x}_m$。后向欧拉法的几何意义如图3-3所示。在区间(t_m, t_{m+1})内,
把真实解 $x(t)$ 用一条直线来近似替代。该直线通过点 x_m,且斜率等于曲线 $x(t)$ 在 $t=t_{m+1}$ 点的斜率 $\dot{x}_{m+1}$。

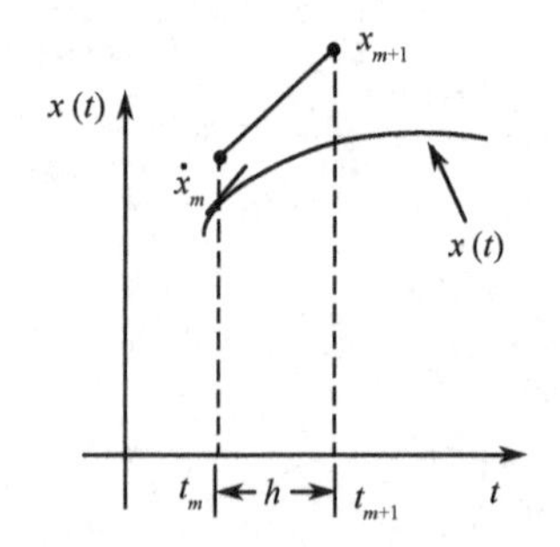

图3-2　前向欧拉法的几何意义

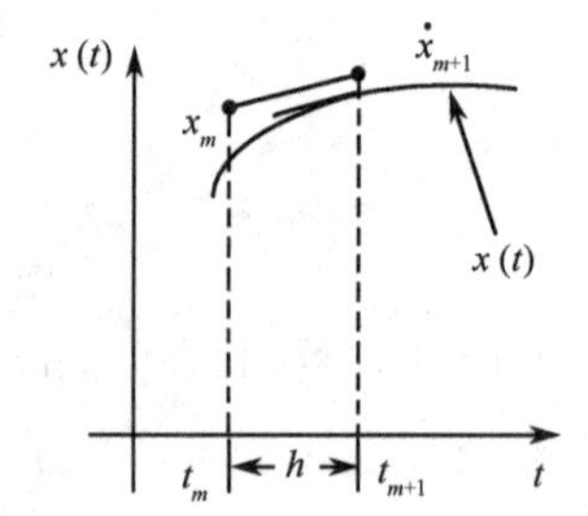

图3-3　后向欧拉法的几何意义

【例3.1】　设系统方程为

$$\dot{y}(t) + y^2(t) = 0, y(0) = 1$$

试用Euler法求其数值解(取仿真步长 $h=0.1, 0 \leqslant t \leqslant 1$)。

解:原方程为

$$\dot{y}(t) = -y^2(t), f(t,y) = -y^2(t)$$

前向欧拉法的递推公式为

$$y_n = y_{n-1} + hf(t_{n-1}, y_{n-1}) = y_{n-1}(1 - 0.1y_{n-1})$$

$$t_0 = 0, y_0 = 1$$

$$t_1 = 0.1, y_1 = y_0(1 - 0.1y_0) = 1 - 0.1 = 0.9$$

$$t_2 = 0.2, y_2 = y_1(1 - 0.1y_1) = 0.9 \times 0.91 = 0.819$$

$$\vdots \qquad\qquad \vdots$$

$$t_{10} = 1, y_{10} = y_9(1 - 0.1y_9) = 0.468\,2$$

后向欧拉法的递推公式为

$$y_n = y_{n-1} + hf(t_n, y_n) = y_{n-1} - 0.1y_n^2$$

显然,由后向欧拉法得到的递推公式为非线性代数方程。解此非线性方程可得

$$y_n = \sqrt{10y_{n-1} + 25} - 5$$

其数值解见表 3-1。

已知系统方程的解析解为 $y(t)=\dfrac{1}{1+t}$,可以把欧拉法得到的数值解和解析解做一比较,见表 3-1。从表 3-1 可见,欧拉法的误差在 10^{-2} 数量级,精度较差。

表 3-1 欧拉法的数值解和解析解的比较

t	0	0.1	0.2	0.3	0.4	0.5	…	1.0
精确解 $y(t)$	1	0.909 1	0.833	0.769 2	0.666 7	0.625	…	0.5
前向欧拉法 y_n	1	0.9	0.819	0.751 9	0.659 4	0.647	…	0.462 8
后向欧拉法 y_n	1	0.916 1	0.844 7	0.783 3	0.730 0	0.683 4	…	0.516 5
梯形法 y_n	1	0.908 7	0.832 8	0.768 5	0.713 6	0.665 9	…	0.499 4

利用前向欧拉法与后向欧拉法得到的仿真曲线如图 3-4 所示,其中实线为其精确解。

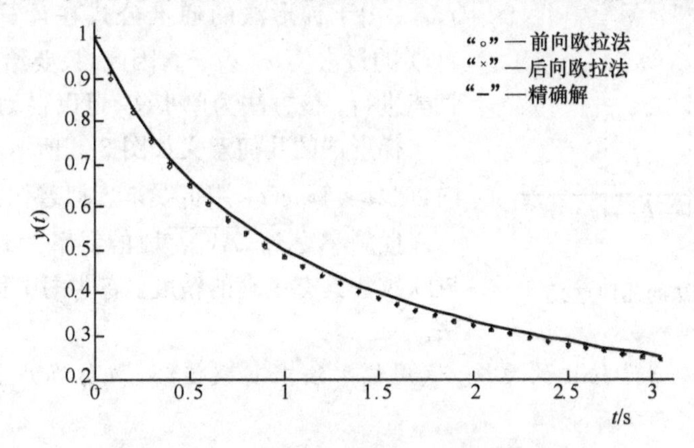

图 3-4 前后、后向欧拉法与精确解对比曲线

3.1.2 梯形法

考虑一阶动力学连续系统,其状态方程见式(3.4)。在连续系统经过如图 3-1 过程离散后,其离散系统的输出如式(3.5)。取信号保持器为一阶保持器。一阶保持器是$[t_m,t_{m+1}]$区间上的一次多项式。其输出表达式为

$$v(t)=a_1t+a_0 \tag{3.12}$$

其中 a_1 和 a_0 为常系数。对一阶隐式保持器,$v(t)$ 曲线的插值点为(t_m,F_m) 和点(t_{m+1},F_{m+1})。因此,式(3.12) 中的系数 a_0 和 a_1 可由下列方程确定:

$$\begin{bmatrix}1 & t_m\\ 1 & t_{m+1}\end{bmatrix}\begin{bmatrix}a_0\\ a_1\end{bmatrix}=\begin{bmatrix}F_m\\ F_{m+1}\end{bmatrix} \tag{3.13}$$

解方程(3.13) 可得系数 a_0 和 a_1 为

$$a_0=\frac{t_{m+1}F_m-t_mF_{m+1}}{h}$$

$$a_1=\frac{F_{m+1}-F_m}{h} \tag{3.14}$$

将式(3.12)代入式(3.5),则在区间$[t_m, t_{m+1}]$上,$w(t)$的解为

$$w(t) = w(t_m) + \frac{F_{m+1} - F_m}{2h}(t^2 - t_m^2) + \frac{t_{m+1}F_m - t_m F_{m+1}}{h}(t - t_m) \tag{3.15}$$

当$t = t_{m+1}$时,有

$$\begin{aligned} w(t_{m+1}) &= w(t_m) + \frac{h}{2}(F_{m+1} + F_m) \\ &= w(t_m) + \frac{h}{2}[f(t_{m+1}, w_{m+1}, u(t_{m+1})) + f(t_m, w_m, u(t_m))] \end{aligned} \tag{3.16}$$

令$w(t_m)$为$x(t_m)$的近似值x_m,得到

$$\begin{aligned} x_{m+1} &= x_m + \frac{h}{2}[f(t_{m+1}, x_{m+1}, u(t_{m+1})) + f(t_m, x_m, u(t_m))] \\ &= x_m + \frac{h}{2}[\dot{x}_{m+1} + \dot{x}_m] \end{aligned} \tag{3.17}$$

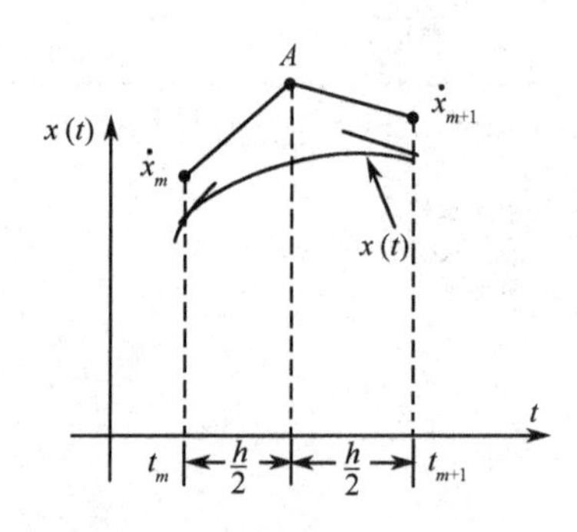

图 3-5 梯形法的几何意义

式(3.17)称做梯形法的递推公式。利用梯形法递推公式对系统进行仿真时,必须通过解代数方程才能求得x_{m+1}。由于梯形法的递推公式在计算x_{m+1}时,只用到$x(t)$的过去值x_m及$\dot{x}_m$,因此,只要给定初始值x_0递推就能进行。该方法为单步法,可以自动起步计算。

梯形法的几何意义如图3-5所示。在区间(t_m, t_{m+1})内,把真实解$x(t)$用折线来近似替代。折线$\overline{x_m A x_{m+1}}$的$\overline{x_m A}$段斜率为$\dot{x}_m$,$\overline{A x_{m+1}}$段的斜率为$\dot{x}_{m+1}$。显然,梯形法较欧拉法具有更高的精度。有些书中称它为改进的欧拉法。

【例3.2】 对例3.1给出的系统,试用梯形法求其数值解(取仿真步长$h = 0.1, 0 \leqslant t \leqslant 1$)。

解:原方程为

$$\dot{y}(t) = -y^2(t), f(t, y) = -y^2(t)$$

梯形法的递推公式为

$$\begin{aligned} y_n &= y_{n-1} + \frac{h}{2}[f(t_{n-1}, y_{n-1}) + f(t_n, y_n)] \\ &= y_{n-1} - 0.05(y_{n-1}^2 + y_n^2) \end{aligned}$$

由梯形法得到的递推公式为非线性代数方程。解此非线性代数方程可得

$$y_n = \sqrt{20 y_{n-1} - y_{n-1}^2 + 100} - 10$$

其数值解见表3.1。由表3.1可见,梯形法的计算精度要好于欧拉法。

利用梯形法得到的仿真曲线如图3-6所示,其中实线为其精确解。

3.1.3 Adams 方法

本节以式(3.4)描述的系统为例讨论Adams方法。利用离散相似原理,在连续系统经过如图3-1所示的离散过程后,其离散系统的输出如式(3.5)。当$v(t)$采用k阶保持器时,便可得到k阶Adams算法的递推公式。k阶显式Adams算法的递推公式为

$$x_{m+1} = x_m + h(b_0 F_m + b_1 F_{m-1} + \cdots + b_k F_{m-k}) \tag{3.18}$$

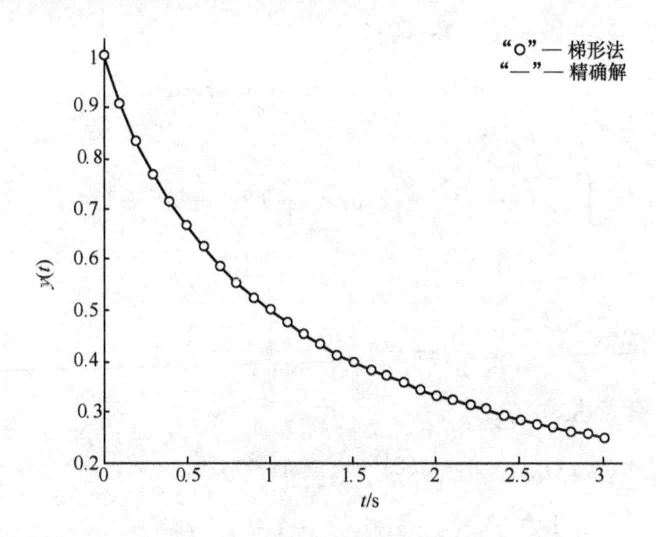

图 3-6　梯形法与精确解对比曲线

k 阶隐式 Adams 算法的递推公式为

$$x_{m+1} = x_m + h(b_{-1}F_{m+1} + b_0F_m + b_1F_{m-1} + \cdots + b_kF_{m-k+1}) \tag{3.19}$$

上式中，b_i 为常数（$i=-1,0,1,2,\cdots,k$）。下面以二阶保持器的例子来说明显式二阶 Adams 方法的构造过程。二阶保持器是$[t_m, t_{m+1}]$ 区间上的二次多项式。二阶保持器输出有公式

$$v(t) = a_2t^2 + a_1t + a_0 \tag{3.20}$$

对二阶显式保持器，$v(t)$ 曲线的插值点为(t_m, F_m)、(t_{m-1}, F_{m-1}) 和点(t_{m-2}, F_{m-2})。因此，式(3.20) 中的系数 a_0、a_1 和 a_2 可由下列方程确定：

$$\begin{bmatrix} 1 & t_m & t_m^2 \\ 1 & t_{m-1} & t_{m-1}^2 \\ 1 & t_{m-2} & t_{m-2}^2 \end{bmatrix} \begin{bmatrix} a_0 \\ a_1 \\ a_2 \end{bmatrix} = \begin{bmatrix} F_m \\ F_{m-1} \\ F_{m-2} \end{bmatrix} \tag{3.21}$$

解式(3.21) 可得系数 a_0、a_1 和 a_2。将这些系数代入式(3.20)，并整理可得二阶保持器的输出 $v(t)$ 表达式为

$$v(t) = \frac{(t-t_{m-1})(t-t_{m-2})}{(t_m-t_{m-1})(t_m-t_{m-2})}F_m + \frac{(t-t_m)(t-t_{m-2})}{(t_{m-1}-t_m)(t_{m-1}-t_{m-2})}F_{m-1} + \frac{(t-t_m)(t-t_{m-1})}{(t_{m-2}-t_m)(t_{m-2}-t_{m-1})}F_{m-2} \tag{3.22}$$

做变量代换

$$\xi = \frac{t-t_m}{h} \tag{3.23}$$

同时考虑

$$\begin{cases} t_m - t_{m-1} = h \\ t_m - t_{m-2} = 2h \\ t - t_{m-1} = t - t_m + h \\ t - t_{m-2} = t - t_m + 2h \end{cases} \tag{3.24}$$

将式(3.23) 和式(3.24) 代入式(3.22)，则二阶保持器的输出 $v(t)$ 的表达式可写成

$$v_1(\xi) = v(t) = \frac{1}{2}(\xi+1)(\xi+2)F_m - \xi(\xi+2)F_{m-1} + \frac{1}{2}\xi(\xi+1)F_{m-2} \tag{3.25}$$

将式 $v(t)$ 代入式(3.5)，并做变量代换，则有

$$w(t)=w(t_m)+h\int_0^{\xi}v_1(\tau)\mathrm{d}\tau \tag{3.26}$$

由于

$$\int_0^{\xi}\frac{1}{2}(\tau+1)(\tau+2)\mathrm{d}\tau=\frac{1}{12}(2\xi^3+9\xi^2+12\xi)$$

$$\int_0^{\xi}-\tau(\tau+2)\mathrm{d}\tau=-\frac{1}{3}\xi^3-\xi^2$$

$$\int_0^{\xi}\frac{1}{2}\tau(\tau+1)\mathrm{d}\tau=\frac{1}{6}\xi^3+\frac{1}{4}\xi^2$$

经上述推导，$w(t)$ 有表达式

$$w(t)=w(t_m)+h\Big[\frac{1}{12}(2\xi^3+9\xi^2+12\xi)F_m-\Big(\frac{1}{3}\xi^3+\xi^2\Big)F_{m-1}+\Big(\frac{1}{6}\xi^3+\frac{1}{4}\xi^2\Big)F_{m-2}\Big] \tag{3.27}$$

由式(3.23)可知，当 $t=t_{m+1}$ 时，有 $\xi=1$，因此式(3.27)可写成

$$w(t_{m+1})=w(t_m)+\frac{h}{12}[23F_m-16F_{m-1}+5F_{m-2}] \tag{3.28}$$

令 $w(t_m)$ 为 $x(t_m)$ 的近似值 x_m，得到

$$x_{m+1}=x_m+\frac{h}{12}[23F_m-16F_{m-1}+5F_{m-2}] \tag{3.29}$$

上式中，F_m 由下式确定：

$$F_m=f(t_m,x_m,u(t_m)) \tag{3.30}$$

式(3.29)称为显式二阶 Adams 递推公式。对于显式 k 阶保持器，$v(t)$ 是由 $F_m,F_{m-1},\cdots,F_{m-k}$ 构造的 k 阶插值多项式。类似地按上述的推导方式，可以得到显式 k 阶 Adams 递推式(3.18)。在表 3-2 中给出了显式 Adams 方法的系数值。从表 3-2 中可见，当 $k=0$ 时，得到的显式 Adams 递推公式即为前向欧拉法。

表 3-2　显式 Adams 方法的系数值

k \ b_i	b_{-1}	b_0	b_1	b_2	b_3
0	1				
1	3/2	−1/2			
2	23/12	−16/12	5/12		
3	25/24	−59/24	37/24	−9/24	
4	1 901/720	−2 774/720	2 616/720	−1 274/720	251/720

隐式 k 阶保持器是由 $F_{m+1},F_m,F_{m-1},\cdots,F_{m-k+1}$ 构造的 k 次多项式 $v(t)$。与显式保持器的推导过程类似，便可得到式(3.19)隐式 Adams 递推公式。在表 3-3 中给出了隐式 Adams 方法的系数值。从表 3-3 中可见，当 $k=0$ 时，得到的隐式 Adams 递推公式即为后向欧拉法。

表 3-3　隐式 Adams 方法的系数值

k \ b_i	b_{-1}	b_0	b_1	b_2	b_3
0	1				
1	1/2	1/2			
2	5/12	8/12	−1/12		
3	9/24	19/24	−5/24	1/24	
4	251/720	646/720	−264/720	106/720	−19/720

由于隐式方法中含有 $F_{m+1}=f(t_{m+1},x_{m+1},u_{m+1})$，所以式(3.19)是关于未知量 x_{m+1} 的方程。因此，采用隐式 Adams 方法建立的数字仿真模型需要求解以 x_{m+1} 为未知量的方程，而显式 Adams 方法不需要解方程，由已知值直接向前递推。

无论用显式或隐式 k 阶 Adams 法计算 $x(t_m)$ 的近似值，都需要知道 k 个初始值，例如，$F_m=f(t_m,y_m),F_{m-1}=f(t_{m-1},y_{m-1}),\cdots,F_{m-k+1}=f(t_{m-k+1},y_{m-k+1})$。然而，除 $t=t_0$ 时刻的初始值已知外，其余 $k-1$ 初始值通常是未知的。因此，$k(k\geqslant 2)$ 阶 Adams 法不能自动起步计算，是多步法。计算所需的初始值有几种方法。通常采用单步法，比如欧拉法和下面将要介绍的 Runge-Kutta 法。为了保持所选 Adams 法的计算精度，计算所需的初始值应采用与其具有相同精度的单步法。

【例 3.3】 对例 3.1 给出的系统，试用显式二阶 Adams 法求其数值解(取仿真步长 $h=0.1$，$0\leqslant t\leqslant 1$)。

解：原方程为

$$\dot{y}(t)=-y^2(t),f(t,y)=-y^2(t)$$

显式二阶 Adams 法递推公式为

$$y_n=y_{n-1}+\frac{h}{12}[23F_{n-1}-16F_{n-2}+5F_{n-3}]$$
$$=y_{n-1}+\frac{0.1}{12}[-23y_{n-1}^2+16y_{n-2}^2-5y_{n-3}^2]$$

由于显式二阶 Adams 法具有二阶的计算精度，因此，其起步初始值可采用梯形法求取。其递推公式为

$$y_n=\sqrt{20y_{n-1}-y_{n-1}^2+100}-10$$
$$t_0=0,y_0=1$$
$$t_1=0.1,y_1=\sqrt{20y_0-y_0^2+100}-10=0.908\,7$$
$$t_2=0.2,y_2=\sqrt{20y_1-y_1^2+100}-10=0.832\,8$$

计算出 y_1 和 y_2 值后，便可应用显式二阶 Adams 法递推公式计算 y_n。

$$t_3=0.3,y_3=y_2+\frac{0.1}{12}[-23y_2^2+16y_1^2-5y_0^2]=0.768\,3$$
$$t_4=0.4,y_4=y_3+\frac{0.1}{12}[-23y_3^2+16y_2^2-5y_1^2]=0.713\,2$$
$$\vdots \qquad \vdots \qquad \vdots$$
$$t_{10}=1,y_{10}=y_9+\frac{0.1}{12}[-23y_9^2+16y_8^2-5y_7^2]=0.499\,1$$

利用显式二阶 Adams 法得到的仿真曲线如图 3-7 所示，其中实线为其精确解。

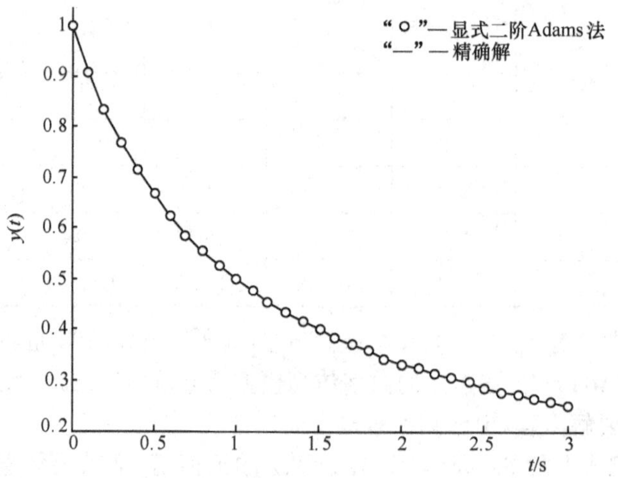

图 3-7　显式二阶 Adams 法与精确解对比曲线

3.1.4　局部解析方法

解析法是应用数学推导而得到数学模型的精确解的方法。通过解析法求解数学模型可得出问题的一般性解。但是允许用解析法来求解的问题是相当有限的。在实际工作所遇到的动力学系统的数字仿真问题或者是不能应用解析法，或者是用解析法得到的公式非常复杂。只有少数十分简单的微分方程能够用初等方法求得它的解析解。多数情况只能利用近似方法进行求解。应用离散相似原理，可以在局部区间上对复杂的输入函数构造由一些简单函数表示的近似输入函数，对这个近似输入函数求得系统数学模型的解析解。这个解析解在这个局部区间上有较好的精度。我们称它为局部解析解。利用局部解析解推得下一时刻系统的输出。这种处理实际上是将近似方法与解析方法结合起来，构成系统的数字仿真模型。事实上，近似方法与解析法是不能截然分开的。一个成功的近似方法往往已吸取了解析法的优点，在一些局部环境下应用了解析解的公式。许多仿真算法的构造过程由下列步骤组成：

① 收集要寻找的解在 t_{m-1} 附近区间的局部信息，或者收集已得到的信息；

② 在要求解的时间区间 $[t_{m-1}, t_m]$ 中将系统的数学模型进行简化或转换到一种易求出解析解的形式，称它为局部模型；

③ 由收集的信息确定简化模型中的参数，由此构造简化模型的解析解，称它为局部解析解；

④ 由局部解析解求出 $t_m = t_{m-1} + h$ 处的值，并取其作为数学模型的解在 t_m 处的近似值。

这样构造的仿真算法的解实际上是由一系列局部解析解构成的，例如，在推导显式 Adams 公式时，首先收集已得到的解在 t_{m-1} 处的局部信息 x_{m-1}，x_{m-2}，…，f_{m-1}，f_{m-2}，…，并将系统的解的导数值 $f(t, x(t), u(t))$ 用待确定的多项式 $v(t)$ 近似，于是在含 t_m 的小区间上，系统的数学模型式(3.4)被简化成

$$\frac{\mathrm{d}\tilde{x}}{\mathrm{d}t} = v(t), \qquad \tilde{x}(t_{m-1}) = x_{m-1} \tag{3.31}$$

由收集到的信息确定多项式 $v(t)$ 的系数，通过积分可得到式(3.31)的解析解

$$\tilde{x}(t) = x_{m-1} + \int_{m+1}^{t} v(\tau)\mathrm{d}\tau \tag{3.32}$$

取数学模型式(3.4) 的解 $x(t)$ 在 t_m 处的值 $x(t_m)$ 的近似值为 $x_m = \tilde{x}(t_m)$。

在推导 Adams 公式时，将系统的数学模型局部简化成形式(3.31)。在对动力学系统进行数字仿真时，还可以根据需要将系统简化成其他合适的形式，从而建立更加有效的数字仿真模型，使在仿真时具有要求的品质。

在采样系统数学模型中，系统的输入是由采样开关通过保持器输入到连续系统的数学模型中。在每个采样周期中，连续系统的输入都是简单的低阶多项式(零阶、一阶或二阶多项式)，利用局部解析算法的构造思想，可以对数学模型中的基本环节构造高效的数字仿真算法。

3.2　基于 Taylor 级数匹配原理的仿真算法

3.2.1　Taylor 级数匹配原理

由于输入 $u(t)$ 是 t 的函数，在求解微分方程(3.4) 时看成是已知量．将函数 $f(t,x,u(t))$ 直接记为 $f(t,x)$，得到微分方程

$$\dot{x}(t) = f(t,x),\ x(t_0) = x_0 \tag{3.33}$$

记其解为 $x(t)$。如果 $f(t,x)$，对其变量 t 和 x 具有各阶的连续偏导数，则通过方程(3.33) 可以推导 $x(t)$ 的各阶导数的公式。例如，有

$$\dot{x}(t) = f(t,x)\big|_{x=x(t)} \tag{3.34}$$

$$\begin{aligned} x^{(2)}(t) &= \left[\frac{\partial f(t,x)}{\partial t} + \frac{\partial f(t,x)}{\partial x}\dot{x}(t)\right]\Bigg|_{x=x(t)} \\ &= \left[\frac{\partial f(t,x)}{\partial t} + \frac{\partial f(t,x)}{\partial x}f(t,x)\right]\Bigg|_{x=x(t)} \end{aligned} \tag{3.35}$$

设已经知道 $x(t)$ 在 t_m 处的值 $x_m = x(t_m)$，由 Taylor 级数展开式

$$\begin{aligned} x(t_{m+1}) &= x(t_m + h) = x(t_m) + \dot{x}(t_m)h + \frac{1}{2!}x^{(2)}(t_m)h^2 + \cdots + \frac{1}{p!}x^{(p)}(t_m)h^p + \cdots \\ &= x(t_m) + f(t_m,x_m)h + \frac{1}{2!}f'(t_m,x_m)h^2 + \cdots + \frac{1}{p!}f^{(p-1)}(t_m,x_m)h^p + \cdots \end{aligned} \tag{3.36}$$

如果知道导数 $\dot{x}(t_m), x^{(2)}(t_m), \cdots, x^{(p)}(t_m)$ 的值，则当 h 比较小时，可以取级数式(3.36) 中的前 $p+1$ 项之和作为 $x(t_{m+1})$ 的近似值，将其记为 x_{m+1}。

令　$$\phi(t,x(t),h) = f(t_m,x_m) + \frac{1}{2!}f'(t_m,x_m)h + \cdots + \frac{1}{p!}f^{(p-1)}(t_m,x_m)h^{(p-1)} \tag{3.37}$$

则

$$\begin{aligned} x_{m+1} &= x(t_m) + \phi(t,x(t),h)h \\ &= x_m + \phi(t,x(t),h)h \end{aligned} \tag{3.38}$$

式(3.38) 称为 p 阶 Taylor 展开法递推公式。x_{m+1} 与 $x(t_{m+1})$ 之间的误差为

$$x(t_{m+1}) - x_{m+1} = \frac{1}{(p+1)!}x^{(p+1)}(t_m)h^{(p+1)} + \frac{1}{(p+2)!}x^{(p+2)}(t_m)h^{(p+2)} + \cdots \tag{3.39}$$

由式(3.34) 可以计算出 $\dot{x}(t) = f(t,x)\big|_{x=x(t_m)}$，取式(3.36) 的前两项作为 $x(t_{m+1})$ 的近似值，得到公式

$$\begin{aligned} x_{m+1} &= x_m + \dot{x}(t_m)h \\ &= x_m + f(t_m,x_m)h \end{aligned} \tag{3.40}$$

这就是 Euler 方法。由式(3.39)，x_{m+1} 与 $x(t_{m+1})$ 之间的误差为

$$x(t_{m+1})-x_{m+1}=\frac{1}{2!}x^{(2)}(t_m)h^2+\cdots \tag{3.41}$$

它是由精确值 $x_m=x(t_m)$ 应用 Euler 法计算一步得到 x_{m+1} 所引进的误差，称它为局部截断误差。由式(3.41)，当 $h\to 0$ 时，Euler 法的局部截断误差与 h^2 是同阶无穷小量，记为 $O(h^2)$。

显然，Euler 法的精度是比较低的。为了提高它的精度，希望 x_{m+1} 与 $x(t_{m+1})$ 的 Taylor 展开式符合的项数更多，使得局部截断误差 $x(t_{m+1})-x_{m+1}$ 是 h 的更高阶无穷小量。从理论上讲，只要式(3.33) 的 $x(t)$ 解充分光滑，利用 Taylor 级数展开式可得到任意有限项的公式。但是，计算 $x(t)$ 的高阶导数很困难。虽然可以按类似于式(3.34) 和式(3.35) 推导 $x(t)$ 的各阶导数的公式，可是求复合函数的各阶偏导数往往是很复杂的。即使能得到解析公式，计算量也是很可观的。这表明直接应用展开式(3.36) 构造精度较高的方法是不现实的。

为了克服上述的困难，希望计算点$(t_m,x(t_m))$ 邻域中的若干个点$(t,x(t))$ 上的值可以被用来构造 $x(t_{m+1})$ 的近似值 x_{m+1} 的计算公式，并且要求该公式在$(t_m,x(t_m))$ 处的 Taylor 展开式与式(3.36)的前若干项一致。我们称这种构造 x_{m+1} 的思想为 Taylor 级数匹配原理。应用这种原理构造的 x_{m+1} 的计算过程将不需要计算 $x(t)$ 的高阶导数，或者只需计算一些比较低阶的导数，但与精确值 $x(t_{m+1})$ 之间的误差是 h 的高阶无穷小量。下面应用 Taylor 级数匹配原理构造两类数字仿真方法。

3.2.2 Runge-Kutta 方法

由式(3.37) 可见，Taylor 展开法用 $f(t,x(t),u(t))$ 在同一点(t_m,x_m) 的高阶导数表示 $\phi(t,x(t),h)$，因此不便于数值计算。Runge-Kutta 方法是用 $f(t,x(t),u(t))$ 在一些点上的值表示 $\phi(t,x(t),h)$，使局部截断误差的阶数和 Taylor 展开法相等。在区间$[t,t+h]$ 上，将式(3.33) 写成下列积分形式

$$x(t+h)=x(t)+\int_t^{t+h}f(\tau,x(\tau))\mathrm{d}\tau \tag{3.42}$$

在区间$[t,t+h]$ 取 m 个点 $t_1=t\leqslant t_2\leqslant t_3\leqslant\cdots\leqslant t_m\leqslant t+h$。若已知 $k_i=f(t_i,x(t_i))$，$i=1,2,\cdots,m$，则用他们的一次组合去近似 $f(t,x(t),u(t))$，即

$$f(t,x(t),u(t))\approx\sum_{i=1}^{\infty}c_ik_i \tag{3.43}$$

问题是如何计算 k_i（因 $x(t_i)$ 未知）。一个直观的想法是：

设已知　　$(t_1,k_1)=(t_1,f(t_1,x(t_1)))$

由 Euler 法　　$x(t_2)=x(t_1)+((t_2-t_1)f(t_1,x(t_1)))=x(t_1)+(t_2-t_1)k_1$

$$k_2=f(t_2,x(t_1)+(t_2-t_1)k_1)$$

同样利用 Euler 法又可从(t_2,k_2) 算出

$$k_3=f(t_3,x(t_1)+(t_2-t_1)k_1+(t_3-t_2)k_2)$$

如此继续下去。节点 t_i 和系数 c_i 可如此选择，使近似式(3.43) 有尽可能高的逼近解。下面以二阶 Runge-Kutta 方法的构造来说明 Taylor 级数匹配原理的应用。首先以步长 h 的 Euler 法从$(t_m,x(t_m))$ 处计算一步，记得到的点为 x_{m+1}^E，即有

$$x_{m+1}^E=x(t_m)+h\dot{x}_m \tag{3.44}$$

$\dot{x}_m$ 是曲线 $x(t)$ 在 t_m 处的切线方向，如图 3-8 所示。为了改进 x_{m+1}^E 的精度，再由 Euler 法一步长 ah 得到$(t_m,x(t_m))$的邻域中的另一个点(t_m+ah,x_{m+a}^E)。从 $x(t_m)$ 开始沿方向 $\dot{x}_{m+a}$ 移动

时间长度 h，得到 $\tilde{x}_{m+1}^{E}$

$$\tilde{x}_{m+1}^{E} = x(t_m) + h\dot{x}_{m+a} \tag{3.45}$$

由图 3-8 可见，点$(t_m + h, x(t_m + h))$ 在点$(t_m + h, x_{m+1}^{E})$ 和点$(t_m + h, \tilde{x}_{m+1}^{E})$ 的连线上。可以选取参数 b_1 和 b_2，构造量

$$x_{m+1} = b_1 x_{m+1}^{E} + b_2 \tilde{x}_{m+1}^{E} \tag{3.46}$$

使得 x_{m+1} 是 $x(t_{m+1})$ 的精度比 x_{m+1}^{E} 更好的近似值。

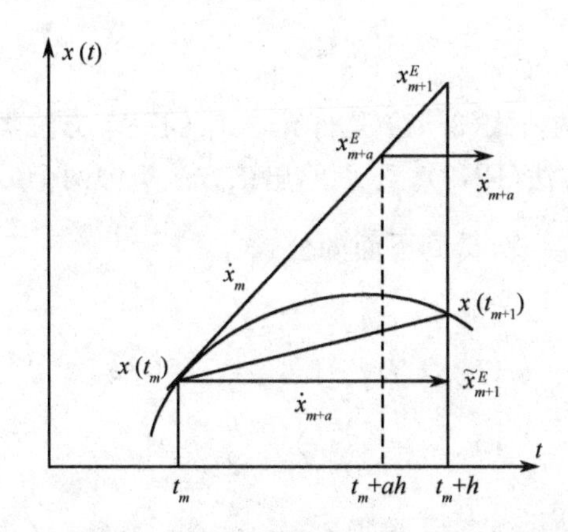

图 3-8　二阶 Runge-Kutta 方法的构造

记 $k_1 = \dot{x}_m$，$k_2 = \dot{x}_{m+a}$。由上述的构造可以将 x_{m+1} 的计算归结成下列步骤

$$\begin{cases} k_1 = f(t_m, x(t_m)) \\ k_2 = f(t_m + ah, x(t_m) + ahk_1) \\ x_{m+1} = (b_1 + b_2)x(t_m) + h(b_1 k_1 + b_2 k_2) \end{cases} \tag{3.47}$$

为了选取式(3.47) 中待求的参数 a, b_1 和 b_2，将 k_2 在(t_m, x_m) 处展开成 Taylor 级数，有

$$\begin{aligned} k_2 &= f(t_m, x_m) + \frac{\partial f}{\partial t}ah + \frac{\partial f}{\partial x}ahk_1 + \\ &\quad \frac{1}{2}\left[\frac{\partial^2 f}{\partial^2 t}(ah)^2 + 2\frac{\partial^2 f}{\partial t \partial x}(ah)^2 k_1 + \frac{\partial^2 f}{\partial^2 x}(ahk_1)^2\right] + \cdots \\ &= f(t_m, x_m) + \frac{\partial f}{\partial t}ah + \frac{\partial f}{\partial x}ahk_1 + R \end{aligned} \tag{3.48}$$

上式中的函数 f 和 f 的偏导数都在$(t_m, x(t_m))$ 处求值，R 是 h 的二阶无穷小量。考虑到式(3.34) 和式(3.35)，k_2 可以表示成

$$k_2 = \dot{x}(t_m) + ahx^{(2)}(t_m) + R \tag{3.49}$$

由式(3.47)，x_{m+1} 可以展开成

$$x_{m+1} = (b_1 + b_2)x(t_m) + (b_1 + b_2)h\dot{x}(t_m) + b_2 ah^2 x^{(2)}(t_m) + b_2 hR \tag{3.50}$$

将式(3.50) 与 $x(t_m + h)$ 的 Taylor 级数展开式(3.36) 进行比较，可以看出，若参数 a, b_1 和 b_2，满足下列关系式

$$b_1 + b_2 = 1 \tag{3.51}$$

$$b_2 a = \frac{1}{2} \tag{3.52}$$

则 x_{m+1} 的展开式与 $x(t_m + h)$ 的展开式的前三项一致，局部截断误差 $x(t_m + h) - x_{m+1}$ 有表达式

$$x(t_m+h)-x_{m+1}=\frac{1}{6}h^3x^{(3)}(t_m)-b_2hR \tag{3.53}$$

它是 h 的三阶无穷小量，即有 $x(t_m+h)-x_{m+1}=O(h^3)$，显然精度比 Euler 法高一阶。式(3.51) 和式(3.52) 含三个未知参数，但只有两个方程。可以得到含一个自由参数的解族。取 a 为自由参数，将 b_1 和 b_2 用参数 a 表示，得到

$$\begin{cases} b_1=1-\dfrac{1}{2a} \\ b_2=\dfrac{1}{2a} \end{cases} \tag{3.54}$$

参数由式(3.54) 确定的公式(3.47) 是计算 x_{m+1} 的一个方法类。该方法类中的方法都称为二阶显式 Runge-Kutta 方法(RK2)。下面给出该方法类中两个最常用的方法。

取 $a=1$，求得 $b_1=\frac{1}{2}, b_2=\frac{1}{2}$，得到下面的公式

$$\begin{cases} k_1=f(t_m,x(t_m)) \\ k_2=f(t_m+h,x(t_m)+hk_1) \\ x_{m+1}=x(t_m)+\dfrac{h}{2}(k_1+k_2) \end{cases} \tag{3.55}$$

称其为改进的 Euler 公式。取 $a=\frac{1}{2}$，求得 $b_1=0, b_2=1$，得到公式

$$\begin{cases} k_1=f(t_m,x(t_m)) \\ k_2=f\left(t_m+\dfrac{h}{2},x(t_m)+\dfrac{h}{2}k_1\right) \\ x_{m+1}=x(t_m)+hk_2 \end{cases} \tag{3.56}$$

称这个方法为修正的 Euler 公式或中点公式。

从初值(t_0,x_0)开始，由二阶 Runge-Kutta 方法可计算(t_1,x_1)，类似地再从(t_1,x_1)开始计算(t_2,x_2)，这样依次递推，可得到任意时刻 t_m 处的解 $x(t_m)$ 的近似值 x_m 的值。这种递推计算的每一步只依赖于上一步的计算结果，即只用上一步的结果作为当前步计算的起始值，称这种方法为单步法。

一般的显式 Runge-Kutta 方法具有形式

$$\begin{cases} k_1=f(t_m,x(t_m)) \\ k_i=f(t_m+c_ih,x_m+h\sum\limits_{j=1}^{i-1}a_{ij}k_j) \qquad i=1,2,\cdots,p \\ x_{m+1}=x_m+h\sum\limits_{i=1}^{p}b_ik_i \end{cases} \tag{3.57}$$

称这种方法为 p 阶显式 Runge-Kutta 方法(RKS 方法)。公式中的系数 c_i、a_{ij} 和 b_i 通过下述方式选取。在(t_m,x_m)处考虑微分方程初值问题

$$\dot{x}(t)=f(t,x),x(t_m)=x_m \tag{3.58}$$

并记其解为 $x_m(t)$。将 k_i 在(t_m,x_m)处展开成 Taylor 级数，然后代入 x_{m+1} 的公式中，得到 x_{m+1} 的展开式。类似地，将 $x_m(t_m+h)$ 展开成 h 的 Taylor 级数，并与 x_{m+1} 的展开式进行比较，由要求符合的项的系数确定这些参数应满足的方程组。求解方程组得到具有相应精度的 p 阶显式 Runge-Kutta 方法。下面给出了常用的三阶和四阶 Runge-Kutta 方法的递推计算公式。

(1) Kutta 三阶方法

$$\begin{cases} k_1 = f(t_m, x(t_m)) \\ k_2 = f\left(t_m + \dfrac{h}{2}, x_m + \dfrac{h}{2}k_1\right) \\ k_3 = f(t_m + h, x_m - hk_1 + 2hk_2) \\ x_{m+1} = x_m + \dfrac{h}{6}(k_1 + 4k_2 + k_3) \end{cases} \tag{3.59}$$

(2) Heun 三阶方法

$$\begin{cases} k_1 = f(t_m, x(t_m)) \\ k_2 = f\left(t_m + \dfrac{h}{3}, x_m + \dfrac{h}{3}k_1\right) \\ k_3 = f\left(t_m + \dfrac{2h}{3}, x_m + \dfrac{2h}{3}k_2\right) \\ x_{m+1} = x_m + \dfrac{h}{4}(k_1 + 3k_3) \end{cases} \tag{3.60}$$

(3) 经典显式四阶 Runge-Kutta 方法

$$\begin{cases} k_1 = f(t_m, x(t_m)) \\ k_2 = f\left(t_m + \dfrac{h}{2}, x_m + \dfrac{h}{2}k_1\right) \\ k_3 = f\left(t_m + \dfrac{h}{2}, x_m + \dfrac{h}{2}k_2\right) \\ k_4 = f(t_m + h, x_m + hk_3) \\ x_{m+1} = x_m + \dfrac{h}{6}(k_1 + 2k_2 + 2k_3 + k_4) \end{cases} \tag{3.61}$$

式(3.61)是最常用的显式四阶 Runge-Kutta 方法(RK4 方法)。若已知 t_m 处的 x_m 的值,由式(3.61)可计算 t_{m+1} 处 $x(t_{m+1})$ 的近似值 x_{m+1}。如果式(3.61)中的 $x_m = x(t_m)$,则 x_{m+1} 和 $x(t_{m+1}) = x(t_m + h)$ 在(t_m, x_m)处的 Taylor 展开式的前五项是一致的。局部截断误差 $x(t_{m+1}) - x_{m+1}$ 是 h 的五阶无穷小量,即有 $x(t_{m+1}) - x_{m+1} = O(h^5)$。

上面给出的 Runge-Kutta 方法的每一步计算从(t_m, x_m)开始,可逐次确定 $k_1, k_2, \cdots, k_p$,最后确定 x_{m+1}。在计算 k_i 时只用到 $k_1, k_2, \cdots, k_{i-1}$ 的值。这种方法称为显式 Runge-Kutta 方法。利用上述的方法,还可以构造隐式 Runge-Kutta 方法。在计算 k_i 时不仅用到 $k_1, k_2, \cdots, k_{i-1}$ 的值,还可能用到 $k_1, k_2, \cdots, k_p$ 的值。p 阶隐式 Runge-Kutta 方法具有下面的形式

$$\begin{cases} k_i = f\left(t_m + c_i h, x_m + h\sum_{j=1}^{p} a_{ij}k_j\right) \qquad i = 1, 2, \cdots, p \\ x_{m+1} = x_m + h\sum_{i=1}^{p} b_i k_i \end{cases} \tag{3.62}$$

可以通过 Taylor 级数匹配原理来确定公式(3.62)中的系数 c_i、a_{ij} 和 b_i 的值。下面给出 $p = 1$ 和 $p = 2$ 的隐式 Runge-Kutta 方法。

(1) $p = 1$(隐式中点公式)

$$\begin{cases} k_1 = f\left(t_m + \dfrac{h}{2}, x_m + \dfrac{h}{2}k_1\right) \\ x_{m+1} = x_m + hk_1 \end{cases} \tag{3.63}$$

（2）$p=2$

$$\begin{cases} k_1 = f\left(t_m + \left(\frac{1}{2} - \frac{\sqrt{3}}{6}\right)h, x_m + \left(\frac{k_1}{4} + \left(\frac{1}{4} - \frac{\sqrt{3}}{6}\right)k_2\right)h\right) \\ k_2 = f\left(t_m + \left(\frac{1}{2} + \frac{\sqrt{3}}{6}\right)h, x_m + \left(\frac{k_2}{4} + \left(\frac{1}{4} + \frac{\sqrt{3}}{6}\right)k_1\right)h\right) \\ x_{m+1} = x_m + \frac{h}{2}(k_1 + k_2) \end{cases} \tag{3.64}$$

对于 $p=1$ 的方法(3.63)，x_{m+1} 和 $x(t_m+h)$ 的 Taylor 展开式的前三项是一致的，局部截断误差为 $O(h^3)$。$p=2$ 的方法(3.64)的局部截断误差是 $O(h^5)$。一般对任意自然数 p，可以找到 p 阶隐式 Runge-Kutta 方法，使得 x_{m+1} 和 $x(t_m+h)$ 的 Taylor 展开式的前 $2p+1$ 项是一致的，局部截断误差为 $O(h^{2p+1})$。这些方法与显式 Runge-Kutta 方法相比精度要好得多。例如，二阶显式 Runge-Kutta 方法(3.47)的局部截断误差为 $O(h^3)$，而隐式二阶 Runge-Kutta 方法(3.64)的局部截断误差为 $O(h^5)$。对于显式四阶 Runge-Kutta 方法(3.61)的局部截断误差为 $O(h^5)$，而可以找到隐式四阶 Runge-Kutta 方法，它的局部截断误差达到 $O(h^9)$。另外，在许多其他品质上，如：数值稳定性，隐式 Runge-Kutta 方法也比显式方法要好。但是，由于应用隐式 Runge-Kurta 方法进行仿真时，每一步都要求解一个 $k_i, i=1,2,\cdots,p$ 的非线性方程组，计算量很大，从而限制了隐式方法的普遍应用。

【例 3.4】 对例 3.1 给出的系统，试用显式四阶 Runge-Kutta 法求其数值解（取仿真步长 $h=0.1, 0\leqslant t\leqslant 1$）。

解：原方程为　　$\dot{y}(t) = -y^2(t), f(t,y) = -y^2(t)$

采用显式四阶 Runge-Kutta 法求解例 3.1 系统时，其递推公式可写为

$$\begin{cases} k_1 = f(t_m, y(t_m)) = -y_m^2 \\ k_2 = f\left(t_m + \frac{h}{2}, y_m + \frac{h}{2}k_1\right) = -\left(y_m + \frac{h}{2}k_1\right)^2 \\ k_3 = f\left(t_m + \frac{h}{2}, y_m + \frac{h}{2}k_2\right) = -\left(y_m + \frac{h}{2}k_2\right)^2 \\ k_4 = f(t_m + h, y_m + hk_3) = -(y_m + hk_3)^2 \\ y_{m+1} = y_m + \frac{h}{6}(k_1 + 2k_2 + 2k_3 + k_4) \end{cases}$$

$$t_0 = 0, y_0 = 1$$

$$k_1 = f(0, y_0) = -y_0^2 = -1$$

$$k_2 = f\left(\frac{h}{2}, y_0 + \frac{h}{2}k_1\right) = -\left(y_0 - \frac{h}{2}\right)^2 = -0.902\,5$$

$$k_3 = f\left(\frac{h}{2}, y_0 + \frac{h}{2}k_2\right) = -\left(y_0 - 0.902\,5 \times \frac{h}{2}\right)^2 = -0.911\,8$$

$$k_4 = f\left(\frac{h}{2}, y_0 + hk_3\right) = -(y_0 - 0.911\,8hk_3)^2 = -0.826\,0$$

$$t_1 = 0.1, y_1 = y_0 + \frac{h}{6}(k_1 + 2k_2 + 2k_3 + k_4) = 0.909\,1$$

$$k_1 = f(h, y_1) = -y_1^2 = -0.826\,4$$

$$k_2 = f\left(\frac{3h}{2}, y_1 + \frac{h}{2}k_1\right) = -\left(y_1 - 0.826\,4 \times \frac{h}{2}\right)^2 = -0.753\,0$$

$$k_3 = f\left(\frac{3h}{2}, y_1 + \frac{h}{2}k_2\right) = -\left(y_1 - 0.7530 \times \frac{h}{2}\right)^2 = -0.7594$$

$$k_4 = f\left(\frac{h}{2}, y_1 + hk_3\right) = -(y_0 - 0.9118hk_3)^2 = -0.8260$$

$$t_2 = 0.2, y_2 = y_1 + \frac{h}{6}(k_1 + 2k_2 + 2k_3 + k_4) = 0.8333$$

$$\vdots \qquad \vdots \qquad \vdots$$

$$t_{10} = 1, y_{10} = y_9 + \frac{h}{6}(k_1 + 2k_2 + 2k_3 + k_4) = 0.5000$$

利用显式四阶 Runge-Kutta 法得到的仿真曲线如图 3-9 所示，其中实线为其精确解。

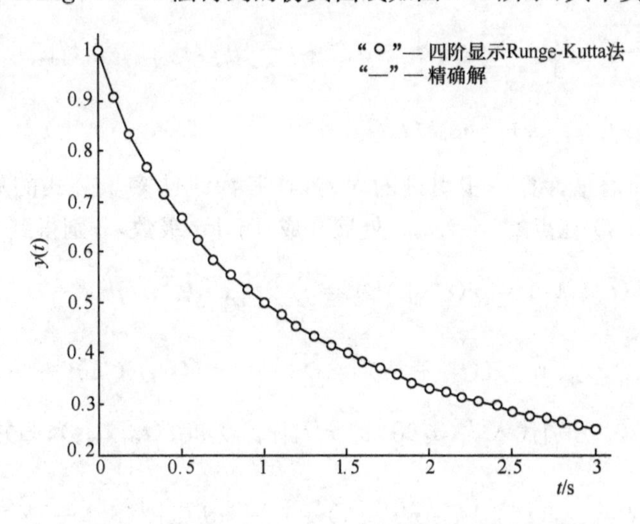

图 3-9 四阶显示 Runge-Kutta 法与精确解对比曲线

3.2.3 线性多步方法

由式(3.18)和式(3.19)给出的显式 Adams 方法和隐式 Adams 方法可以看出，为了计算 x_{m+1}，不仅用到 t_m 和 x_m 的值，还用到时刻 t_m 以前的导数值 $F_i = f(t_i, x_i), i < m$。由此想到，如果再应用已经得到的时刻 t_m 以前的值 x 来构造 x_{m+1} 的计算公式，可能会得到性能更好的算法。为此，由 Adams 公式导出更一般的公式

$$\sum_{j=0}^{k} \alpha_j x_{m+j-k+1} = h \sum_{j=0}^{k} \beta_j F_{m+j-k+1} \tag{3.65}$$

其中 α_j 和 β_j 是常数，$\alpha_k \neq 0$，$F_{m+j-k+1}$ 的公式为

$$F_{m+j-k+1} = f(t_{m+j-k+1}, x_{m+j-k+1}) \tag{3.66}$$

由式(3.65)可以解出 x_{m+1}，得到

$$x_{m+1} = \frac{1}{a_k}\left[-\sum_{j=0}^{k-1} \alpha_j x_{m+j-k+1} + h \sum_{j=0}^{k} \beta_j F_{m+j-k+1}\right] \tag{3.67}$$

由式(3.65)和式(3.67)看出，对式(3.65)的两边乘以非零常数对确定 x_{m+1} 没有影响，因此，可令 $\alpha_k = 1$。将式(3.65)与 Adams 公式进行比较，Adams 公式对应于式(3.65)中取 $\alpha_k = 1, \alpha_{k-1} = -1, \alpha_0 = \alpha_1 = \cdots = \alpha_{k-2} = 0$ 的情形。

为了由公式(3.67)计算 x_{m+1} 的值，需要知道前面 k 个 x 值($x_{m+j-k+1}, x_{m+j-k+2}, \cdots, x_m$)及它们相应的导数值，而且公式关于 $x_{m+j-k+1}$ 和 $F_{m+j-k+1}$ 是线性的，因此，称这类方法为线性 k 步方

法。为使多步法的计算能够进行,除给定的初值 x_0 外,还要知道附加的初值 $x_1, x_2, \cdots, x_{k-1}$。这可用其他方法计算。若 $\beta_k = 0$,则称方法(3.67)是显式的线性多步法。公式(3.67)的右边项可直接计算,可以得到 x_{m+1} 值,并利用该值可计算 $F_{m+1} = f(t_{m+1}, x_{m+1})$。这样可以递推计算得到任意的 t_{m+i} 处的 x_{m+i} 值。若 $\beta_k \neq 0$,则称方法(3.67)是隐式的线性多步法。为了确定 x_{m+1} 值,需求解方程(3.67)。

为了应用Taylor级数匹配原理来确定公式(3.67)中的系数,我们考虑在式(3.67)中应用精确的信息 $x_{m+j-k+1} = x(t_{m+j-k+1})$ 和 $F_{m+j-k+1} = f(t_{m+j-k+1}, x(t_{m+j-k+1}))$ 计算得到的 x_{m+1} 与精确解 $x(t_{m+j-k+1})$ 之间的误差,即研究误差

$$\begin{aligned} R &= x(t_m + h) - x_{m+1} \\ &= x(t_m + h) - \left[-\sum_{j=0}^{k-1} \alpha_j x(t_{m+j-k+1}) + h\sum_{j=0}^{k} \beta_j f(t_{m+j-k+1}, x(t_{m+j-k+1}))\right] \\ &= \sum_{j=0}^{k} \left[\alpha_j x(t_{m+j-k+1}) - h\beta_j \dot{x}(t_{m+j-k+1})\right] \end{aligned} \tag{3.68}$$

误差 R 是应用精确的信息计算一步引进的误差,称其为线性多步公式的局部截断误差。将 $x(t_{m+j-k+1})$ 和 $\dot{x}(t_{m+j-k+1})$ 在点 $t^* = t_{m-k+1}$ 处展开成Taylor级数,分别得到

$$x(t_{m+j-k+1}) = x(t^* + jh) = \sum_{i=0}^{p} \frac{1}{i!} x^{(i)}(t^*)(jh)^i + \cdots \tag{3.69}$$

$$\dot{x}(t_{m+j-k+1}) = \dot{x}(t^* + jh) = \sum_{i=0}^{p} \frac{1}{i!} x^{(i+1)}(t^*)(jh)^i + \cdots \tag{3.70}$$

将式(3.69)和式(3.70)分别代入式(3.68)的 $x(t_{m+j-k+1})$ 和 $\dot{x}(t_{m+j-k+1})$,归并 h 的同幂次项,得到误差 R 的展开式

$$R = c_0 x(t^*) + c_1 h x^{(1)}(t^*) + \cdots + c_p h^p x^{(p)}(t^*) + \cdots \tag{3.71}$$

式中的系数 $c_0, c_1, \cdots, c_p, \cdots$ 为常数。其值取决于式(3.67)中的系数 α_j 和 β_j。它们有如下的表达式

$$\begin{cases} c_0 = \alpha_0 + \alpha_1 + \cdots + \alpha_k \\ c_1 = \alpha_1 + 2\alpha_2 + \cdots + k\alpha_k - (\beta_0 + \beta_1 + \cdots + \beta_k) \\ \quad\vdots \\ c_p = \dfrac{1}{p!}(\alpha_1 + 2^p \alpha_2 + \cdots + k^p \alpha_k) - \\ \qquad \dfrac{1}{(p-1)!}(\beta_1 + 2^{p-1}\beta_2 + \cdots + k^{p-1}\beta_k) \\ p = 2, 3, \cdots \end{cases} \tag{3.72}$$

由 R 的定义式(3.68),式(3.71)的右边部分实际上是 $x(t_m + h)$ 和 x_{m+1} 在 t^* 处的Taylor展开式之差。由此看出,如果要求 $x(t_m + h)$ 和 x_{m+1} 的Taylor级数的前 $p+1$ 一致,就要求有

$$c_0 = c_1 = c_2 = \cdots = c_p = 0 \tag{3.73}$$

式(3.72)和式(3.73)是系数 α_i 和 β_i 的 $p+1$ 方程。$c_0 = 0$ 称为多步公式的相容性条件。只要 k 充分大,就可以选出 α_i 和 β_i 使方程(3.73)满足。对这样选取的系数 α_i 和 β_i,若 $c_{p+1} \neq 0$,称 p 为线性多步公式的阶,误差 R 有公式

$$R = c_{p+1} h^{p+1} x^{(p+1)}(t^*) + O(h^{p+2}) \tag{3.74}$$

这时称公式(3.65)(或式(3.67))为线性 p 阶 k 步公式。

显式Adams公式(3.18)为显式线性 k 阶 k 步方法,而隐式Adams公式(3.19)是隐式线性

$k+1$ 阶 k 步方法。欧拉方法为线性一步方法(单步法)。

通过求解方程(3.73) 确定线性多步方法的系数,可以根据需要构造合适的公式。下面以二步方法为例子来说明如何应用上述的构造步骤。

考虑二步方法,即 $k=2$ 的情形。已知 $\alpha_2=1$,由方程(3.72) 和式(3.73),我们有

$$\begin{cases} c_0=\alpha_0+\alpha_1+1=0 \\ c_1=\alpha_1+2-(\beta_0+\beta_1+\beta_2)=0 \\ c_2=\dfrac{1}{2}(\alpha_1+4)-(\beta_1+2\beta_2)=0 \\ c_3=\dfrac{1}{6}(\alpha_1+8)-\dfrac{1}{2}(\beta_1+4\beta_2)=0 \end{cases} \tag{3.75}$$

这是一个由含有 5 个未知量由 4 个方程组成的方程组。取 α_0 作为独立参数,记 $\alpha=\alpha_0$,由此方程组可以将其他系数由 α 表示,得到

$$\begin{cases} \alpha_1=-1-\alpha \\ \beta_0=-\dfrac{1}{12}(1+5\alpha) \\ \beta_1=\dfrac{2}{3}(1-\alpha) \\ \beta_2=\dfrac{1}{12}(5+\alpha) \end{cases} \tag{3.76}$$

于是,一般的线性二步方法可以表示成

$$x_{m+1}=(1+\alpha)x_m-\alpha x_{m-1}+\frac{h}{12}(5+\alpha)f(t_{m+1},x_{m+1})+\frac{h}{12}[8(1-\alpha)F_m-(1+5\alpha)F_{m-1}] \tag{3.77}$$

将由式(3.76) 给出的系数表达式代入 c_4 和 c_5 的表达式,有

$$\begin{cases} c_4=\dfrac{1}{4!}(\alpha_1+16)-\dfrac{1}{3!}(\beta_1+8\beta_2)=-\dfrac{1}{4!}(1+\alpha) \\ c_5=\dfrac{1}{5!}(\alpha_1+32)-\dfrac{1}{4!}(\beta_1+16\beta_2)=-\dfrac{1}{3\times 5!}(17+13\alpha) \end{cases} \tag{3.78}$$

当 $\alpha\neq-1$ 时,$c_4\neq 0$,公式(3.77) 是三阶的。当 $\alpha=-1$ 时,$c_4=0$,但 $c_5\neq 0$,这时公式(3.77) 是四阶的,且具有形式

$$x_{m+1}=x_{m-1}+\frac{h}{3}f(t_{m+1},x_{m+1})+\frac{h}{3}[4F_m+F_{m-1}] \tag{3.79}$$

称它为 Milne(密伦) 方法。若 $\alpha=0$,得到二阶隐式 Adams 方法。若 $\alpha=-5$,得到显式方法

$$x_{m+1}=-4x_m+5x_{m-1}+\frac{h}{12}[48F_m+24F_{m-1}] \tag{3.80}$$

但是,这个公式是不能用的。如果应用这个公式,计算中出现的微小误差将会迅速增长,即计算是不稳定的。为了说明这个事实,我们将此公式应用到下列微分方程求解问题

$$\dot{x}(t)=0,x(t_0)=x_0 \tag{3.81}$$

由式(3.80) 得到的该微分方程的递推计算公式为

$$x_{m+1} = -4x_m + 5x_{m-1} \tag{3.82}$$

显然，微分方程式(3.81) 的解为 $x(t) = x_0$，而且 $x_m = x_0, m = 0,1,2,\cdots$ 将满足递推公式(3.82)。现在计算 x_1 出现的误差为 ε，即 $x_1 = x_0 + \varepsilon$，于是有

$$x_2 = -4x_1 + 5x_0 = x_0 - 4\varepsilon$$

类似地可得到

$$x_3 = -4x_2 + 5x_1 = x_0 + 21\varepsilon$$
$$x_4 = -4x_3 + 5x_2 = x_0 - 104\varepsilon$$

设 $\varepsilon_m = x_m - x_0$，$\varepsilon_m$ 为由误差 ε 所引起的 x_m 中的误差，它满足递推公式

$$\varepsilon_{m+1} = -4\varepsilon_m + 5\varepsilon_{m-1}, \varepsilon_0 = 0, \varepsilon_1 = \varepsilon$$

上述递推公式可写成

$$\varepsilon_m = \frac{1}{6}(1-(-5)^m)\varepsilon$$

因此，当 m 增大时，ε_m 将迅速增长到任意大。这个事实表示显式的二步线性多步公式的阶不能超过二阶。

为了确定显式的二步方法，由方程组(3.75) 的前三个方程确定系数。取 α_0 和 β_0 为独立参数，记 $\alpha_0 = \alpha, \beta_0 = \beta$，于是有

$$\alpha_1 = -1-\alpha$$
$$\beta_1 = \frac{1}{2}(1-3\alpha-4\beta) \tag{3.83}$$
$$\beta_2 = \frac{1}{2}(1+\alpha+2\beta)$$

根据上述所确定的系数，一般的二步方法可以表示成

$$x_{m+1} = (1+\alpha)x_m - \alpha x_{m-1} + \frac{h}{2}(1+\alpha+2\beta)f(t_{m+1}, x_{m+1}) + \frac{h}{2}[(1-3\alpha-4\beta)F_m + 2\beta F_{m-1}] \tag{3.84}$$

为了使式(3.84) 为显式方法，要求 α、β 满足 $1+\alpha+2\beta = 0$，即 $\beta = -\frac{1}{2}(1+\alpha)$。

将其代入式(3.84)，得到

$$x_{m+1} = (1+\alpha)x_m - \alpha x_{m-1} + \frac{h}{2}[(3-\alpha)F_m - (1+\alpha)F_{m-1}] \tag{3.85}$$

这时 c_3 为

$$c_3 = \frac{1}{12}(5+\alpha) \tag{3.86}$$

式(3.85) 是显式线性二阶二步方法的一般形式。当 $\alpha = 0$ 时，得到二步显式 Adams 方法。

在线性多步法中，除显式 Adams 方法和隐式 Adams 方法外，另一重要的方法为向后微分公式，它具有下面的形式

$$\sum_{j=0}^{k} \alpha_j x_{m+j-k+1} = h\beta_k F_{m+1} \tag{3.87}$$

即在公式(3.65) 中令 $\beta_0 = \beta_1 = \cdots = \beta_{k-1} = 0$。若要求式(3.87) 的阶为 k，则式(3.72) 给出的 c_p 应满足

$$c_0 = c_1 = \cdots = c_k = 0$$

由此得到确定 $\alpha_j, j=0,1,\cdots$ 和 β_k 的方程为

$$\begin{cases}\alpha_0+\alpha_1+\cdots+\alpha_k=0\\ \alpha_1+2\alpha_2+\cdots+(k-1)\alpha_{k-1}+k\alpha_k-\beta_k=0\\ \quad\vdots\\ \dfrac{1}{k!}(\alpha_1+2^k\alpha_2+\cdots+(k-1)^k\alpha_{k-1}+k^k\alpha_k)-\dfrac{k^{k-1}}{(k-1)!}\beta_k=0\end{cases}\tag{3.88}$$

当 $k=1$ 时，得到 $\alpha_0=-1,\beta_1=1$，此时式(3.87) 具有形式

$$x_{m+1}=x_m+hf(t_{m+1},x_{m+1})$$

这就是向后 Euler 公式。

当 $k=2$ 时，由式(3.88) 得到方程组

$$\begin{cases}\alpha_0+\alpha_1+1=0\\ \alpha_1+2-\beta_2=0\\ \dfrac{1}{2}\alpha_1+2-2\beta_2=0\end{cases}$$

解这个方程得到 $\alpha_0=\dfrac{1}{3},\alpha_1=-\dfrac{4}{3},\beta_2=\dfrac{2}{3}$，此时式(3.87) 具有形式

$$x_{m+1}=\frac{4}{3}x_m-\frac{1}{3}x_{m-1}+\frac{2}{3}hf(t_{m+1},x_{m+1})$$

在表 3-4 中给出了 $k=1,2,\cdots,6$ 的向后微分公式的系数和 c_{k+1} 的值。

表 3-4　$k=1,2,\cdots,6$ 的向后微分公式的系数

k	β_k	α_0	α_1	α_2	α_3	α_4	α_5	α_6	c_{k+1}
1	1	-1	1						$-\frac{1}{2}$
2	$\frac{2}{3}$	$\frac{1}{3}$	$-\frac{4}{3}$	1					$-\frac{2}{9}$
3	$\frac{6}{11}$	$-\frac{2}{11}$	$\frac{9}{11}$	$-\frac{18}{11}$	1				$-\frac{3}{22}$
4	$\frac{12}{25}$	$\frac{3}{25}$	$-\frac{16}{25}$	$\frac{36}{25}$	$-\frac{48}{25}$	1			$-\frac{12}{125}$
5	$\frac{60}{137}$	$-\frac{12}{137}$	$\frac{75}{137}$	$-\frac{200}{137}$	$\frac{300}{137}$	$-\frac{300}{137}$	1		$-\frac{10}{137}$
6	$\frac{60}{147}$	$\frac{10}{147}$	$-\frac{72}{147}$	$\frac{225}{147}$	$-\frac{400}{147}$	$\frac{450}{147}$	$-\frac{360}{147}$	1	$-\frac{60}{1029}$

在用线性 k 多步方法计算 $x(t_{m+1})$ 的近似值 x_{m+1} 时，需要 $x_m,x_{m-1},\cdots,x_{m-k+1}$ 和相应的导数值 $F_m=f(t_m,x_m),F_{m-1}=f(t_{m-1},x_{m-1}),\cdots,F_{m-k+1}=f(t_{m-k+1},x_{m-k+1})$。但在计算 x_k 时，初值问题式(3.33) 仅给出 x_0 的值，通过右端函数 $f(t,x)$ 的计算程序可以得到$F_0=f(t_0,x_0)$ 的值，其他 $k-1$ 个点 x_j 及相应的值 $F_j=f(t_j,x_j),j=1,2,\cdots,k-1$ 需要某种方法来确定。称这些值为线性多步法的起始值。计算这些值的方法为起步方法。若所用的线性 k 步方法是 p 阶的，则计算这 $k-1$ 个起始值的误差阶不能低于 p，否则，有可能因为前面计算的 x_j 不够精确

而影响多步法计算的精度。

3.3 微分方程数值积分的矩阵分析方法

前述的各类数值积分公式,均以单个微分方程 $\dot{x}=f(t,\boldsymbol{x})$ 进行讨论的。而实际工程系统中大量的仿真对象是以微分方程组或矩阵微分方程的形式给出的。其形式为

$$\begin{aligned}\dot{x}_1(t) &= f_1(t,x_1,x_2,\cdots,x_n)\\ \dot{x}_2(t) &= f_2(t,x_1,x_2,\cdots,x_n)\\ &\vdots\\ \dot{x}_n(t) &= f_n(t,x_1,x_2,\cdots,x_n)\end{aligned} \tag{3.89}$$

上述微分方程可写成下列状态方程的形式

$$\dot{\boldsymbol{x}}(t)=\boldsymbol{f}(t,\boldsymbol{x}) \tag{3.90}$$

其中

$$\boldsymbol{x}=[x_1 \quad x_2 \quad \cdots \quad x_n]^{\mathrm{T}}$$

$$\boldsymbol{f}(t,x)=\begin{bmatrix} f_1(t,x_1,x_2,\cdots,x_n)\\ f_2(t,x_1,x_2,\cdots,x_n)\\ \vdots\\ f_n(t,x_1,x_2,\cdots,x_n)\end{bmatrix} \tag{3.91}$$

这种情况下,各数值积分公式应采用相应的矩阵形式。

(1) 欧拉法公式

$$\begin{cases}\boldsymbol{x}_{m+1}=\boldsymbol{x}_m+h\boldsymbol{F}_m & \text{(前向欧拉法公式)}\\ \boldsymbol{F}_m=\boldsymbol{f}(t_m,\boldsymbol{x}_m)\\ \boldsymbol{x}_{m+1}=\boldsymbol{x}_m+h\boldsymbol{F}_{m+1} & \text{(后向欧拉法公式)}\\ \boldsymbol{F}_{m+1}=\boldsymbol{f}(t_{m+1},\boldsymbol{x}_{m+1})\end{cases} \tag{3.92}$$

(2) 梯形法公式

$$\begin{cases}\boldsymbol{x}_{m+1}=\boldsymbol{x}_m+\dfrac{h}{2}(\boldsymbol{F}_m+\boldsymbol{F}_{m+1})\\ \boldsymbol{F}_m=\boldsymbol{f}(t_m,\boldsymbol{x}_m)\\ \boldsymbol{F}_{m+1}=\boldsymbol{f}(t_{m+1},\boldsymbol{x}_{m+1})\end{cases} \tag{3.93}$$

(3) 二阶龙格－库塔法公式(RK2)

$$\begin{cases}\boldsymbol{x}_{m+1}=\boldsymbol{x}_m+\dfrac{h}{2}(\boldsymbol{F}_m+\boldsymbol{F}_{m+1})\\ \boldsymbol{F}_m=\boldsymbol{f}(t_m,\boldsymbol{x}_m)\\ \boldsymbol{F}_{m+1}=\boldsymbol{f}(t_{m+1},\boldsymbol{x}_m+h\boldsymbol{F}_m)\end{cases} \tag{3.94}$$

(4) 四阶龙格－库塔法公式(RK4)

$$
\begin{cases}
\boldsymbol{x}_{m+1} = \boldsymbol{x}_m + \dfrac{h}{6}(\boldsymbol{k}_1 + 2\boldsymbol{k}_2 + 2\boldsymbol{k}_3 + \boldsymbol{k}_4) \\
\boldsymbol{k}_1 = \begin{bmatrix} k_{11} \\ k_{21} \\ \vdots \\ k_{n1} \end{bmatrix} = \boldsymbol{f}(t_m, \boldsymbol{x}_m) \\
\boldsymbol{k}_2 = \begin{bmatrix} k_{12} \\ k_{22} \\ \vdots \\ k_{n2} \end{bmatrix} = \boldsymbol{f}\left(t_m + \dfrac{h}{2}, \boldsymbol{x}_m + \dfrac{h}{2}\boldsymbol{k}_1\right) \\
\boldsymbol{k}_3 = \begin{bmatrix} k_{13} \\ k_{23} \\ \vdots \\ k_{n3} \end{bmatrix} = \boldsymbol{f}\left(t_m + \dfrac{h}{2}, \boldsymbol{x}_m + \dfrac{h}{2}\boldsymbol{k}_2\right) \\
\boldsymbol{k}_4 = \begin{bmatrix} k_{14} \\ k_{24} \\ \vdots \\ k_{n4} \end{bmatrix} = \boldsymbol{f}(t_m + h, \boldsymbol{x}_m + h\boldsymbol{k}_3)
\end{cases}
\tag{3.95}
$$

从式(3.95)可以看出,利用RK4法求解系统的近似解时,对于一个n维向量$\boldsymbol{x}$每前进一步h,至少要求$4n$个k_{ij}之值。对于线性定常系统

$$
\dot{\boldsymbol{x}}(t) = \boldsymbol{A}\boldsymbol{x}(t) + \boldsymbol{B}\boldsymbol{u}(t) \tag{3.96}
$$

RK4的4个$\boldsymbol{k}$向量可表示为

$$
\begin{cases}
\boldsymbol{k}_1 = \boldsymbol{A}\boldsymbol{x}_m + \boldsymbol{B}\boldsymbol{u}(t_m) \\
\boldsymbol{k}_2 = \boldsymbol{A}\left(\boldsymbol{x}_m + \dfrac{h}{2}\boldsymbol{k}_1\right) + \boldsymbol{B}\boldsymbol{u}\left(t_m + \dfrac{h}{2}\right) \\
\boldsymbol{k}_3 = \boldsymbol{A}\left(\boldsymbol{x}_m + \dfrac{h}{2}\boldsymbol{k}_2\right) + \boldsymbol{B}\boldsymbol{u}\left(t_m + \dfrac{h}{2}\right) \\
\boldsymbol{k}_4 = \boldsymbol{A}(\boldsymbol{x}_m + h\boldsymbol{k}_3) + \boldsymbol{B}\boldsymbol{u}(t_m + h)
\end{cases}
\tag{3.97}
$$

【例3.5】已知系统方程为

$$
\ddot{y}(t) + 0.5\,\dot{y}(t) + 2y(t) = 0, \quad \dot{y}(0) = 0, \quad y(0) = 1
$$

取积分步长$h = 0.1$,试用四阶龙格—库塔法计算$t = 0.1, 0.2$时y的值。

解:令$y_1 = y, \dot{y}_1 = y_2$,则原系统方程可以写成下列状态方程的形式

$$
\begin{bmatrix} \dot{y}_1 \\ \dot{y}_2 \end{bmatrix} = \begin{bmatrix} 0 & 1 \\ -2 & -0.5 \end{bmatrix} \begin{bmatrix} y_1 \\ y_2 \end{bmatrix}
$$

$$
y_1(0) = y_{10} = 1, \quad y_2(0) = y_{20} = 0
$$

对应于式(3.96)的系数矩阵为

$$
\boldsymbol{A} = \begin{bmatrix} 0 & 1 \\ -2 & -0.5 \end{bmatrix}, \quad \boldsymbol{B} = 0, \boldsymbol{u} = 0。
$$

(1) 计算所有变量的第一个RK系数向量$\boldsymbol{k}_1$。

$$\boldsymbol{k}_1=\begin{bmatrix}k_{11}\\k_{21}\end{bmatrix}=\boldsymbol{A}\begin{bmatrix}y_{10}\\y_{20}\end{bmatrix}=\begin{bmatrix}0 & 1\\-2 & -0.5\end{bmatrix}\begin{bmatrix}1\\0\end{bmatrix}=\begin{bmatrix}0\\-2\end{bmatrix}$$

（2）计算所有变量的第二个 RK 系数向量 $\boldsymbol{k}_2$。

$$\boldsymbol{k}_2=\begin{bmatrix}k_{12}\\k_{22}\end{bmatrix}=\boldsymbol{A}\left(\begin{bmatrix}y_{10}\\y_{20}\end{bmatrix}+\frac{h}{2}\begin{bmatrix}k_{11}\\k_{21}\end{bmatrix}\right)$$

$$=\begin{bmatrix}0 & 1\\-2 & -0.5\end{bmatrix}\left(\begin{bmatrix}1\\0\end{bmatrix}+\frac{0.1}{2}\begin{bmatrix}0\\-2\end{bmatrix}\right)=\begin{bmatrix}-0.1\\-1.95\end{bmatrix}$$

（3）计算所有变量的第三个 RK 系数向量 $\boldsymbol{k}_3$。

$$\boldsymbol{k}_3=\begin{bmatrix}k_{13}\\k_{23}\end{bmatrix}=\boldsymbol{A}\left(\begin{bmatrix}y_{10}\\y_{20}\end{bmatrix}+\frac{h}{2}\begin{bmatrix}k_{12}\\k_{22}\end{bmatrix}\right)$$

$$=\begin{bmatrix}0 & 1\\-2 & -0.5\end{bmatrix}\left(\begin{bmatrix}1\\0\end{bmatrix}+\frac{0.1}{2}\begin{bmatrix}-0.1\\-1.95\end{bmatrix}\right)=\begin{bmatrix}-0.0975\\-1.9412\end{bmatrix}$$

（4）计算所有变量的第四个 RK 系数向量 $\boldsymbol{k}_4$。

$$\boldsymbol{k}_4=\begin{bmatrix}k_{14}\\k_{24}\end{bmatrix}=\boldsymbol{A}\left(\begin{bmatrix}y_{10}\\y_{20}\end{bmatrix}+h\begin{bmatrix}k_{13}\\k_{23}\end{bmatrix}\right)$$

$$=\begin{bmatrix}0 & 1\\-2 & -0.5\end{bmatrix}\left(\begin{bmatrix}1\\0\end{bmatrix}+0.1\begin{bmatrix}-0.0975\\-1.9412\end{bmatrix}\right)=\begin{bmatrix}-0.1941\\-1.8834\end{bmatrix}$$

（5）计算第一步的近似值。

$$\begin{bmatrix}y_{11}\\y_{21}\end{bmatrix}=\begin{bmatrix}y_{10}\\y_{20}\end{bmatrix}+\frac{h}{6}(\boldsymbol{k}_1+2\boldsymbol{k}_2+2\boldsymbol{k}_3+\boldsymbol{k}_4)$$

$$=\begin{bmatrix}1\\0\end{bmatrix}+\frac{0.1}{6}\left(\begin{bmatrix}0\\-2\end{bmatrix}+2\begin{bmatrix}-0.1\\-1.95\end{bmatrix}+2\begin{bmatrix}-0.0975\\-1.9412\end{bmatrix}+\begin{bmatrix}-0.1941\\-1.8834\end{bmatrix}\right)=\begin{bmatrix}0.9902\\-0.1944\end{bmatrix}$$

y_{11} 即为原系统中 $y(h)$ 的近似值，用同样的方法，在 y_{11} 和 y_{21} 的基础上可以求得 y_{12} 和 y_{22} 值，从而确定 $y(2h)$ 的近似值。仿真结果如图 3-10 所示。

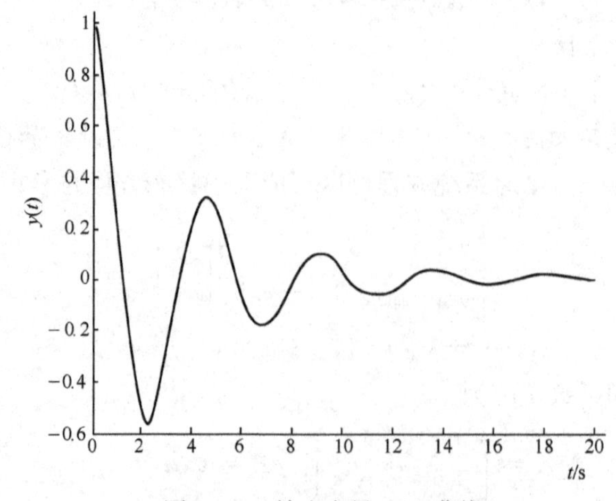

图 3-10　输出变量 $y(t)$ 曲线

3.4　数值积分法稳定性分析

在进行数字仿真时，常常会出现这样一种情况：一个系统本来是稳定的，可是仿真结果是发散的。这种情况通常是由积分步长选得不合适造成的。那么，为什么计算步长选得不适会引起数值解不稳定呢?这就需要分析各种数值解法的稳定性。

3.4.1　数值解法稳定性含义

由于动力学系统的数值仿真模型的初始数据和仿真模型的运行过程中都引进误差(如初始误差、舍入误差、截断误差等)。这些误差在模型的运行过程中都要向后传播，影响以后的仿真结果。如果这些误差对以后的影响不是无限增长的。则称这个算法对所用的步长是计算稳定的，否则称为计算不稳定。首先看一个例子，考虑如下一阶系统

$$\dot{x}(t) = -10x(t), x(0) = 1$$

要求采用 Euler 法求其数值解。设计算步长为 h，则 Euler 递推公式为

$$\begin{aligned} x_{m+1} &= x_m + h(-10x_m) \\ &= (1-10h)x_m \\ &= (1-10h)^{m+1}x(0) \\ &= (1-10h)^{m+1} \end{aligned}$$

(1) 当 $h > 0.2$ 时，$|1-10h| > 1$，递推结果显然是发散的；

(2) 当 $h = 0.2$ 时，数值解等幅振荡；

(3) 当 $h < 0.2$ 时，递推结果是收敛的。

现在分析一下原系统的物理含义。首先它是稳定的。其时间常数是 0.1。其解析解为

$$x(t) = \mathrm{e}^{-10t}$$

用 Euler 法对它进行仿真，当步长 $h \geqslant 0.2$ 时之所以不稳定，是由于积分步长太大，从而引起截断误差过大造成的。另外，上述的临界步长 $h = 0.2$ 正好是系统时间常数的两倍。

为了使动力学系统的数值仿真模型的运行结果能够反映实际系统的运行过程。必须研究数值仿真模型的计算稳定性问题，以防止计算误差淹没真实的运动状态。特别要研究计算稳定性与积分步长之间的关系，给出建立动力学系统数字仿真模型时选择步长的一些准则。

从前面论述可知，微分方程(组)的数值解法，实质上就是将微分方程差分化，然后从初值开始进行迭代运算。不同的数值解法对应着不同的递推公式。一个数值法是否稳定取决于该差分方程的特征根是否满足稳定性要求。

3.4.2　稳定性分析

以欧拉(Euler)法为例说明各种数值积分方法的稳定性分析方法。在前几节的论述中，我们给出了三种 Euler 公式：

前向欧拉法公式
$$x_{m+1} = x_m + hf_m \tag{3.98}$$

后向欧拉法公式
$$x_{m+1} = x_m + hf_{m+1} \tag{3.99}$$

梯形公式
$$x_{m+1} = x_m + \frac{h}{2}(f_m + f_{m+1}) \tag{3.100}$$

下面讨论上述三式的稳定性。以检验方程 $\dot{x}(t) = \lambda x(t)$ ($\lambda = \alpha + \mathrm{j}\beta, \alpha < 0$) 为例进行讨论。

1. 前向欧拉法公式

$$x_{m+1} = x_m + h\lambda x_m = (1+\lambda h)x_m$$

要是上述差分方程稳定,必须使下式成立

$$|1+\lambda h| < 1 \quad 或 \quad h < \frac{2}{|\lambda|} \tag{3.101}$$

因此,前向欧拉法的稳定区在复平面上是不等式(3.101)满足的点,如图3-11所示。在仿真运行中,选取的步长 h 应使 λh 不超出这个稳定区域。特别地,当系统有实根 $\lambda = \alpha(\alpha < 0)$ 时,为了使计算稳定要求 $h < \frac{2}{|\alpha|}$,即积分步长 h 必须小于系统时间常数的两倍。

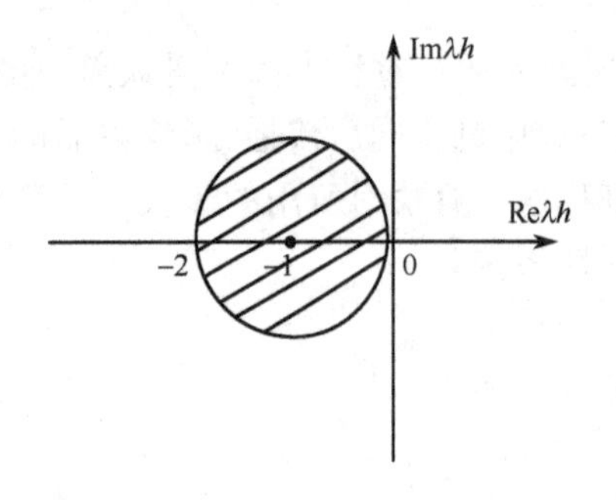

图 3-11 前向欧拉法稳定区域

2. 后向欧拉法公式

$$x_{m+1} = x_m + h\lambda x_{m+1}$$

$$x_{m+1} = (1-\lambda h)^{-1} x_m$$

要是上述差分方程稳定,必须使下式成立

$$|1-\lambda h| > 1 \tag{3.102}$$

由式(3.102)可见,只要原系统稳定,此不等式必然成立。因此,后向欧拉法是恒稳定的。

3. 对于梯形公式,按上述推导过程可得出稳定条件为

$$\frac{\left(1+\frac{\alpha h}{2}\right)^2 + \left(\frac{\beta h}{2}\right)^2}{\left(1-\frac{\alpha h}{2}\right)^2 + \left(\frac{\beta h}{2}\right)^2} < 1 \tag{3.103}$$

显然,只要原系统稳定,式(3.103)不等式必然成立。因而,梯形数值积分公式也是恒稳定的。分析 Euler 公式的稳定性和误差的基本思想,也适用于其他数值积分方法。例如,RK(Runge-Kutta)法的稳定条件为

$$G_k = \left\{\lambda h : \left|1+\lambda h + \frac{1}{2!}(\lambda h)^2 + \cdots + \frac{1}{k!}(\lambda h)^k\right| < 1\right\} \tag{3.104}$$

根据式(3.104),RK法的稳定区域如图3-12所示。同理,可得出 Adams 法的稳定区域如图3-13所示。

图3-12和图3-13中的曲线关于实轴是对称的,故只画出了上半部分。由给出的曲线可知,除AM1和AM2(隐式Adams法)为恒稳法外,其他方法都是条件稳定的。就是步长 h 必须满足下列不等式

$$|\lambda h| < M$$

其中 M 为由积分方法确定的常数。λ 相当于连续系统微分方程或状态方程的特征根或闭环系统的极点。显然,$|\lambda|$ 越大,选取的积分步长应越小。正是这一原因,使得用传统积分方法来求解刚性(病态)系统问题,遇到极大的困难,不得不采用专门的数值积分方法解决病态系统的仿真问题。上述一些有关算法稳定性的结论虽然是从分析检验方程 $\dot{x} = \lambda x$ 的过程中得到的,但它们同样适用于其他复杂系统的模型。

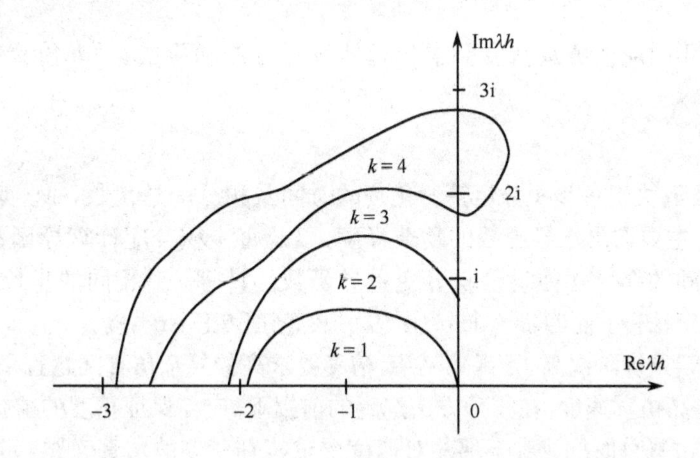

图 3-12　一至四阶 Runge-Kutta 法的稳定区域(区域内部)

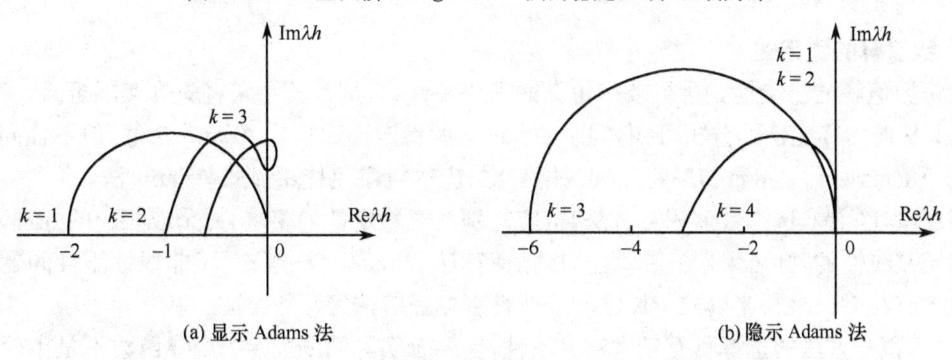

(a) 显示 Adams 法　　(b) 隐示 Adams 法

图 3-13　常用的 1～4 Adams 法的稳定区域(区域内部,其中一、二阶隐式方法是恒稳定的)

3.5　数值积分法的选择与计算步长的确定

为了有效地对连续系统进行数字仿真,必须针对具体问题,合理地选择算法和计算步长。这些问题比较复杂,涉及的因素也比较多,而且直接影响到数值解的精度、速度和可靠性。能够做到十分合理地选择算法和步长并不是一件十分简单的事情,因为实际系统是千变万化的,所以至今尚无一种具体的、确定的、通用的办法。一般来说应该考虑以下因素:方法本身的复杂程度,计算量和误差的大小,步长和易调整性以及系统本身的刚性程度等。要特别注意稳定性的要求,在此给出一些从实验中获得的一些经验性的方法,可供实际应用参考。

3.5.1　积分方法的选择

数值积分方法的选择应从以下几个方面加以考虑。

1. 精度要求

影响数值积分精度的因素包括截断误差(同积分方法、方法阶次、步长大小等因素有关),舍入误差(同计算机字长、步长大小、程序编码质量等因素有关),初始误差(由初始值准确度确定)。当步长 h 取定时,算法阶次越高,截断误差越小;当算法阶次取定后,多步法精度比单步法高,隐式精度比显式高。当要求高精度仿真时,可采用高阶的隐式多步法,并取较小的步长。但步长 h 不能太小,因为步长太小会增加迭代次数,增加计算量,同时也会加大舍入误差和积累误差。

总之,实际应用时应视仿真精度要求合理地选择方法和阶次,并非阶次越高、步长越小越好。

2. **计算速度**

计算速度主要取决于每步积分运算所花费的时间及积分的总次数,每步运算量同具体的积分方法有关。它主要取决于导函数的复杂程度,以及每步积分应计算导函数的次数。在数值求解中,最费时间的部分往往就是积分变量导函数的计算。对相同的步长 h,RK4 比四步 Adams 预估－校正法慢。而四步 Adams 预估－校正法又比 AB4 慢。

一般来说,对于系统阶次高、导函数复杂、精度要求高的复杂仿真问题宜采用 Adams 预估－校正法。为了提高仿真速度,在积分方法选定的前提下,应在保证精度的前提下尽可能加大仿真步长,以缩短仿真总时间。对于那些对速度要求特别苛刻的仿真问题,如实时仿真,则宜采用实时仿真算法。

3. **数值解的稳定性**

保证数值解的稳定性是进行数字仿真的先决条件,否则计算结果将失去实际意义,导致仿真失败。从前面稳定性的分析可知,同阶的 RK 法的稳定性比显式 Adams 法好,但不如同阶次的隐式 Adams 法好。从数值解稳定性角度考虑,应尽量避免使用显式 Adams 法。

对于刚性问题,选择数值积分方法时,应特别注意稳定性的要求,并采取相应的处理策略。如果系统是线性的,则可采用蛙跳算法、多帧速算法、Treanor 法等;对于非线性刚性问题可采用隐式多步法 Gear 法、半隐式 RK 法和非线性多帧速算法等。

总之,积分方法的选择具有较大的灵活性,要结合实际问题而定。当导函数不是十分复杂而且精度要求不是很高时,RK 法是合适的选择;如果导函数复杂、计算量大,则最好采用 Adams 预估－校正法;对于一些刚性仿真问题来说,Gear 法是一种通用的算法,它既适合正常系统,又适合严重的病态系统;对于那些实时仿真问题,则必须采用实时仿真算法。

3.5.2　积分步长的确定

由前面的分析可知,数字仿真中,步长的选取是一个十分关键的因素。步长太大,则会导致较大的截断误差,甚至会出现数值解的不稳定现象;步长太小,又势必增加计算次数,无形中造成舍入误差的积累,使总误差加大。总之,步长既不能太大也不能太小。一般来说,数字仿真的总误差不是步长的单调函数,而是一个具有极值的函数,如图 3-14 所示。用 E 表示总误差,它与步长 h 之间的函数关系为 e,则存在一个最佳步长 h_0,使得总误差最小,即 $E_{\min} = e(h_0) = \min\limits_{h \in H}(h)$。$H$ 为步长 h 的一个合理的取值区间。大量的仿真实验已经证明了这一点。以二阶线性振荡系统的仿真为例

$$\frac{\mathrm{d}^2 x}{\mathrm{d}t^2} = -\omega^2 x, x(0) = 10, \dot{x}(0) = 0$$

取 $\omega = 1$,求解时间为 10s,表 3-5 列出几种方法的精度 N 比较,其中 N 为每周计算点数,周期为 6.28s。

在实际仿真中,对于那些变化比较平稳的慢变量,步长的改变对它们的积分总误差的影响并不很明显。然而,对于那些变化剧烈的快变量来说,当对它们进行积分运算时所产生的总误差对步长的改变却很敏感。因而,在确定积分方法以后,选择积分步长时,需要考虑的一个重

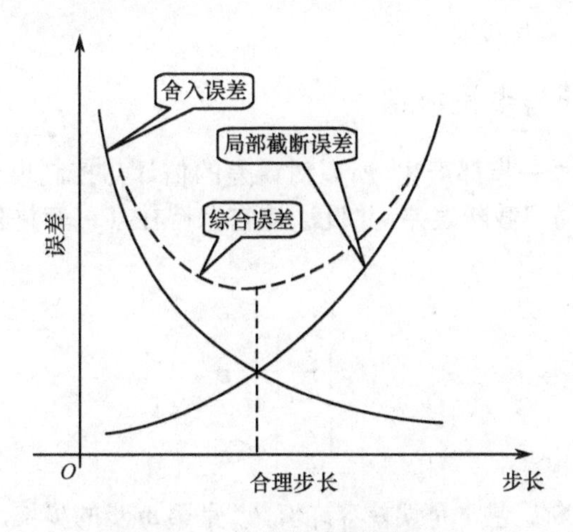

图 3-14　步长与误差的关系

要的因素就是系统的动态响应特性，对变化剧烈的快变量，不仅要选择高阶的计算方法，而且要取较小的积分步长。为了保证计算稳定性，步长只需限制在系统最小时间常数的数量级，但是，为了保证足够的仿真精度，把积分总误差控制在一个较小的范围内，实际选用的积分步长要比系统最小时间常数小得多。根据经验，对于一般工程系统的仿真，若采用 RK4 法，为保证计算精度在 0.5% 左右，可采用如下经验公式确定步长。

表 3-5　四种计算方法的精度比较

N	Euler 法	Runge-Kutta 法	Tustin	离散相似法
<10	不稳定	精度差	同左	精度高
>100	稳定	截断误差显著改进	同左	精度高
$>1\,000$	有一定误差	误差趋于零	同左	同左
$>10\,000$	舍入误差开始影响	同左	同左	同左
$>100\,000$	舍入误差增加	同左	舍入误差显著增加	同左

$$\frac{1}{20}T_{\min} \leqslant h \leqslant \frac{1}{5}T_{\min} \tag{3.105}$$

$$\frac{1}{20}\omega_c \leqslant h \leqslant \frac{1}{5}\omega_c \tag{3.106}$$

$$h \leqslant t_n/40 \tag{3.107}$$

其中，t_n 为系统在阶跃函数作用下的过渡过程时间；ω_c 为系统开环频率特性的剪切频率；$T_{\min}$ 为系统的最小时间常数。当系统中有多个闭合回路时，按反应最快的那个闭环系统确定相应的 $T_{\min}$、ω_c 和 t_n。但遗憾的是高阶仿真系统的 $T_{\min}$、ω_c 和 t_n 有时是很难估计的，或者是由于系统的非线性，或者有时根本就无法估计上述性能指标。另外，系统中最小时间常数对应的极点只影响到过渡过程起始段形态，而系统过渡过程主要由那些靠近虚轴的主导极点所决定。固定步长积分方法的计算步长是按起始段来选取的，这就不可避免地造成后面阶段由于使用过小步长积分而引起计算量的增加和时间的浪费。为此可以采取一些变步长策略：

① 分段变步长，将过渡过程分成几段，每段使用不同的步长；

② 根据每步积分的误差，自动调整下一步的积分步长；

③ 最优步长法，即使每一步积分步长在保证精度的前提下取最大的步长。

积分步长的自动改变往往是通过对误差的估计来进行的，为此，先讨论一下误差估计方法，然后再介绍相应的变步长策略。

3.5.3 误差估计与步长控制

因为误差在计算的每一步都产生，所以对误差的估计与控制也必须在每一步都进行。原则上是估算出每一步的局部截断误差，并设法使它保持在某一容许值内。控制误差的办法通常有三种：

$$|e_m| \leqslant \varepsilon \tag{3.108}$$

$$\left|\frac{e_m}{h_m}\right| \leqslant \varepsilon \tag{3.109}$$

$$\left|\frac{e_m}{x_m}\right| \leqslant \varepsilon \tag{3.110}$$

其中 e_m 是 m 步的局部截断误差，ε 是误差容许值，h_m 是第 m 步的步长，x_m 是第 m 步的计算值。一旦获得局部误差的估值，就可以利用它来调整步长。为了得到每一步局部误差的估计值，在实践中常使用两种不同阶次的公式，同时计算 x_{m+1}，并对得到的两个 x_{m+1} 进行比较，根据比较结果自动改变步长。Merson 在 1957 年提出的 RKM(Runge-Kutta-Merson) 方法是最典型的利用误差估值来控制步长的变步长方法。Merson 首先给出一个四阶 RK 公式

$$\begin{cases} x_{m+1} = x_m + \dfrac{h}{6}(k_1 + 4k_4 + k_5) \\ k_1 = f(t_m, x_m) \\ k_2 = f\left(t_m + \dfrac{h}{3}, x_m + \dfrac{h}{3}k_1\right) \\ k_3 = f\left(t_m + \dfrac{h}{2}, x_m + \dfrac{h}{6}(k_1 + k_2)\right) \\ k_4 = f\left(t_m + \dfrac{h}{2}, x_m + \dfrac{h}{8}(k_1 + 3k_3)\right) \\ k_5 = f\left(t_m + h, x_m + \dfrac{h}{2}(k_1 - 3k_3 + 4k_4)\right) \end{cases} \tag{3.111}$$

用上面的 RK 系数还可以导出一个三阶的 RK 公式

$$\bar{x}_{m+1} = x_m + \frac{h}{6}(3k_1 - 9k_3 + 12k_4) \tag{3.112}$$

由式(3.111) 和式(3.112) 两式确定的误差为

$$e_m = \bar{x}_{m+1} - x_{m+1} = \frac{h}{6}(2k_1 - 9k_3 + 8k_4 - k_5) \tag{3.113}$$

该算法四阶精度，三阶估计误差，因此被称为 RKM34 法，是目前广泛采用的一种数值积分方法。其绝对稳定域和 RK4 法相近似。该法的缺点是计算量大，每次需计算 5 次导函数，比普通的 RK4 法多出 1/4 的计算量。

与 RKM34 法类似的还有 1969 年 Fehlberg 导出的 RKF45(Runge-Kutta-Fehlberg)，它是一个五阶精度，四阶估计误差的公式，被公认为是解决非病态系统仿真问题的最有效方法之一。1978 年，Shampine 提出 RKS34 公式，其计算量同 RK4 相当。RKM34，RKF45，RKS34 的稳定性同 RK4 相差不大。

除了采用以上绝对误差 e_m 以外，通常还使用以下的相对误差作为每步计算的局部误差

$$r_m = \frac{e_m}{(|x_{m+1}| + |x_{m+1} - x_m| + 1)} \tag{3.114}$$

虽然，当 $|x_{m+1}|$ 很大时，r_m 是相对误差；而当 $|x_{m+1}|$ 很小时，r_m 便成为绝对误差 e_m。这样可以避免当 x 值很小时而导致 r_m 变得过大。

当每步积分值获得以后，先计算误差 e_m 或 r_m，并根据误差来控制积分步长。用 E 表示 $|e_m|$ 或 $|r_m|$，$E_{\max}$ 和 $E_{\min}$ 为最大、最小误差极限，h_m 表示第 m 步的积分步长，那么通常变步长控制策略可用如图 3-15 所示的框图表示出来。

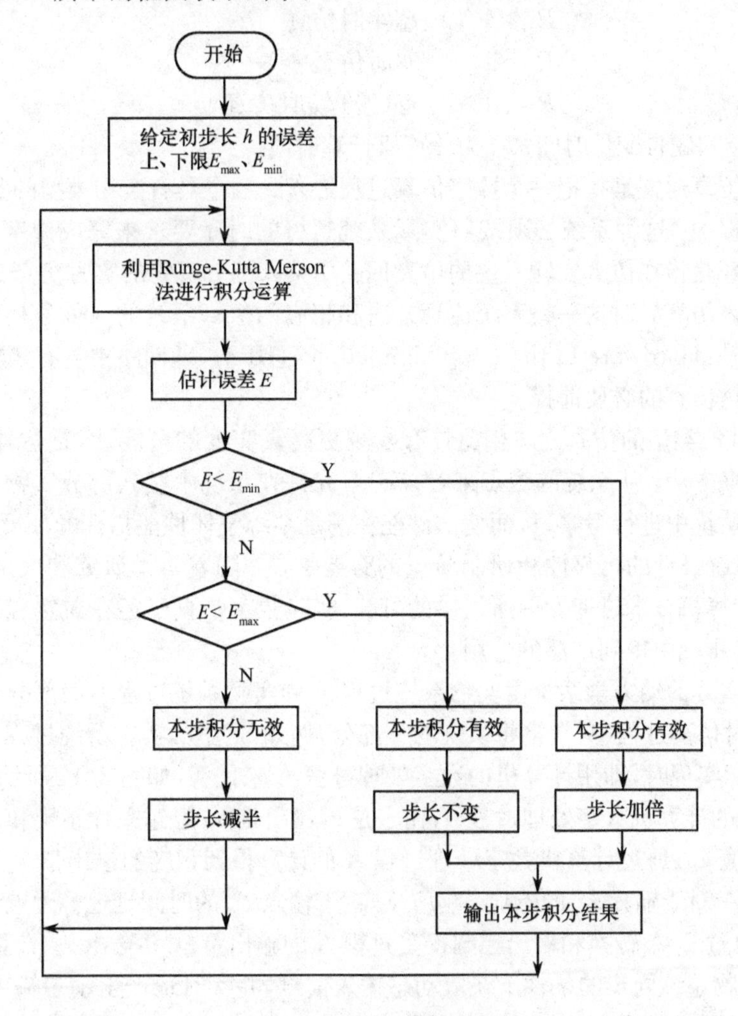

图 3-15　变步长控制策略

这种自动改变步长的方法，虽然增加了局部的计算量，但从总体上考虑往往是合算的。它较好地解决了计算精度与计算量之间的矛盾，尤其在系统特征根分布分散度较大的情况下更是如此。

3.6　实时半实物仿真

3.6.1　实时半实物仿真概念

系统仿真是利用相似理论、控制理论、计算技术等理论和技术，通过综合性的模型实验来揭示原型的本质和运动规律的科学方法。依照观察问题的角度和选择的分类标准不同，可以将仿真分成多种类型。如果按仿真时间与实际时间的比例关系来进行分类，可分为实时仿真（仿真时间标尺等于自然时间标尺）、超实时仿真（仿真时间标尺大于自然时间标尺）及亚实时仿真（仿真时间标尺小于自然时间标尺）。

记$\frac{T_{\mathrm{m}}}{T_{\mathrm{p}}}=R$，当

$R>1$　超实时仿真

$R=1$　实时仿真

$R<1$　亚（慢）实时仿真

其中，T_{m}为原始问题自变量时间；T_{p}为计算机计算时间。

实时数字仿真通常是指把一个数字仿真过程嵌入到一个具有实物模型的实际系统或仿真系统的运行过程中。这种系统必须按照实际系统运行的时序要求来完成数字仿真过程步骤。所谓半实物仿真是指在仿真实验系统的仿真回路中接入部分实物的实时仿真。“半实物仿真”这一称谓是国内仿真界对这一类系统仿真方法和相应的仿真系统的一种通俗而习惯的称呼，其准确的含义是：Hardware In the Loop Simulation (HILS)，即回路中含有实物的仿真。实时性是进行半实物仿真的必要前提。

HILS同其他类型的仿真方法相比具有实现更高真实度的可能性，是仿真技术中置信度最高的一种仿真方法。从系统的观点来看，HILS允许在系统中接入部分实物，意味着可以把部分实物放在系统中进行考察，从而使部件能在满足系统整体性能指标的环境中得到检验，因此，它是提高系统设计的可靠性和研制质量的必要手段。随着科学研究和大型工程设计的发展需要，以及计算机技术迅速发展所提供的可能，实时数字仿真已经在航空、航天、核工业、电子、电力工业等领域中得到广泛的应用。

假设一个实际的动力学系统由实物系统过程A和实物系统过程B两部分组成，如图3-16所示。而在实时仿真过程中，常常将系统的一部分，例如，这里的实物系统过程A，用数学模型来代替。在实际实现时，即用计算机的数字处理过程A来代替，如图3-17所示。

图3-17中的计算机数字处理过程A，输入是z，输出是y。经过采样系统和A/D转换，对于任意一组输入值z_m，通过计算机数字处理过程A的计算得到相应的输出值y_m。我们称y_m为数字处理过程A对于输入z_m的响应。响应y_m对于输入z_m的时间延迟称为响应时间。过程B为实物系统，通过D/A转换和输出控制接受过程A的输出量y，并输出z。计算机数字处理过程A必须在实物系统同步的条件下获取动态输入信号，并实时地产生动态输出响应。这时仿真模型的输入和输出都是具有固定采样周期的数值序列。在数字处理过程A满足系统各项功能要求的情形下，对于任意特定的输入z，响应时间都满足系统所要求的时间限制，则这种数字仿真过程通常为实时数字仿真过程。

由于实时仿真模型包含有实物系统组成，因而，这种仿真模型应具有如下一些特性：

(1) 实时性

在实时仿真模型中通常都要求有一个固定的响应时间。这个固定的响应时间的要求就是实时要求。其具体数值必须满足随机尖峰负载时的处理要求。数据采样和数模D/A、模数A/D转换的时间应有相应的固定时间要求。计算机接收实时动态输入，并产生实时动态输出的响应时间也应有固定的相应要求。

(2) 周期性

在一个实时仿真模型中，整个模型和各个子模型都有固有的周期要求和规律性。它们以

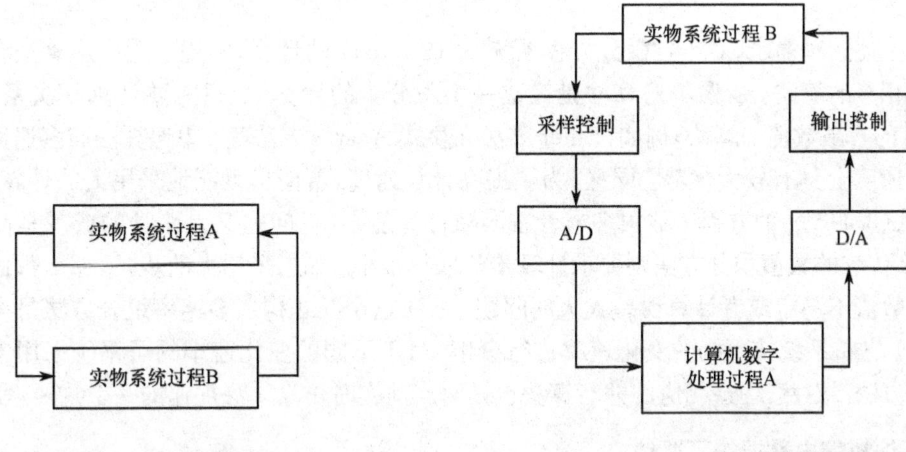

图 3-16　系统组成　　　　　　　　　　图 3-17　实时数字仿真过程框

固定的帧时间接受输入信息,并一帧一帧地产生输出信息。它们必须按照一定的顺序在分配给它的周期时间内完成信息采样、变换、计算、恢复、输出等任务。

(3) 可靠性

可靠性在实时仿真中总是放在首要位置考虑的。在一个实时仿真模型中,各个仿真子模型都应能根据输入可靠地运行,能逼真地实现子系统对输入的响应,给出相应的输出结果。像实物模型一样,不允许有超出规定的误差。

半实物仿真和数学仿真都是系统研制工作的强有力的手段,具有提高系统研制质量、缩短研制周期和节省研制费用等优点。对于研制的系统,有的很难建立起准确的数学模型,在半实物仿真中,将这一部分以实物直接参与仿真,从而可以避免建模之困难,克服建模不准造成的误差。

3.6.2　实时仿真算法的特点

由于动力学系统的实时仿真有实物系统介入仿真模型,所以要求仿真模型的时间比例尺完全等于原始模型的时间比例尺。进行实时仿真时必须采用相应的实时仿真算法。在实时仿真中采用的算法与动力学系统非实时仿真和通常的科学工程计算的算法的需求不同,它有如下一些特点。

1. 算法的快速性

这是实时数字仿真对算法的最基本的需求。因为在一个固定的时间间隔内,在一定设备条件下,要给出下一个采样时刻的实时输出,只有通过构造数字处理过程的算法的快速性才能缩短数字处理过程对输入的响应时间。

例如,对非线性微分方程

$$\dot{x}(t)=f(x(t),u(t)),x(t_0)=x_0 \tag{3.115}$$

的实时仿真,式中 $x(t)$ 为状态变量,$u(t)$ 为输入变量。在运行这个仿真模型时,输入数据为数值序列$\{u_m=u(mT)\}$,其中 T 为采样周期,u_m 来自实物系统或物理环境,或通过驱动计算机的其他数字处理过程得到。从 $t_m=mT(m=0,1,\cdots)$ 开始,对式(3.115) 的实时仿真利用 $x_m=x(mT)$,$u_m=u(mT)$ 以及前面得到的信息来计算 $t_{m+1}=(m+1)T$ 时刻 $x(t)$ 的近似值 $x_{m+1}=x(t_{m+1})$,以便在 t_{m+1} 时刻向实物系统输出变量值 x_{m+1}。因此,计算 x_{m+1} 所需要的时间必

须小于 T。

由于上述这种需求，对于常微分方程系统（式(3.115)）的计算，希望采用单遍算法和能使用大步长积分的算法。所谓单遍算法是完成一个积分步的计算中，只需要计算一次系统（式(3.115)）的右函数值的算法，例如，Euler 方法和显式 Adams 方法等。单遍算法与多遍算法相比在计算速度上具有较大优势。同样，为了提高计算速度，希望尽可能地采用大的计算步长。若系统（式(3.115)）的方程个数很多或者右函数计算复杂，且问题又是刚性的或者是高频振荡的，那么传统的数值积分方法则要求计算步长取得很小。如果采用大的步长，那么数值计算就会引起数值不稳定或者计算误差太大的问题。解决这个问题构造多速率组合方法是有效的途径之一。它将系统按不同的变化速率进行分解，对于不同的变化速率的子系统采用不同的数值积分方法。当然，构造相应的并行算法也是对当前实时仿真算法加速的一个重要途经。

2. 算法执行中数据的可取性

这种要求表示算法中所用到的输入信息都应该是数字处理过程已经从实物系统或其他过程获取的，在计算时决不允许使用还没有获取到的信息，也就是说算法所用的信息应该与实时输入是一致的。

通常的仿真算法不是都满足这种要求的。例如，下式的二阶 Runge-Kutta 方法

$$\begin{cases} x_{m+1} = x_m + \dfrac{h}{2}(k_1 + k_2) \\ k_1 = f(x_m, u_m) \\ k_2 = f(x_m + hk_1, u_{m+1}) \end{cases} \quad m = 0,1,2,\cdots \tag{3.116}$$

取 $h = T$，T 为采样间隔。这个方法每积分一步需要两次右函数 $f(x,u)$ 的求值。为了在一个步长时间 h 内计算出 x_{m+1} 的值，必须在 $h/2$ 的时间内完成一次 $f(x,u)$ 的求值。因此，在时间区间 $\left[mh,\ \left(m+\frac{1}{2}\right)h\right]$ 上要求采样信息 u_m 并计算 $k_1 = f(x_m, u_m)$，而在 $\left[\left(m+\frac{1}{2}\right)h, (m+1)h\right]$ 区间上要求采样信息 u_{m+1}，并计算 $k_2 = f(x_m + hk_1, u_{m+1})$ 和 x_{m+1}，这里 k_2 的计算中用到 t_{m+1} 时刻的输入信息 u_{m+1}，实际上这时尚未获得采样信息 u_{m+1}，所以实时仿真时要求 k_2 的计算在 t_{m+1} 时刻之前计算，因而，算法所用到的信息与实时输入就不一致。

形式如下的二阶 Runge-Kutta 方法是与实时输入一致的

$$\begin{cases} x_{m+1} = x_m + hk_2 \\ k_1 = f(x_m, u_m) \\ k_2 = f\left(x_m + \dfrac{h}{2}k_1, u_{m+\frac{1}{2}}\right) \\ m = 0,1,2,\cdots \end{cases} \tag{3.117}$$

取 u 的采样周期 $T = \frac{h}{2}$。该计算过程在时间区间 $\left[mh, \left(m+\frac{1}{2}\right)h\right]$ 上需要采样信息 u_m，并计算 k_1；在时间区间 $\left[\left(m+\frac{1}{2}\right)h, (m+1)h\right]$ 上需要采样信息 $n_{m+\frac{1}{2}}$，并计算 k_2 和 x_{m+1}。这样，仿真模型输出的周期为 $h = 2T$。这样的算法与所用的输入信息是一致的，下面称这类实时二阶 Runge-Kutta 方法为 RTRK 2 方法。

3. 算法的鲁棒性(强壮性)

算法的鲁棒性指的是在不同的复杂计算环境下,都应能给出合理的计算结果,算法及其程序都有良好的运行能力。由于这种要求,实时仿真中的算法应该具有处理异常因素的能力,必要时能够对计算流程进行重组、切换或使算法具有容错能力,可靠性高。如果算法中含有迭代过程,应该保证在规定的次数内结束该迭代过程。绝对不允许迭代不收敛和计算时间大于规定的时间。因此,为了避免超时现象发生,要有措施对数字处理过程测试其计算过程的随机尖峰负载时间。

4. 算法的相容性

相容性是指当一个系统中的某个子系统由数字处理过程替代时,这个数字处理过程所用的数字仿真算法能保证在替代后的系统具有与原系统相同的动态特性。在图 3-17 中,我们将数字处理过程A替代的子系统称做实物系统过程A。于是,实物系统过程A与实物系统过程B组成原系统,如前面图 3-16 所示。而图 3-17 中的数字处理过程A与实物系统过程B组成一个替代系统。这样的替代系统与原系统有如下三个主要差别:

① 实物系统过程 A 由数字处理过程替代,将引起模型误差和离散化误差,即由数学模型描述实物系统运动的误差,以及使用数值方法将数学模型离散化使其适用于计算机计算的仿真模型的离散化误差。

② 实物系统过程 A 与实物系统过程 B 之间的信息传输由数字处理过程 A 与实物系统过程 B 之间的信息传输替代。这种替代使得连续信号从离散、编码、运算到 A/D 和 D/A 转换都将引起量化误差。

③ 在原系统中实物系统过程 A 与实物系统过程 B 并发运行时,相互之间是同步的。而在替代系统中,数字处理过程 A 与实物系统过程 B 并发运行则是异步的。实物系统过程 B 在 t_m 时刻给出 z_m 的值后需待到 t_m+h 时刻才能接收到数字处理过程 A 对于输入信号 z_m 的响应 x_m。这表示需要延迟一个时间 h 才能接收到相应的信息。所以替代系统中,信息传输有一个时间延迟。而在原系统中,实物系统过程 A 与实物系统过程 B 之间的响应都可认为是立即可得的。

3.6.3　一些基本的实时仿真算法

1. Adams-Bashforth(AB) 型算法

Adams 型的数值积分方法已在前面进行了讨论,这里从实时仿真的角度,对一些方法予以介绍。

一般的显式多步 Adams-Bashforth 型方法,简记为 AB 方法,具有形式

$$x_m = \sum_{i=1}^{k}\alpha_i x_{m-i} + h\sum_{i=1}^{k}\beta_i f_{m-i} \tag{3.118}$$

其中 $\alpha_i,\beta_i(i=1,2,\cdots,k)$ 为已知参数。当已知 x_{m-i} 和 $f_{m-i}(i=1,2,\cdots,k)$ 的值时,可求得 x_m 的值。但一般常用的低阶方法是 Euler 方法

$$\begin{cases} f_m = f(x_m,u_m) \\ x_{m+1} = x_m + hf_m \end{cases} \tag{3.119}$$

当采样时间间隔 $T=h$,公式(3.119)用于实时仿真时,在 t_m 时刻接收信息 $u(t_m)$,在 t_m 到 t_{m+1} 时间内求值右函数 $f(x_m,u_m)$ 和计算 x_{m+1},并且输出它。在 t_{m+1} 时刻再重复上述计算过程。

类似地有如下一些 AB 型公式。

AB 2 方法：

$$x_{m+1} = x_m + \frac{h}{2}(3f_m - f_{m-1}) \tag{3.120}$$

AB 3 方法：

$$x_{m+1} = x_m + \frac{h}{12}(23f_m - 16f_{m-1} + 5f_{m-2}) \tag{3.121}$$

AB 4 方法：

$$x_{m+1} = x_m + \frac{h}{24}(55f_m - 59f_{m-1} + 37f_{m-2} - 9f_{m-3}) \tag{3.122}$$

这些AB型方法，当采样时间间隔 $T = h$ 时，在一个积分步中也只需采样输入信息 u_m 一次和对右函数 $f(x_m, u_m)$ 求值一次。这些算法都是单遍算法，而且对输入信息 $u(t)$ 的采样周期 T 与积分步长 h 一致，算法所用的信息也与实时输入是一致的，同时算法的计算工作量比较小。这些方法应用于测试方程 $\dot{x} = \lambda x$ 时($R_e(\lambda) < 0$)，可得到相应的数值方法的稳定性区域。这些算法的稳定性区域通常比较小。

2. Adams-Moulton(AM) 型算法

一般的隐式多步 Adams-Moulton 型方法，简记为 AM 型方法，具有形式

$$x_m = \sum_{i=1}^{k}(\alpha_i x_{m-i} + \beta_i h f_{m-i}) + h\beta_0 f_m \tag{3.123}$$

其中 $\alpha_i, \beta_i (i = 1, 2, \cdots, k)$ 为已知参数。当已知 $g = \sum_{i=1}^{k}(\alpha_i x_{m-i} + \beta_i h f_{m-i})$ 的值时，通过求解非线性方程组 $x_m = g + \beta_0 h f(x_m, u_m)$ 可以获得解 x_m 的值。常用的低阶公式如下。

向后 Euler 方法：

$$\begin{cases} f_{m+1} = f(x_{m+1}, u_{m+1}) \\ x_{m+1} = x_m + h f_{m+1} \end{cases} \tag{3.124}$$

AM 2 方法：

$$x_{m+1} = x_m + \frac{h}{2}(f_m + f_{m+1}) \tag{3.125}$$

AM 3 方法：

$$x_{m+1} = x_m + \frac{h}{12}(5f_{m+1} + 8f_m - f_{m-1}) \tag{3.126}$$

AM 4 方法：

$$x_{m+1} = x_m + \frac{h}{24}(9f_{m+1} + 19f_m - 5f_{m-1} + f_{m-2}) \tag{3.127}$$

其中 $f_{m+1} = f(x_{m+1}, u_{m+1})$。这些 AM 型算法比 AB 型算法的数值稳定性区域要大得多。但是，这些隐式方法通常每积分一步需要求解一个非线性方程组，因此，在实时仿真中，这类算法不能直接使用。

若使用 AB 型算法作为预估公式，使用 AM 型算法作为校正公式，则可以构造预估校正计算的 PEC 类型的公式。令预估公式计算的值 $x_{m+1} = \tilde{x}_{m+1}$，校正公式中计算的 $f_{m+1} = \tilde{f}_{m+1} = f(\tilde{x}_{m+1}, u_{m+1})$，那么式(3.119)与(3.124)，式(3.120)与(3.125)，式(3.121)与(3.126)，式(3.122)与(3.127)配合起来可以组成预估校正 PEC 算法。例如，考虑 AB 2 方法作为预估公

式，AM 2 方法作为校正公式可得到 ABM 2 方法，即

$$\begin{cases} f_m = f(x_m, u_m) \\ \tilde{x}_{m+1} = x_m + \dfrac{h}{2}(3f_m - f_{m+1}) \\ \tilde{f}_{m+1} = f(\tilde{x}_{m+1}, u_{m+1}) \\ x_{m+1} = x_m + \dfrac{h}{2}(f_m + \tilde{f}_{m+1}) \end{cases} \tag{3.128}$$

在式(3.128)中，当计算 $\tilde{f}_{m+1} = f(\tilde{x}_{m+1}, u_{m+1})$ 时，用到 t_{m+1} 时刻的采样信息 u_{m+1}，而这时的 u_{m+1} 还未采样得到。所以公式所用到的信息与实时输入是不匹配的。其他由 AB 型方法与 AM 型方法构成的预估校正算法 PEC 公式所用到的信息与实时输入，类似地不相匹配。其原因是计算 $\tilde{f}_{m+1}$ 时同样用到 t_{m+1} 时刻的采样信息 u_{m+1}，而这时的 u_{m+1} 还未采样得到。如果由已经得到的 u_m、u_{m-1}、u_{m-2} 等值采用插值方法可以插值出 u_{m+1} 的近似值 $\tilde{u}_{m+1}$。但是这种处理会引起动态误差。应用这类预估校正公式每积分一步也需要两次右函数求值，是一类二遍算法。因此，采用这类算法时，应该考虑这些情况。

为了使得由 AB 型方法与 AM 型方法构成的预估校正算法 PEC 公式能与实时输入相匹配，下面介绍几个改进的方法。首先考虑二阶公式(3.128)，它的局部截断误差渐近展开式的首项系数 $E_1 = -\dfrac{1}{12}$。为了获得与实时输入相匹配的公式，将值 $\tilde{x}_{m+1}$ 换成 $\tilde{x}_{m+\frac{1}{2}}$，即采用预估 $t_{m+\frac{1}{2}} = t_m + \dfrac{h}{2}$ 时刻的值代替预估 $t_{m+1} = t_m + h$ 时刻的值，可得到实时算法 RTAM 2 公式，即

$$\begin{aligned} \tilde{x}_{m+\frac{1}{2}} &= x_m + \frac{h}{8}(5f_m - f_{m-1}) \\ x_{m+1} &= x_m + hf(\tilde{x}_{m+\frac{1}{2}}, u_{m+\frac{1}{2}}) \end{aligned} \tag{3.129}$$

实际上式(3.129)可以看成是步长为$\dfrac{h}{2}$，导数为 $f_{m+\frac{1}{4}}$ 的改进的 Euler 方法。$f_{m+\frac{1}{4}}$ 可以由 f_m 和 f_{m-1} 的线性外插得到。RTAM 2 公式是一个二遍算法。在第一遍时，对右函数 $f(x_m, u_m)$ 求值时用到 u_m 的值，而在第二遍计算时，对右函数 $f(\tilde{x}_{m+\frac{1}{2}}, u_{m+\frac{1}{2}})$ 求值时需要 $u_{m+\frac{1}{2}}$ 的值。在时间区间$[t_m, t_{m+1}]$上，在 t_{m+1} 时刻之前 u_m、$u_{m+\frac{1}{2}}$ 均可采样得到。若对 u 的采样间隔取 $T = \dfrac{h}{2}$，则 RTAM 2 公式与实时输入是相匹配的。RTAM 2 公式的局部截断误差的首项系数(误差常数) $E_1 = -\dfrac{1}{24}$，所以其局部截断误差项的精度比ABM 2 公式(3.128)要高两倍，比 AB 2 公式(3.120)高十倍。其数值稳定性比 AB 2 要大。

RTAM 2 公式可以用于非线性动力学系统的实时数字仿真。在实际的实时仿真中预估的中间状态值 $\tilde{x}_{m+\frac{1}{2}}$ 也可以实时输出，它具有二阶精度。因此，$\tilde{x}_{m+\frac{1}{2}}$、$x_{m+1}$ 相当于提供了输出周期为 $T = \dfrac{h}{2}$ 的一遍算法。根据这种思想，如果取 $T = h$，以采样点为积分节点，那么上述 RTAM 2 方法实际上变成为对于不同的节点交替使用不同的计算公式的算法，即

$$\begin{aligned} x_{2m+1} &= x_{2m} + \frac{h}{4}(5f_{2m} - f_{2(m-1)}) \\ x_{2(m+1)} &= x_{2m} + 2hf(x_{2m+1}, u_{2m+1}) \end{aligned} \tag{3.130}$$

这样构造的公式在计算精度和稳定性方面可能会有提高。利用构造实时仿真二阶 RTAM 2 方法的思想可以构造出其他形式的实时仿真算法,如三阶 RTAM 3 方法等。

由对上面的算法论述可得出,实时预估校正公式的二遍算法所用的时间近似为 AB2 公式一遍算法的运行时间的两倍。这表明,每一个执行该类实时仿真算法的计算机可以进行二步单遍算法的计算。在参考文献[1]中,Howe 构造了类似于 RTAM 2 的一种单遍算法,称为 SPRTAM 2 公式。这个算法仅在整数帧时间上计算状态变量的导数,而在半个帧时间上通过改进的 Euler 方法得到状态变量的值。于是有如下的计算公式

$$\begin{cases} x_{m+\frac{1}{2}} = x_{m-\frac{1}{2}} + h\tilde{f}_m \\ \tilde{f}_m = f(x_m, u_m) \\ x_{m+1} = x_{m+\frac{1}{2}} + \frac{h}{8}(7\tilde{f}_m - 3\tilde{f}_{m-1}) \end{cases} \tag{3.131}$$

实际上,Howe 得到的这个方法等价于如下的公式

$$x_{m+1} = x_m + \frac{h}{8}(15f_m - 10f_{m-1} + 3f_{m-2}) \tag{3.132}$$

由此可见,这类方法积分一步对右函数 $\tilde{f}_m = f(x_m, u_m)$ 求值一次。

3. Runge-Kutta 方法

一般的 p 级的实时 Runge-Kutta 方法有如下的形式

$$\begin{cases} k_1 = f(x_m, u_{m1}) \\ k_i = f(x_m + h\sum_{j=1}^{i-1} a_{ij}k_j, u_{mi}) \qquad i = 2,3,\cdots,p \\ x_{m+1} = x_m + h\sum_{i=1}^{p} b_i k_i \end{cases} \tag{3.133}$$

其中 $c_i = \sum_{j=1}^{i-1} a_{ij}$,$u_{mi} = u(t_m + c_i h)$,并要求 $0 \leqslant c_i < 1$。这是一类显式的 p 级的 Runge-Kutta 方法。常用的低阶实时 RK 方法有一、二、三、四阶几种形式。它们分别如下。

一阶实时 RK 方法 RTRK 1:

$$x_{m+1} = x_m + hf(x_m, u_m) \tag{3.134}$$

二阶实时 RK 方法 RTRK 2:

$$\begin{cases} k_1 = f(x_m, u_m) \\ k_2 = f(x_m + \frac{h}{2}k_1, u_{m+\frac{1}{2}}) \\ x_{m+1} = x_m + hk_2 \end{cases} \tag{3.135}$$

三阶实时 RK 方法 RTRK 3:

$$\begin{cases} k_1 = f(x_m, u_m) \\ k_2 = f(x_m + \frac{h}{3}k_1, u_{m+\frac{1}{3}}) \\ k_3 = f(x_m + \frac{2h}{3}k_2, u_{m+\frac{2}{3}}) \\ x_{m+1} = x_m + \frac{1}{4}h(k_1 + 3k_3) \end{cases} \tag{3.136}$$

对于 RTRK 1 和 RTRK 2 方法,前面已做了说明。对于 RTRK 3 方法,其输入量 u 的采样

周期取 $T=\dfrac{h}{3}$，在时刻 $t_m=mh$ 时采样到 u_m，在区间$\left[mh,\left(m+\dfrac{1}{3}\right)h\right]$上可计算 k_1；在时刻 $t_{m+\frac{1}{3}}=\left(m+\dfrac{1}{3}\right)h$ 处采样到 $u_{m+\frac{1}{3}}$，在区间$\left[\left(m+\dfrac{1}{3}\right)h,\left(m+\dfrac{2}{3}\right)h\right]$上可计算 k_2，在 $t_{m+\frac{2}{3}}=\left(m+\dfrac{2}{3}\right)h$ 处采样到 $u_{m+\frac{2}{3}}$，所以在区间$\left[\left(m+\dfrac{2}{3}\right)h,(m+1)h\right]$上可计算 k_3 和 x_{m+1}。因此，这个算法与实时输入量是匹配的。对于输入量 u 不需要进行插值处理。

在参考文献[2] 中证明，任何一个四阶显式 Runge-Kutta 方法在计算级值 k_4 时都要用到 u_{m+1} 的值，而 k_4 的计算必须在 t_{m+1} 时刻之前完成，所以不存在实时的四阶 Runge-Kutta 公式。

3.7　采样控制系统的仿真方法

随着计算机科学与技术的发展，人们不仅采用数字计算机而且利用微型计算机（含单板机、单片机及 DSP）进行控制系统的分析与设计，形成数字控制系统（或称计算机控制系统）。这类系统中的被控对象的状态变量是连续变化的，然而它的输入变量和控制变量却是只在采样点（时刻）取值的间断的脉冲序列。其数学模型为差分方程或离散状态方程。这一类在一处或多处存在采样脉冲序列信号的控制系统称为采样控制系统。由于采样系统，特别是数字计算机控制系统具有适应性强，能实现各种复杂的控制（如最优控制和自适应控制）等优点，其研究和应用获得较快的发展。相应地对采样控制系统仿真实验的要求也越来越强烈。本节将要介绍采样控制系统的仿真原理与方法，并有针对性地给出一些仿真实例。

3.7.1　采样控制系统仿真概述

典型的采样控制系统有以下 4 个部分组成：

① 连续的被控对象或被控过程；

② 离散的数字控制器；

③ 采样开关或模数转换器；

④ 数模转换器或保持器。

各部分的关系可用图 3-18 所示的结构来表示。

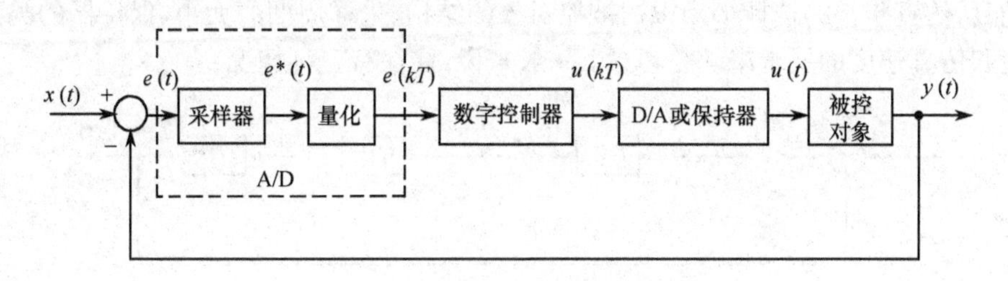

图 3-18　采样控制系统原理图

由图 3-18 可以看到，误差信号 $e(t)$ 经 A/D 转换后（包括采样和量化）输入给数字控制器，数字控制器进行某种控制规律的运算，运算结果 $u(kT)$ 经 D/A 转换传到被控对象上。在采样间隔期间，由保持器保持控制信号 $u(t)$。一般地，D/A 转换器要将计算机第 k 次的输出值保持一段时间，直到计算机第 $k+1$ 次计算结果输出给它以后其值才改变一次。因而通常把 D/A 转换器看成零阶保持器。严格地来讲，A/D 转换器、计算机处理、D/A 转换器这三者并不是同步并行的方式工作，而是以一种串行流水的方式工作。通常三者完成各自的任务，所花费的时间并非严格相等，但是，如果三个时间总和与采样周期相比可以忽略不计时，一般就认为数字控制器对控制信号的处理是瞬时完成的。采样开关是同步进行的。若把三者完成各自的任务所花费的时间考虑进去，等于在系统中增加了一个纯滞后环节。显然D/A转换的作用相当于一个零阶的信号重构器。

比较图3-18所示的采样控制系统与离散相似法所得到的系统不难看到，两者的结构是相近的，其被控对象均是连续的，系统中均有采样器和保持器。因此，离散相似法可以用于采样控制系统的仿真。那么，当利用离散相似原理对采样系统进行仿真时，有哪些问题需要解决呢？

首先，在对连续系统进行离散化时，其采样开关是虚拟的，即其采样间隔、采样器所处位置及保持器的类型是用户根据仿真精度和仿真速度的要求加以确定的。通常，在连续系统仿真时，仿真所用的离散化模型中的虚拟采样间隔与仿真步长是一致的，对整个系统来说是唯一的，且是同步的。而采样控制系统的采样周期，采样器所处位置及保持器的类型则是实际存在的。因此，在对采样控制系统进行仿真时，连续部分离散化模型中的仿真步长可能与实际采样开关的采样周期可能相同，也可能不同。对于给定的采样控制系统，首先必须解决的是：如何来确定仿真步长？

对一个连续系统模型来讲，不同的仿真步长得到的离散仿真模型是不同的，其仿真精度也不同。仿真步长的选择与仿真方法的选择是紧密相连的。或者说，为实现一定精度与一定速度的仿真计算，仿真步长与方法的选择必须兼顾考虑。由于采样系统分为离散和连续两部分，从而得到的离散仿真模型也分成两部分。如何处理这两部分模型之间的联系是采样控制系统仿真中的第二个必须解决的问题。或者说，怎样解决连续部分仿真与离散部分仿真的接口问题。

3.7.2 采样周期与仿真步长

对于图3-18所示的典型采样控制系统，可用图3-19所示的方块图来表示。其中$G(s)$为被控对象的传递函数，$H(s)$为保持器的传递函数，$D(z)$为数字控制器的z传递函数。T_s是采样控制系统中实际的采样周期，$X(s)$为输入信号，$Y(s)$为输出信号。对图3-19所示的采样系统进行仿真，仿真步长的选择必须根据被控对象的结构、采样周期的大小、保持器的类型，以及仿真精度和仿真速度的要求来综合考虑。一般来说，往往有三种情况：

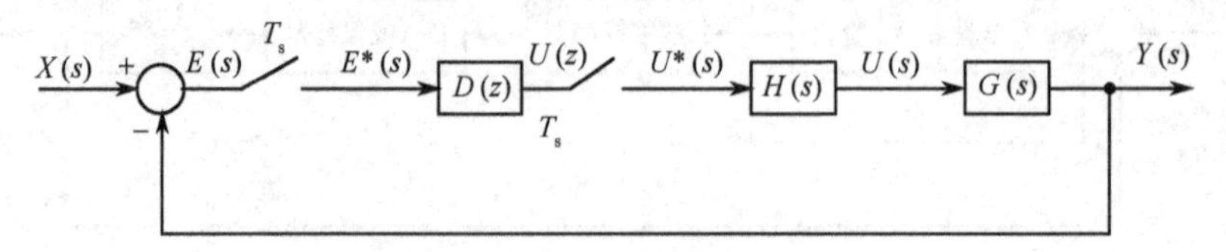

图3-19 采样控制系统方块图

① 采样周期T_s与仿真步长h相等；

② 采样周期T_s大于仿真步长h；

③ 采样周期T_s小于仿真步长h。

下面对每一种情况进行讨论。

1. 采样周期 T_s 与仿真步长 h 相等

如果选择仿真步长与采样周期相同，那么在对系统进行仿真时，实际采样开关与虚拟的采样开关在整个系统中均是同步工作的。因此，这种仿真与连续系统仿真完全相同，从而可大大简化仿真模型，缩短仿真程序，提高仿真速度。在什么情况下可考虑仿真步长 h 与采样周期 T_s 相等呢？如果实际系统中的采样周期 T_s 比较小，取 $h = T_s$ 可满足仿真精度的要求时，应该尽可能选择两者相等。

在对系统中连续部分进行离散化时，虚拟采样开关及保持器的数目应尽量少，因为虚拟采样开关及保持器对信号幅度和相位引起畸变和延迟，从而带来误差。因此，在选择 $h = T_s$ 进行仿真时，一般宜采用只在连续部分入口加采样器和保持器，即将实际系统中的采样器和保持器与虚拟的采样器和保持器统一起来，而连续部分 $H(s)$、$G(s)$ 内部不再增加虚拟采样开关和保持器。这样在建立连续部分的差分模型或离散数值积分模型时，应计算 $Z\{H(s)G(s)\} = G(z)$，得到仿真模型如图 3-20 所示。

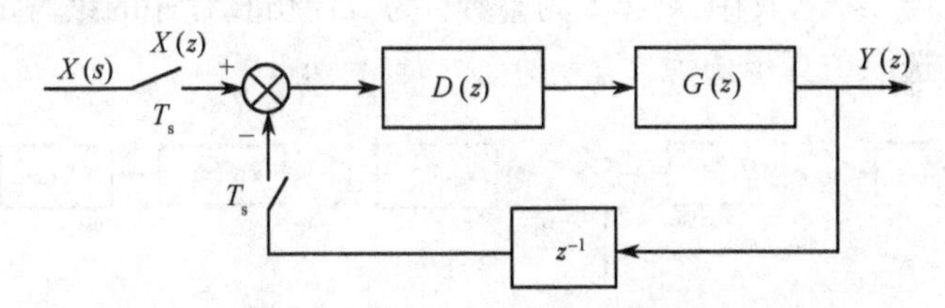

图 3-20　$h = T_s$ 时的仿真模型

当系统的阶次较高时，$Z\{H(s)G(s)\} = G(z)$ 往往是不易求取的，因此，另一种方法是将被控连续对象变成状态空间表达式的形式。对线性连续动力学系统，其状态方程可写成

$$\begin{aligned}\dot{x}(t) &= Ax(t) + Bu(t)\\ x(t_0) &= x_0\end{aligned} \tag{3.137}$$

其中 $u(t)$ 为保持器片 $H(s)$ 的输出信号。在时间 $t = (n+1)h$ 时刻，其状态变量的解为

$$x[(n+1)h] = e^{Ah}x(nh) + \int_{nh}^{(n+1)h} e^{A[(n+1)h-\tau]}Bu(\tau)d\tau \tag{3.138}$$

当 $H(s)$ 为零阶保持器时，可得离散的状态空间表达式为

$$x_{n+1} = \Phi(h)\boldsymbol{x}_n + \Phi_m(h)u_n \tag{3.139}$$

式(3.139)中，$\Phi(h) = e^{Ah}$，$\Phi(h) = (1 - e^{Ah})B$。在某些采样控制系统中，T_s 比较大，选择了 $h = T_s$ 可能会引进较大的误差。此时，为保证仿真精度，在对 $H(s)G(s)$ 离散化时，必须采取补偿措施以减小因仿真步长过大而引起的误差。

2. 采样间隔 T_s 大于仿真步长 h

这是采样控制系统仿真中最常见的情况。一般说来，采样间隔 T_s 是根据系统频带宽度、实际采样开关硬件的性能和实现数字控制器计算程序的执行时间长短来确定的。由于种种原因(如控制算法比较复杂，数字控制器完成所要求的控制算法需要较长的时间等)，采样间隔 T_s 比较大，但系统中连续部分若按采样间隔选择仿真步长 h，将出现较大的误差，因此有必要使 $h < T_s$。

另外，当系统中连续部分存在非线性时，为了便于仿真程序处理，需要将系统分成若干部分，分别建立仿真模型。此时，就要在各部分的入口设置虚拟采样器及保持器，而每增设一对虚拟采样器和保持器都将引入幅值和相位的误差。为了保证仿真计算有足够的精度，必须缩

小仿真步长 h，因此，也有必要使 $h < T_s$。所以，系统仿真模型中将会有两种频率的采样开关：离散部分的采样周期为 T_s，连续部分的仿真步长为 h。为了便于仿真程序的实现，一般取 $T_s = kh$，其中 k 为正整数。对这一类仿真系统，要分两部分分别进行仿真计算，对离散部分用采样周期 T_s 进行仿真，对连续部分用仿真步长 h 进行仿真。离散部分每计算一次仿真模型，将其输出按保持器的要求保持，然后对连续部分的仿真模型计算 k 次，将第 k 次计算的结果作为连续部分该采样周期的输出。

系统中存在不同频率的采样开关的另一种情况是：采样系统中有多个回路，且每个回路的采样周期不同。一般内回路的采样周期比较小，而外回路的采样周期比较大。例如，数字控制的双环调速系统，其内环（电流环）反应速度较快，电流控制器的采样频率比较高，而外环（速度环）变化比较缓慢，因而速度调节器的采样频率比较低。同时这个回路校正运算比较复杂，运算时间较长，也要求采样周期长一些。对这类系统仿真时，可按内外环路分别选取仿真步长。例如，对图 3-21 所示的系统，其内外回路的采样周期分别为 T_{1s} 和 T_{2s}，则仿真步长可选择为 $T_{1s} = k_1 h_1$ 及 $T_{2s} = k_2 h_2$，其中，k_1和 k_2为整数。为方便仿真程序的编写，在满足系统仿真精度要求的条件下，应选取仿真步长为 $T_{1s} = h_1$ 及 $T_{2s} = h_2$。

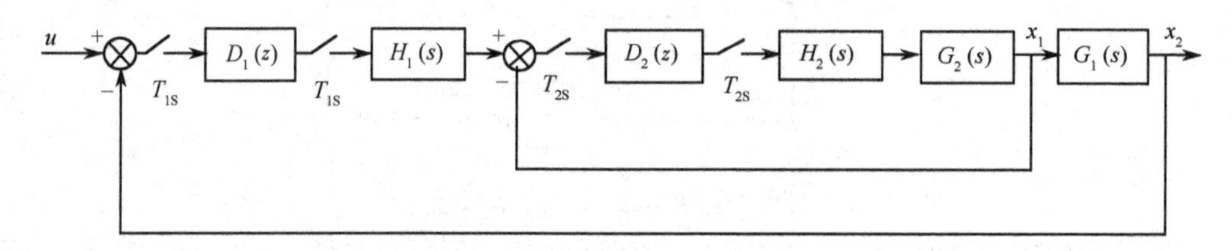

图 3-21　双回路采样控制系统

3. 采样周期 T_s 小于仿真步长 h

在数字控制器中，采样周期 T_s 的选择是十分重要的，也是十分复杂的。它与系统物理特性（如系统频带）有关，也与数字控制器的复杂程度及数字控制器实现其控制的速度（即程序执行速度、A/D及D/A 转换速度）等因素有关。前面已经讨论过，在对数字控制系统进行仿真时，依据仿真目的的不同对仿真步长做了两种考虑：即仿真步长 h 与数字控制器采样周期 T_s 相同，或者仿真步长 h 小于数字控制器采样周期 T_s。在上述两种情况下，数值控制器的仿真模型无需修改。有时候，为了减少计算量，加快仿真进程，希望采用比数字控制器采样周期 T_s 大的计算步长 h 进行仿真。这时，需要对数字控制器部分的仿真模型做必要的修改。这是因为当离散部分仿真模型的计算步长与原来的实际采样周期不同时，会导致仿真模型与原型两者脉冲传递函数在 s 平面上对应着不同的零点、极点和终值，导致仿真结果与原来的实际情况不符，所以必须修改仿真模型的脉冲传递函数。那么，如何确定在新的采样周期下数字控制器的脉冲传递函数呢?

在控制系统的 z 域分析中已经知道，如果两个脉冲传递函数映射到 s 平面上时，具有相同的零、极点且具有相同的稳态值，则这两个系统等价。可以根据这一原则来确定在新的采样周期下数字控制器的脉冲传递函数。设原采样系统的脉冲传递函数为 $D(z)$，其采样周期为 T_s。首先将 $D(z)$ 映射到 s 平面上，求得 $D(z)$ 在 s 平面上相应的零极点。然后按新的采样周期 T_s 将 s 平面上的这些零极点再映射到 z 平面上，求得新的脉冲传递函数 $D'(z)$，最后根据稳态增益相等这一原则确定 $D'(z)$ 的增益因子。这样便实现了仿真模型的等价转换。下面以一个例子来说明数字控制器模型的等价转换。

【例 3.6】 设数字控制器的脉冲传递函数为：

$$D(z)=2.62\frac{z-0.98}{z-0.64}$$

采样周期为 $T_s=0.04s$，现希望用 $h=0.08s$ 的仿真步距进行仿真，试确定数字控制器的新的脉冲传递函数 $D'(z)$。

$D(z)$ 在 s 平面上的零点和极点分别为

$$s_z=\frac{1}{T_s}\ln(z_z)=\frac{1}{0.04}\ln(0.98)=-0.505$$

$$s_p=\frac{1}{T_s}\ln(z_p)=\frac{1}{0.04}\ln(0.64)=-11.16$$

当用 $h=0.08$ 的仿真步距进行仿真时，再将 s_z，s_p 映射到 z 平面上，可得 z 平面上的新零、极点：

$$z'_z=e^{hs_z}=e^{-0.08\times 0.505}=0.9604$$

$$z'_p=e^{hs_p}=e^{-0.08\times 11.16}=0.4096$$

所以

$$D'(z)=k\frac{z-0.9604}{z-0.4096}$$

最后，根据稳态值相等的原则确定 k。必须确定是何种输入信号作用下的稳态值且保证稳态值非零。由终值定理，$D(z)$ 在单位阶跃信号作用下的稳态值为

$$y(\infty)=\lim_{z\to 1}\left[\frac{z-1}{z}D(z)\frac{z}{z-1}\right]=\lim_{z\to 1}\left[\frac{z-1}{z}2.62\frac{z-0.98}{z-0.64}\frac{z}{z-1}\right]=0.1456$$

同样，$D'(z)$ 在单位阶跃函数作用下的终值为

$$y'(\infty)=\lim_{z\to 1}\left[k\frac{z-0.9604}{z-0.4096}\right]=0.0671k$$

根据 $y(\infty)=y'(\infty)$，可得 $k=2.17$。因此，

$$D'(z)=2.17\frac{z-0.9604}{z-0.4096}$$

数字控制器变换前后的阶跃响应曲线如图 3-22 所示。由图可见，数字控制器 $D(z)$ 与 $D'(z)$ 的响应特性存在误差，减少积分步长，可减少其误差。

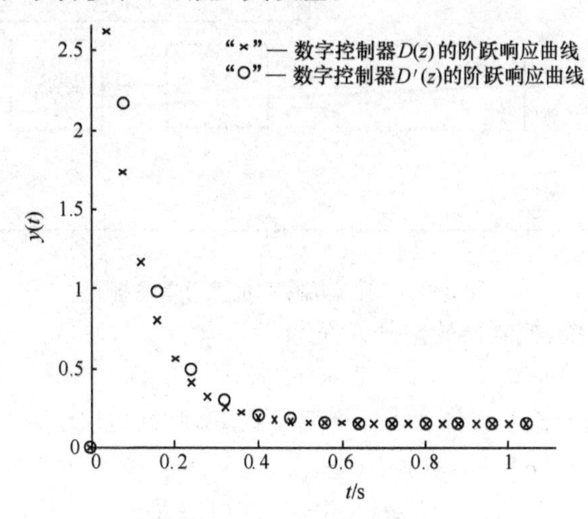

图 3-22　$D(z)$ 与 $D'(z)$ 阶跃响应输出曲线

3.7.3　采样系统仿真的方法

对采样系统进行仿真时可参考连续系统的离散化方法。首先将系统中的连续部分离散化处理，求得它的离散相似差分方程，或者求取它的脉冲传递函数，然后通过 Z 逆变换得到离散相似差分方程；而系统中的数字部分本来就已经给出其脉冲传递函数或其差分方程。因而，采样系统仿真同连续系统的离散相似法仿真在思想方法上是类似的，只是在具体处理上略有不同。下面以数字控制系统为例说明采样系统仿真的一般方法。如果仿真的目的只是为了求得采样时刻的系统输出值，那么可根据系统的闭环脉冲传递函数求出系统的差分方程，然后利用它建立仿真模型，并进行仿真。系统闭环脉冲传递函数的一般形式为

$$\phi(z)=\frac{y(z)}{r(z)}=\frac{b_k z^{-k}+b_{k-1}z^{-k-1}+\cdots+b_1 z^{-1}+b_0}{a_m z^{-m}+a_{m-1}z^{-m-1}+\cdots+a_1 z^{-1}+1} \tag{3.140}$$

式中，$y(z)$ 为系统的输出量，$r(z)$ 为系统的输入量。其差分方程为

$$y(n)=-\sum_{i=1}^{m}a_i y_i(n-i)+\sum_{j=0}^{k}b_j r(n-j) \tag{3.147}$$

根据式(3.141) 便可求得采样时刻的输出。另一种方法是分别求出控制器与被控对象的数字仿真模型的差分方程，在每一个响应时刻分别对这两部分进行一次计算，然后对数字控制器的输入信号进行综合，以便得到数字控制器下一时刻的输入。这一方法同前面方法相比，其运算时间稍长，但仿真模型的构成比较容易，程序实现比较简捷。下面以例题为例说明这一方法。

【例 3.7】　系统如图 3-23 所示。该系统采用计算机控制。控制器的脉冲传递函数为

$$D(z)=\frac{u(z)}{e(z)}=k_1\frac{1-\alpha z^{-1}}{1-z^{-1}} \tag{3.142}$$

其中 k_1 和 α 为已知常数。被控制对象为一阶惯性系统 $G(s)=k_0/(T_0 s+1)$。采用零阶保持器 $G_h(s)=\frac{1-e^{Ts}}{s}$，$T$ 为采样周期。系统初始状态：$e(-n)=u(-n)=0(n\geqslant 0)$ 及 $y(0)=0$。仿真的目的为求输出量 $y(t)$。

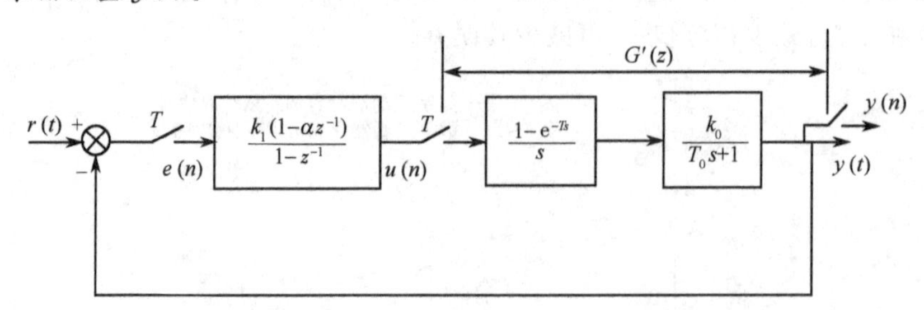

图 3-23　计算机控制惯性对象系统

解：根据给出的系统，控制器的差分方程为

$$u(n)=u(n-1)+k_1[e(n)-\alpha e(n-1)] \tag{3.143}$$

当连续系统部分的仿真步长 h 选择为采样周期 T 时，其脉冲传递函数为

$$\begin{aligned}G'(z)&=Z[G_h(s)G(s)]\\&=Z\left[\frac{1-e^{-sT}}{s}\frac{k_0}{(T_0 s+1)}\right]=k_0\frac{(1-\beta)z^{-1}}{1-\beta z^{-1}}\end{aligned} \tag{3.144}$$

其中，$\beta=e^{-T/T_0}$。相应的差分方程为

$$y(n)=\beta y(n-1)+k_0(1-\beta)u(n-1) \tag{3.145}$$

已知误差信号 $e(n)$ 与输入 $r(n)$ 及输出 $y(n)$ 的关系为

$$e(n)=r(n)-y(n) \tag{3.146}$$

根据初始条件 $e(-n)=u(-n)=0(n\geqslant 0)$ 及 $y(0)=0$，综合式(3.143)、式(3.145)和式(3.146)。

可求出系统的差分方程组为：

$$\begin{cases}y(n)=\beta y(n-1)+k_0(1-\beta)u(n-1)\\ e(n)+y(n)=r(n)\\ u(n)-k_1e(n)=u(n-1)-k_1\alpha e(n-1)\end{cases} \tag{3.147}$$

当取 $k_1=9.52,\alpha=0.905,k_0=0.1,T_0=0.1,T=0.001$ 和 $r(t)=1$ 时，仿真结果如图 3-24 所示。

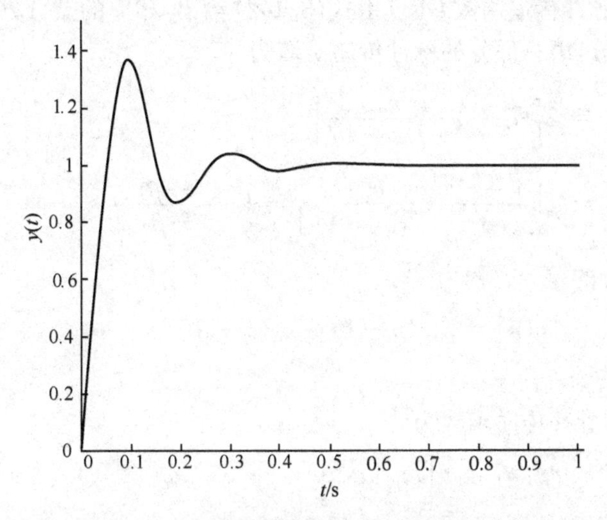

图 3-24 计算机控制惯性对象系统输出相应

在例题 3.7 中，当选取仿真步长 h 小于采样周期 T 时(例如，选取 $h=T/N$，N 为正整数)，对离散的数字控制器部分每隔一次采样间隔 T 应计算一次，而对连续系统部分，每隔时间 h 计算一次，计算 N 次后，其输出 $y(n)$ 才能用来与 $r(n)$ 进行比较以输出给 $D(z)$。在连续部分计算 N 次以内，其输入由保持器的输出提供，而保持器的输入则保持不变。特别是，当采用零阶保持器时，在 Nh 内保持器输入与输出均保持不变。此时，连续系统的差分方程为

$$y^n(k)=\beta' y^n(k-1)+k_0(1-\beta')u(n-1) \tag{3.148}$$

其中，$\beta'=e^{-h/T_0}$。

若仿真的目的不仅要知道整个系统的输出 $y(t)$，而且要求计算受控对象内部的状态变量，那么就要在受控对象的各环节之间加上虚拟的采样开关及信号重构器。此时必须考虑控制器采样周期 T 与虚拟采样开关的采样周期 T' 之间的协调与同步问题。设受控对象的传递函数为

$$G(s)=\frac{k_0}{s(T_0s+1)}$$

可按图 3-25 构造离散相似系统结构图。将 $G(s)$ 分解成 $1/s$ 与 $k_0/(T_0s+1)$ 两个串联的环节，其间用虚拟的采样器连接，并加入相应的信号重构器 $G_{h1}(s)$ 和 $G_{h2}(s)$。

在系统离散相似结构图中有两个采样周期 T 与 T'，为了精度上的要求和程序处理上的方

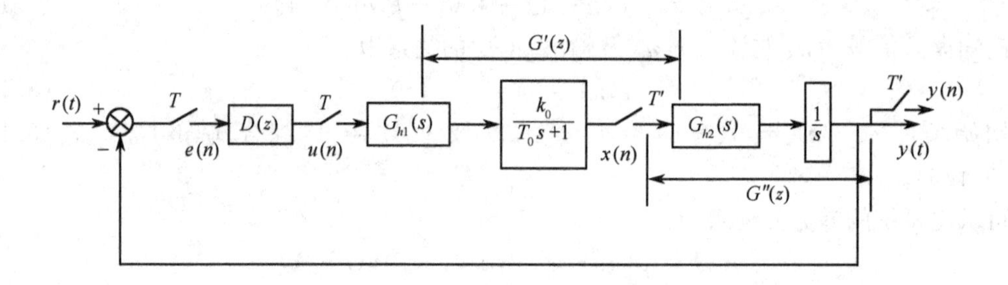

图 3-25　系统的离散相似结构图

便，通常选取 $T=NT'$（N 为正整数）。两个采样开关每隔时间 T（即虚拟采样周期 T' 的 N 倍）进行一次协调以实现同步。

假定数字控制器脉冲传递函数 $D(z)$ 由式(3.142)给出，相应的差分方程为式(3.143)。受控对象离散化为两部分，第一部分的脉冲传递函数为

$$G'(z)=Z\left[G_{h1}(s)\frac{k_0}{(T_0s+1)}\right]$$
$$=Z\left[\frac{1-e^{-sT}}{s}\frac{k_0}{(T_0s+1)}\right]=k_0\frac{(1-\beta)z^{-1}}{1-\beta z^{-1}} \tag{3.149}$$

其中，$\beta=e^{-T/T_0}$。相应的差分方程为

$$x(n)=\beta x(n-1)+k_0(1-\beta)u(n-1) \tag{3.150}$$

式(3.150)的计算步长为 T。

对于第二部分，其脉冲传递函数为

$$G''(z)=Z\left[G_{h2}(s)\frac{1}{s}\right]$$
$$=Z\left[\frac{1-e^{-sT'}}{s}\frac{1}{s}\right]=\frac{T'}{z-1} \tag{3.151}$$

相应的差分方程为

$$y(n)=y(n-1)+T'x(n) \tag{3.152}$$

式(3.152)的计算步长为 $T'=T/N$。

由于差分方程式(3.150)和式(3.150)的计算步长是不一致的，所以在设计程序时应该用两个循环来实现它们。内循环体计算式(3.150)，它每隔 T' 计算一次；外循环计算式(3.143)及式(3.150)，每隔 T 计算一次。考虑到 $T=NT'$，所以外循环计算一次，内循环需要计算 N 次。内循环每计算 N 次，内、外循环进行一次信息交换。

习题与思考题

3.1　已知 $T\dot{y}+y=ku$，试用前向欧拉法与后向欧拉法写出解的差分方程，并讨论步长应在什么范围？若步长选得比 $2T$ 大，将会产生什么结果？说明原因。

3.2　已知 $\frac{dy}{dx}=x+y$，$x=0$ 时，$y=1$，取计算步长 $h=0.1$，试用欧拉法、梯形法、三阶 Adams 法和四阶 Runge-Kutta 法求 $x=2h$ 时的 y 值，并将求得的 y 值与精确解 $y(x)=2e^x-$

$1-x$ 比较，说明造成差异的原因。

3.3　已知方程 $\dot{y}=\frac{1}{\tau}y$（τ 为系统的时间常数），试用四阶龙格-库塔法仿真计算。为保证系统设计稳定仿真步长 h 最大不能超过多少？

3.4　已知线性多步法公式为

$$x_{m+k}=x_{m+k-1}+\frac{h}{12}(23\dot{x}_{m+k-1}-16\dot{x}_{m+k-2}+5\dot{x}_{m+k-2})$$

试用测试方程分析该方法的稳定域。

3.5　已知闭环系统如图 3-26 所示。

(1) 在环节入口 e 处加虚拟采样器及零阶保持器，列写求解 $y(t)$ 的差分方程。

(2) 在系统入口 u 处加虚拟采样器及零阶保持器，列写求解 $y(t)$ 的差分方程。

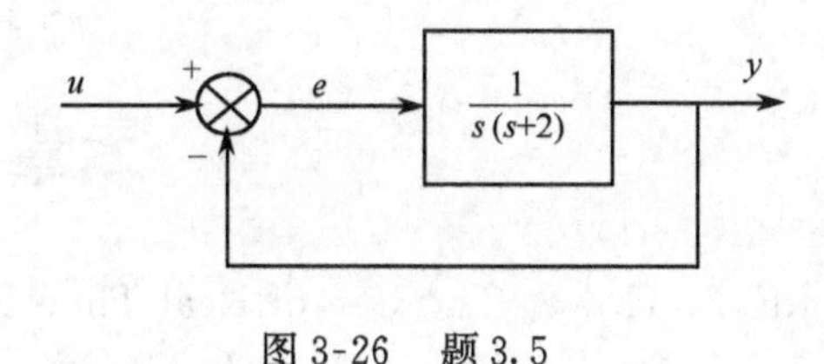

图 3-26　题 3.5

3.6　已知系统状态方程为

$$\begin{bmatrix}\dot{x}_1\\ \dot{x}_2\end{bmatrix}=\begin{bmatrix}0 & 1\\ -1 & -2\end{bmatrix}\begin{bmatrix}x_1\\ x_2\end{bmatrix}+\begin{bmatrix}1\\ -u\end{bmatrix}$$

$$x_1(0)=x_2(0)=0,u=1$$

试用离散相似法确定其数字仿真模型。

3.7　在简单采样系统、多回路采样系统、多速率采样系统中，确定采样周期时分别应考虑哪些因素？在对它们进行仿真时，应如何确定积分步长？

3.8　设一具有饱和非线性的计算机控制系统，如图 3-27 所示，采样周期 $T=1\text{s}$，数字控制器脉冲传递函数为

$$D(z)=\frac{1+0.21z^{-1}-0.21z^{-2}}{1+0.623z^{-1}+0.153z^{-2}}$$

试分析系统在单位阶跃函数作用下的输出响应。

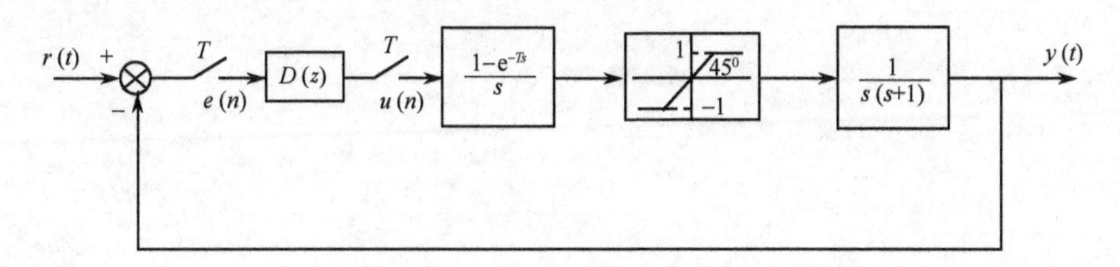

图 3-27　题 3.8

3.9　已知采样控制系统结构图如图 3-28 所示，其中

$$D_1(z)=\frac{381.52(1+0.667z^{-1}-0.333z^{-2})}{1-0.694z^{-1}+0.118z^{-2}}$$

$$D_2(z)=\frac{0.006\,4(1-0.75z^{-1}+0.06z^{-2})}{1-0.2z^{-1}+0.1z^{-2}}$$

试确定 $r(t)=0.012\,5\times 1(t)$，$T=0.012\,5\text{s}$ 时的系统输出 y。

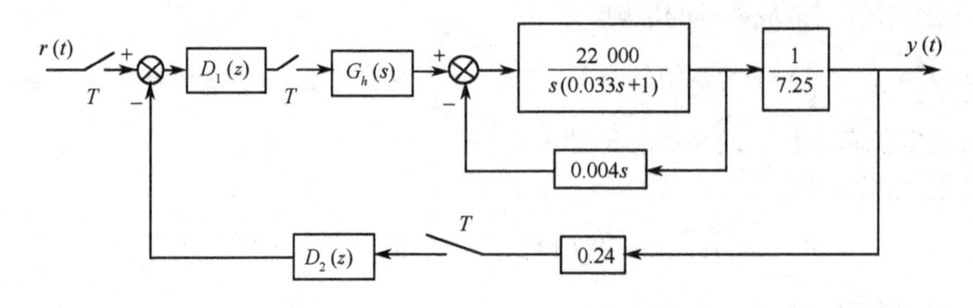

图 3-28　题 3.9

本章参考文献

[1] R. M. Howe. The Use of Real-Time Predictor Corrector Integration for Flight Simulation, Proceedings of the SCS Simulators Conference ,1988,18-21.

[2] L. Kopal. Numerical Analysis, wiley, N. Y. ,1955.

[3] 刘藻珍,魏华梁编 . 系统仿真 . 北京:北京理工大学出版社,1998.

[4] 刘德贵,费景高 . 动力学系统数字仿真算法 . 北京:科学出版社,2000.

[5] 肖田元,张燕云,陈加栋 . 系统仿真导论 . 北京:清华大学出版社,2000.

[6] 黄柯编 . 系统仿真技术 . 长沙:国防科技大学出版社,1998.

[7] 张晓华 . 系统建模与仿真 . 北京:清华大学出版社,2006.

[8] 张晓华 . 控制系统数字仿真与 CAD (第 3 版). 北京:机械工业出版社,2010.

[9] 冯辉宗,岑明,张开碧,彭向华 . 控制系统仿真 . 北京:人民邮电出版社,2009.

第4章　离散事件仿真基础

前面两章所讨论的系统，其状态变量是连续变化的，这类系统的仿真称为连续系统的仿真。近年来，系统仿真技术的应用已经逐步扩大到非工程和非数值计算领域，诸如生产调度管理、库存系统、计算机通信网络等。通常把这类系统的仿真称为离散事件系统的仿真。

离散事件系统通常是指受事件驱动、系统状态跳跃式变化的动态系统，系统的迁移发生在一串离散事件点上。离散事件系统和连续系统在性质上是完全不同的，这类系统中的状态在时间上和空间上都是离散的。这种系统往往是随机的，具有复杂的变化关系，难于用常规的微分方程、差分方程等方程模型来描述，一般只能用流程图或网络图来描述，如果应用理论分析方法难于得到解析解，甚至无法解决，那么仿真技术就为解决这类问题提供了有效的手段。为了合理地、有效地、经济地进行生产、管理、销售、服务，对各种各样的离散事件系统进行仿真研究是十分必要的。

本章首先介绍离散事件系统仿真的基本概念，然后重点介绍几种典型的离散事件系统的仿真。

4.1　离散事件系统与模型

4.1.1　概述

离散事件系统大量地存在于我们周围，如：超级市场管理系统、银行服务系统、公交管理系统、车间加工调度系统等，其中到大市场和银行的顾客、上下车的旅客、等待加工的工件，都是影响系统变化的“事件”。事件是在离散时刻随机发生的，利用仿真技术对这些系统进行研究分析，可以了解它们的动态运行规律，从而帮助人们做出是否需要增加新的市场和银行的决定，可以帮助人们合理地调度车辆和安排工序。

在连续系统数字仿真中，时间通常被分割成均等的或非均等的时间间隔，并以一个基本的时间间隔计时；而离散系统的仿真则通常是面向事件的，时间指针往往不是按固定的增值向前推进的，而是由于事件的推动而随机递进的。

在连续系统仿真中，系统的动力学模型是由表征系统变量之间关系的方程来描述的，仿真的结果表现为系统变量随时间变化的事件历程；在离散事件的仿真中，系统变量是反映系统各部分相互作用的一些事件，系统模型则是反映这些事件的数集，仿真结果是产生处理这些事件的事件历程。

对离散事件的研究，最早可以追溯到对排队现象和排队网络的分析，排队论最早由A. K. Erlang于1918年提出，在管理通信和各类服务系统中有着广泛的应用。离散系统大量地存在于客观现实中，如交通管理系统、库存管理系统、加工系统、能源规划、电话通信系统、人口管理等，而排队论、网络分析、数学规划和调度排序等方法是解决这类问题的主要数学方法。但是，利用仿真技术对离散事件系统进行研究，在国内还是近三十年才开始的，随着计算机技术、信息处理技术、控制技术、人工智能技术等新技术在军事指挥、军事训练、现代通信、制造等领域的发展和应用，出现了一大批存在着离散事件过程的人造系统，例如，武器群指挥控制决策系统（其中影响其决策的因素很多，如：攻防双方兵力损毁的概率事件等）、计算机/通信网络系统、柔性制造系统等。

对这些错综复杂且相互作用的离散事件构成的离散事件系统或连续－离散混合系统的研究，逐渐成为仿真技术应用的重要领域，不难看到，离散事件系统仿真发展中的一个显著特点是，更加依附于实际背景和贴近实际应用。正因为发展比较晚，所以还是一个不十分成熟的技术分支。目前，尚缺乏能为大家所公认的、通用的数学模型，这类问题的求解又难于用解析的方法，而且所需要的真实系统的数据源受到限制，致使其模型验证也存在一定的难度。总之，该领域所要探讨的问题还很多，其技术也正得到进一步发展。

4.1.2 描述离散事件系统的基本要素

为了正确地对系统建模，有必要弄清楚离散事件系统的一些基本要素：实体、活动、事件等。下面结合一个具体的例子来说明。

【例 4.1】 一个单人理发馆系统，理发馆在工作时间中，有且仅有一个工作人员为客人服务，营业时间为 9：00—19：00，顾客到达时间一般是随机的，而且是独立的，每位顾客接受服务的时间长短也是随机的。描述该系统的状态是服务台的状态（忙或闲）、顾客排队等待的队长，等等。

1. 实体(Entity)

实体是描述系统的三个基本要素之一。所以，与连续系统一样，离散事件也是由实体组成的。在离散事件系统中的实体可以分为两大类：临时实体和永久实体。在系统中只存在一段时间的实体称为临时实体。这类实体是由系统的外部到达并进入系统的，然后通过系统，并最终离开系统。例 4.1 中的顾客显然是临时实体，他们随机地到达系统（理发馆），经过服务员的服务（可能要排队等待一段时间），然后离开系统。那些虽然到达但未进入理发馆的顾客则不能称为该系统的实体。还有计算机系统中的待处理信息、电话交换系统中的电话呼叫、加工系统中的等待加工的工件，以及在商店等待服务的顾客等都是临时实体。永久性地驻留在系统中的实体称为永久实体。例 4.1 中的服务员就是永久实体，前面提到的计算机设备、电话交换机、加工设备和商店营业员也是永久实体。只要系统处于活动状态，这些实体就存在，或者说，永久实体就是系统处于活动的必要条件。临时实体是按一定的规律不断到达，在永久实体的作用下通过系统，最后离开系统。系统状态的变化主要是由实体的状态变化而产生的。

2. 事件(Event)

引起系统状态变化的行为称为事件。它是在某一时间点的瞬时行为，从某种意义上来说，系统是由事件来驱动的。事件不仅用来协调两个实体之间的同步活动，还用于各个实体之间传递信息。

例如，在例 4.1 中就可以把“顾客到达”称为一类事件，因为正是由于顾客的到达，系统的状态——服务员的“状态”才能由闲变忙（如果无人排队的话），或者使系统的状态——排队的顾客人数发生变化（队列人数加 1）。一个顾客接受服务完毕后离开系统，也可以定义为一类事件，因为服务员由忙变为闲，或者等待的队列发生变化。

在一个系统中往往有许多类事件，而事件的发生一般与某一类实体相联系，某一类事件发生还可能引起其他事件的发生，或者促成另一事件的条件等。为了实现对系统中的事件的管理，仿真模型中必须建立事件表，表中记录每次发生的事件或将要发生的事件的类型、发生的时间，以及与该事件相联系的实体的有关属性等。

在仿真模型中，由于是依靠事件来驱动的，所以除了系统中的固有事件（又称为系统事件）外，还有所谓的“程序事件”，它用于控制仿真进程，例如，如果要对例 4.1 的系统工作时间（9∶00—19∶00）内的动态过程进行仿真，可以定义“仿真时间达到 12 小时后终止仿真”作为一个程序事件，当该事件发生时，即结束仿真模型的执行。

3. 活动(Activity)

离散事件中的活动，通常用于表示两个可以区分的事件之间的过程，它标志着系统状态之间的转移。把实体所做的、或对实体施加的事件称为活动，它是实体在两个事件之间保持某一个状态的持续过程。在例 4.1 中，顾客的到达事件与顾客的开始接受服务事件之间的过程可以称为一个活动，该活动使系统的状态（队长）发生变化，从顾客开始接受服务到对该顾客服务完毕后离去的过程也可以被看成是一个活动，它可能使队长减 1 或使服务员由忙转闲。

4. 进程(Process)

进程由若干个事件及若干个活动组成，它描述了事件及活动之间的相互逻辑关系及时序关系。例 4.1 中的“顾客到达系统－排队－开始接受服务－服务完毕的过程”就构成了一个进程。

这里再举一个排队服务系统的例子来说明建模的内容和方法。

【例 4.2】 在一个有较大水位落差河段上的船闸运行系统，从上游新来的船只到达船闸或当原有的船只完成过闸运行时，系统的状态就发生了变化，我们把船只到达、过闸完毕这一类引起系统状态变化的行为称为事件，当船只尚在船闸内（忙态）而又有新的船只到达时，则新到的船只就进入到等候的队列（排队的队长加 1），把排队过程，船只过闸过程称为活动，把船只到达→进入排队队列→开闸门→过闸服务→出闸门这三个事件和两项活动称为过闸进程。图 4-1 描述了船只从到达到离开所发生的事件、活动和进程之间的关系。

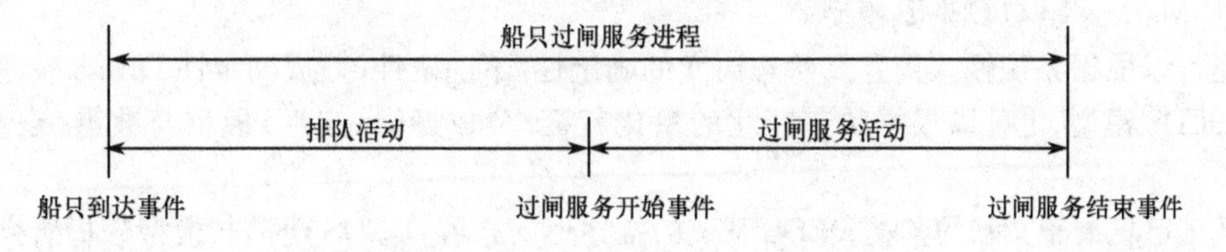

图 4-1　事件、活动和进程之间的关系示意图

5. 仿真钟(Simulating Clock)

仿真钟用于表示仿真时间的变化，在连续系统中，仿真时间的变化基于仿真步长的确定，可以是定步长，也可以是变步长。在离散事件动态系统中，引起状态变化的事件的发生时间是随机的，因而仿真时钟的推进步长完全是随机的，而且，在两个相邻发生的事件之间系统状态不会发生任何变化，因而，仿真钟可以跨过这些“不活动”周期，从一个事件发生时刻直接推进到下一个事件发生时刻，仿真钟的推进呈现跳跃性，推进的速度具有随机性，可见，仿真模型中时间控制部件是必不可少的，以便按一定的规律来控制仿真钟的推进。

6. 统计计数器(Stat. Counter)

连续系统仿真的目的是要得到状态变量的动态变化过程并由此分析系统的性能。离散事件系统的状态变量随事件的不断发生也呈现出动态变化过程,但仿真的主要目的不是要得到这些状态变量是如何变化的。因为这种变化是随机的,所以某一次运行得到的状态变化过程只不过是随机过程的一次取样,因而,如果进行另一次独立的仿真运行,则所得到的变化过程完全是另外一种情况,所以它们只有在统计意义下才有参考价值。

在例4.1中,由于顾客到达的时间间隔具有随机性,服务员为每位为顾客服务的时间长度也是随机的,因而,在某一时刻,顾客排队的队长或服务员的忙、闲情况是完全不确定的。从系统分析的角度看,感兴趣的可能是系统的平均队长,顾客的平均等待时间,或者是服务员的利用率等。在仿真模型中,需要有一个统计计数器,以便统计系统中的有关变量。

总之,离散事件系统和连续系统有着本质的区别,因此,对这类系统仿真所采用的方法,以及所研究的内容与连续系统有很大的区别。

4.1.3 离散事件系统模型的建立

离散事件系统研究和仿真中最基本的问题就是系统的建模。那么采用什么方式来概括和抽象化分析处理这些离散事件呢?20世纪80年代初期,美国哈佛大学著名的学者Y.C.Ho教授倡导对离散事件动态系统(Distributed Event Dynamic System,DEDS)理论进行研究以来,这个问题受到了足够的重视,许多学者围绕着这个问题从不同的层次或用不同的数学工具进行了描述,形成了许多的方法体系,并出现了多种形式的DEDS模型设计方法。

例如,对所考虑对象演变过程的分析,根据事件发生的时间是否有必要纳入研究范围,可以划分为:

① 不带时标的DEDS模型:有限状态自动机模型、Petri网络模型、过程代数模型、时序逻辑模型等。

② 带时标的DEDS模型:赋时Petri网络模型、TIM/RTIL模型、双子代数模型、排队网络模型、Markov链与CSMP模型等。

还可以根据系统输入信息及状态演变的确定性/不确定性,分成确定性DEDS模型和随机性DEDS模型,也可以根据状态变化的量化特征,分成逻辑(定性)模型与数量(定量)模型等。

从现已见诸于文献的各类DEDS系统的描述形式来看,DEDS建模与模型分析研究尚处于发展阶段。模型种类较多,但不同模型之间缺少必要的转换关系,且每一种模型描述形式往往只适用于一类或几类问题。也就是说,目前尚没有通用的、适合于各类研究对象的模型表示形式。从现有的模型的形成过程来看,DEDS建模的常用方法主要有排队论方法、网络图或事件图法、形式语言与自动机法、随机过程(如Markov过程和GSMP过程)描述法和抽象代数(如双子代数、极小代数、极大代数)方法等。

离散事件的建模,一般情况下按下列步骤进行。

1. 明确仿真目的

建模之前,仿真工作者必须根据仿真的目的,确定所需要获取的某一事件或系统的那一部分的信息、模型的类型、所需的资料及数据。目的不同,所建立的模型也不同;衡量仿真结果的逼真性的准则也就不同;甚至对某一仿真目的,模型是有效的,而对另一仿真目的,模型可能是无效的。在船闸运行系统中，如果仿真的目的主要是要了解船闸服务时间的长短对船闸的利用率的影响，这种情况就属于离散事件的排队论模型。如果还要分析闸门启/闭的控制和动力学过程特性，以及注/放水过程特性，则系统应视为连续一离散混合型系统。

2. 正确描述系统

组成成分：组成成分是指对描述系统仿真目的有意义的实体，这些实体的行为往往是随机分布的。如例 4.1 中的顾客、服务员是组成系统的实体；例 4.2 中的船只、船闸也是组成系统的实体。

描述变量和参数：描述变量和参数是指系统各实体的属性。描述变量包括内部变量和外部变量，除了输入/输出变量外，其余均为状态变量。参数可以在仿真前由用户设置或在仿真过程当中根据用户的命令加以改变。比如，例 4.2 中的船只到达间隔时间、船闸服务过程时间、队列长度就是描述变量。

相互关系：相互关系规定了系统中不同变量的相互关联，是指影响系统变化的各实体、变量和参数之间的连接关系和作用关系。相互关系大部分反映在各成分的活动之中，而活动又由事件所引发，所以弄清事件、活动的关系是系统描述中极为重要的。例如，船闸运行系统中的事件有：船只到达、船闸开始服务、船闸结束服务、船只离开；活动有：排队服务、过闸服务等。按仿真目的表示出这些事件发生的顺序、活动持续过程，以便描述出系统间的相互关系，由此可以进一步画出系统的流程图和网络图。图 4-2 为描述例 4.2 中的船闸服务系统的流程图。

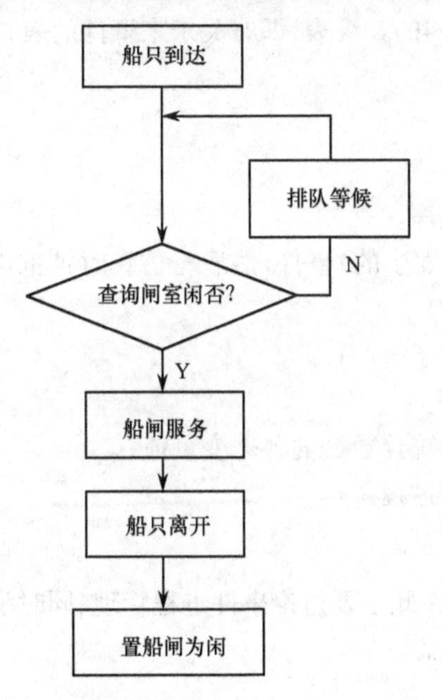

图 4-2　船闸服务系统流程图

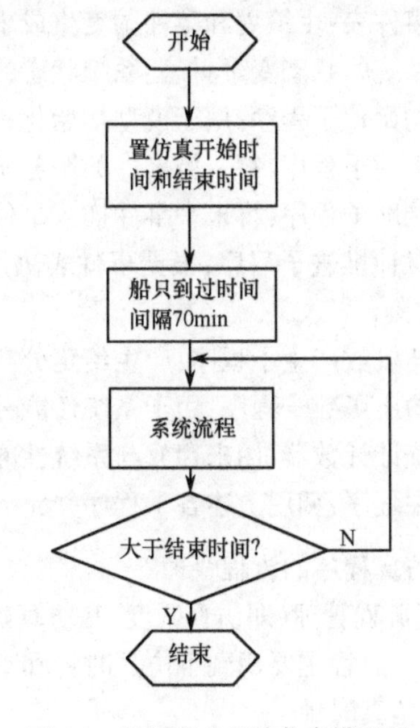

图 4-3　船闸服务系统仿真模型图

3. 仿真模型的建立

流程图仅能表明整个过程中发生的“事件”表，要仿真这样一系列“事件”，必须知道确切的时间表，这就是仿真系统建模。假设例 4.2 中的船闸服务系统中，船只到达的时间间隔是平均值为 70min、变化范围为±14min 的均匀分布的随机数；船闸服务时间是平均值为 60min、变化范围为±7min 的均匀分布的随机数。则可得到系统的含有随机概率模型的仿真系统模型，如图 4-3 所示，其中的系统流程就是图 4-2 所示的内容。

4. **输出函数的确定**

在建立了系统模型的基础上，还需要确定输出函数。根据仿真的目的统计计算出反应系统性能的数据，这些数据就是系统模型的输出。如例4.2中的船闸服务系统中，求出船只的平均等待时间、最大队列长度和船闸利用率。

4.2　离散事件仿真

4.2.1　离散事件系统的仿真模型

离散事件系统仿真建模的目的，是要建立与系统模型有同构或同态关系的能在数字机上试验的模型，模型中有对随机变量概率分布的函数。连续系统仿真建模需要通过各种算法将系统模型进行离散化，与连续系统不同，从描述形式来看，离散事件系统模型为直接用于仿真创造了条件。不过，为了正确地进行离散事件系统的仿真建模，还需弄清楚离散事件仿真程序的主要组成成分、流程管理及相关的概念。

1. **仿真程序的主要成分**

采用步长法仿真的程序主要由以下部分组成：

① 仿真时钟：提供仿真时间的当前值；

② 事件表：由策划和事件调度生成事件名称、时间的二维表，即有关未来事件的表；

③ 系统的状态变量：描述系统状态的变量；

④ 初始化子程序：用于模型初始化；

⑤ 事件子程序：每一类事件的服务子程序；

⑥ 调度子程序：将未来事件插入事件表中的子程序；

⑦ 时钟推进子程序：根据事件表决定下次（最早发生的）事件，然后将仿真时钟推进到事件发生时刻；

⑧ 随机数产生子程序：产生给定分布的随机数的子程序；

⑨ 输出函数子程序：用于系统性能分析的子程序；

⑩ 统计计数器：用来存放与系统性能分析有关的统计数据的各个变量值；

⑪ 主程序：调用上述各子程序并完成仿真任务全过程。

2. **仿真程序的流程管理**

仿真流程管理（即仿真调度）是仿真建模的核心，在此主要讨论事件进程管理、同时事件管理等。这个过程主要用到了仿真时钟和事件表两个概念。

（1）仿真时钟

研究系统一般是为了认识其状态随时间变化的规律，所以需要一个仿真时间变量。离散事件系统仿真中时间的变化是用一个逻辑时钟的时间数来表示的。除了实时仿真以外，仿真时间意味着仿真时钟时间而不是仿真所用的机时，两者之间并没有直接的联系。它与所有实体的活动及所有事件的调度有关系，仿真时间与真实时间可以通过选定的时间的比例尺相关联。每一事件通过被调度事件时间与仿真时钟相关联，当对应的物理事件发生时，这个事件时间就对应于实际系统的真实时间。下面介绍仿真时钟的两种推进方式。

时间步长法：在进行系统仿真的同时，可以把整个仿真过程分为许多相等的时间间隔，时间步长的长度可根据实际问题分别取秒、分、小时等，程序中按此步长前进的时钟就是仿真时钟。选取系统的一个初始状态作为仿真时钟的零点，仿真时钟每步进一次，就对系统的所有实体、属性和活动进行一次全面的扫描考察，按照预定的计划和目标进行分析、计算和记录系统状态的变化，这个过程一直进行到仿真时钟结束为止。

事件步长法：事件步长法是以事件发生的时间为增量，按照时间的进展，一步一步地对系统的行为进行仿真，直到预定的仿真时间结束为止。

事件步长法与时间步长法的主要区别：

① 事件步长法与时间步长法都是以时间为增量来考察系统状态的变化的。但在时间步长法中，仿真时钟以等步长前进，而在事件步长法仿真中，仿真时钟的步长取决于事件之间的时间间隔。

② 时间步长法在一个步长内，认为系统所处的状态相同，因而所选的步长的大小将影响仿真的精度。而在事件步长法中，每个事件的发生均有确切的时刻，不需要人为地选取步长，步长的大小对仿真的精度影响较小。

③ 时间步长法每步进一个步长就要对整个系统进行一次全面的考察，即使状态没有发生变化时也要进行扫描。而事件步长法只是在某一事件发生时才进行扫描。无论采用哪种方法仿真，在仿真过程中每一个时间点上总是要判断和比较事件是否出现，因此，一般地讲，当判断比较的数目较大或事件变化呈周期性特点时，用时间步长法可以节省用机时间，而当相继两个事件出现的平均间隔较长时，更适合于采用事件步长法。

如上所述，事件进程管理有面向事件的，这是一种变步长法；还有面向时间间隔的，这是一种定步长法。例 4.2 中的船闸运行系统模型的事件进程管理可以采用变步长法，事件的推进由一个生成时刻(船只到达时刻)到下一生成时刻(船只离开时刻)，而两生成时刻间的差是随机的。采用面向事件的事件进程管理，其主要通道的选择也随之确定，即时间推进点是哪一事件的生成时刻，就选择走向哪个事件的通道。这种方法是很实用的。

(2) 事件表

下面就介绍事件步长法中常采用的事件表法。为了使仿真程序能如实地模拟实际系统的变化，在某些离散事件的仿真中，采用事件表的形式进行调度。事件表一般是一个有序的记录表，每个记录包括事件发生的时间、事件的类型等一些内容。

事件步长法中常用到的事件表法的主要思想是将系统的仿真过程看成是一个事件点序列，根据事件出现的时序，用一个称之为事件表的表格来调度事件执行的顺序。对于那些当前需要处理的事件，列入事件表中，从中取出最接近的事件进行处理，处理完毕后自动退出事件表。在处理当前事件的过程中，往往会产生一个后继事件，因此，必须预测出此后继事件的出现时刻，并将其列人事件表中。这样，事件表好像一本记事簿，干完一件事情以后就把它从记事簿中勾销，而把新的要完成的工作再登记到记事簿中的相应地方去。按照这样的方式，系统的仿真过程可以有条不紊地进行下去。这种方法要求对系统的各种事件进行详细的描述，因此，当事件之间没有太多的相互作用或事件的数目不太多时，应用事件表法比较有效。

(3) 同时事件管理

在仿真中，对发生在同一时刻的几个事件的管理有以下几种方法：

同类同时事件的管理：发生在同一时刻且隶属于同一类型的几个事件叫同类同时事件。同类同时事件的发生会导致模型的下一状态出现多种可能值，即可能出现几种排队顺序。为此，我们需要先定好条件，以使状态取值成为唯一，也就是要规定一种排队规则来管理这些同类同时事件。例如，先进先出（或先到先服务）规则、后进先出（或后到先服务）规则、随机规则以及优先服务规则。

混合同时事件的管理：发生在同一时刻但不属于同一类型的几个事件叫混合同时事件。确定这些混合同时事件所造成的状态的变化，通常有一步法与解结法。一步法就是直接确定混合同时事件所形成的结果状态；解结法却是把几个同时事件分解成多个单独事件的序列进行处理。对于简单的情况，一步法与解结法将会得到相同的结果。但一步法不易写成通用的形式，且流程管理中的通道选择较复杂；而解结法通用于各种仿真语言中，是因为使用该方法时模型简单，便于写成通式。

4.2.2 离散事件系统仿真策略

因为模型的类型不同，所以仿真的方法也大不相同。因为最常用的是排队网络模型，所以这里主要介绍排队网络模型的仿真方法。

因为离散事件模型的特点，实体活动、进程都是以事件为基础构成的，所以从事件、活动、进程三个层次来组织事件构成了处理离散事件模型的三种典型的处理方法：事件调度法、活动扫描法和进程交互法，相应地要采用三种不同的仿真策略，在复杂系统仿真中，按进程来组织事件可以使众多的事件条理清晰，因而成为最通用的仿真方法。

1. 事件调度法（Event Scheduling）

这种方法有一个时间控制程序，从事件表中选择具有最早发生时间的事件，并将仿真钟修改到该事件发生的时刻，再调用与该事件相应的程序模块，对事件进行处理，该事件处理完毕后，返回时间控制程序。这样，事件的选择与处理不断地交替进行，直到仿真终止的程序事件发生为止。在这种方法中，任何条件的测试，均在相应的事件模块中进行，这显然是一种面向事件的仿真方法。

2. 活动扫描法（Activity Scanning）

在这类仿真中，系统由部件（相应于实体）组成，而部件包含着活动，该活动是否发生，视规定的条件是否满足而定，因而有一个专门的模块来确定激活条件。若条件满足，则激活相应部件的活动模块。时间控制程序较之其他的条件具有更高的优先级，即在判断激活条件时首先判断该活动发生的时间是否满足，然后再判断其他的条件。若所有的条件都满足，则执行该部件的活动模块。然后再对其他部件进行扫描，对所有部件扫描一遍后，又按同样顺序进行循环扫描，直到仿真终止。

3. 进程交互法（Process Interaction）

这种方法综合了事件调度法和活动扫描法的特点，采用两张事件表，即当前事件表（CEL）和将来事件表（FEL）。它首先按一定的分布产生到达实体并置于FEL中，实体进入排队等待；然后对CEL进行活动扫描，判断各种条件是否满足；再将满足条件的活动进行处理，仿真钟推进到服务结束并将相应的实体从系统中清除；最后将FEL中最早发生的当前事件的实体移到CEL中，继续推进仿真时钟，对CEL进行活动扫描，直到仿真结束。

4.2.3 离散事件仿真研究的一般步骤

离散事件系统仿真研究的一般步骤与连续系统仿真基本上是类似的，离散事件系统仿真的一般步骤如下：

① 系统建模及模型改进；
② 确定仿真算法；
③ 建立仿真模型；
④ 设计仿真程序，运行仿真程序，仿真模型的检验与改进；
⑤ 仿真结果输出处理；
⑥ 仿真分析。

从离散系统仿真的过程还可以看出系统建模与仿真建模的关系。

1. 系统建模

离散事件系统的模型一般可以用流程图来描述。流程图反映临时实体在系统内部经历的过程，永久实体对临时实体的作用，以及它们相互之间的逻辑关系。

离散事件系统模型的一个重要特点是包含有随机变量，因此，这些变量的分布类型及其特征是十分重要的。

2. 确定仿真算法

离散事件系统的仿真算法包括两方面的内容，其一是如何产生所要求的随机变量；其二是仿真建模策略。

“事件”是离散事件系统的最基本概念。按照前面所说：按事件的观点建立仿真模型策略称为事件调度法；另一种建立仿真模型的策略称为活动扫描法，由于两个可以区分的事件之间的过程可以用活动来描述，所以系统中存在着许多类活动，活动的发生时间有先有后，活动扫描则面向活动建模；第三类建模策略称为进程交互法，即将进程作为建模的基本单元。一般在仿真语言中采用上述三种建模策略中的一种或两种。事件调度法易于理解，机理简单，初学者往往采用这种策略作为学习离散事件系统仿真的入门。

3. 建立仿真模型

模型是实际系统的科学抽象或描述，当这种描述是通过字母、数字或其他的数学符号实现时，称之为数学模型。数学模型中最重要且应用最为广泛的一种类型是状态空间模型。用状态空间模型方法描述系统，首先要定义系统的状态变量，这要根据系统的内部结构和仿真研究的目的来确定，即使是同一个系统，仿真研究的目的不同，系统状态的定义也可以不同。

在离散事件系统中，状态的变化是由事件引起的，因此，要在定义系统状态的基础上定义系统事件及其有关属性。以事件调度法为例，事件类型、发生时间是其必要的属性之一，另外还应该包括对事件的处理规则，以便按事件系统的要求进行处理。在活动扫描法及进程交互法中，还需要定义活动和进程，以便按照活动或进程的观点建立仿真模型。

仿真钟是仿真模型中必不可少的部件，它的推进方法决定于仿真算法。

4. 设计仿真程序

仿真程序是仿真模型的某种算法语言的描述实现。可以采用通用的语言编写程序，也可以采用专用的高级语言编写，目前已经有多种离散事件系统的仿真语言可以使用。

5. 仿真结果分析

由于离散事件系统固有的随机性，所以每次仿真运行所得的结果仅仅是随机变量的一次取样，那么，仿真结果的可信性如何？如何提高仿真结果的置信度？这些问题在这类系统仿真中占有突出的地位，也是仿真工作者和仿真用户十分关注和亟待解决的关键技术。

4.3 排队系统的仿真

排队系统是日常生活中经常遇到的现象。例如,病人到医院看病,顾客到理发店理发,顾客到银行取款,乘客到售票处买票等,都会有排队等待的现象。一般来说,当某个时候要求服务的数量超过服务机构的容量,就会出现排队现象。在排队现象中,服务对象可以是人,也可以是物,还可以是某种信息。在交通、通信、自动生产线、计算机网络等系统中都存在排队现象。在各种排队系统中,由于对象到达的时刻与接受服务的时间都是不确定的,随着不同的时间及条件而变化,所以排队系统在某个时刻的状态也是随机的,排队现象几乎是不可避免的。排队越长,就意味着浪费的时间越多,系统的效率也就越低,但盲目地增加服务设备,就要增加投资或发生空闲浪费,未必能提高利用效率。因此,管理人员必须考虑如何在这两者之间取得平衡,以期提高服务质量,降低成本。

排队问题实质上是一个平衡等待时间和服务台空闲时间的问题,也就是如何确定一个排队系统,使实体(指等待服务的人、物体或信息)和服务台两者都有利,排队论就是解决这类问题的一门学科,它又称随机服务理论,因为,实体到达和接受服务的时间常常是某种概率分布的随机变量。

这里首先介绍排队论的基本概念,然后再分别说明一下单台服务系统和多台服务系统的仿真建模方法。

4.3.1 排队论的基本概念

1. 排队系统的组成

一般的排队系统都由三个基本部分组成:

① 到达模式——指动态实体按什么样的规则到达,描写实体到达的统计特性。

② 服务机构——指同一时间有多少服务台可以接纳动态实体,它们的服务需要多少时间,服从什么样的分布。

③ 服务规则——指对下一个实体服务的选择原则。排队系统的基本结构可用图4-4来表示。

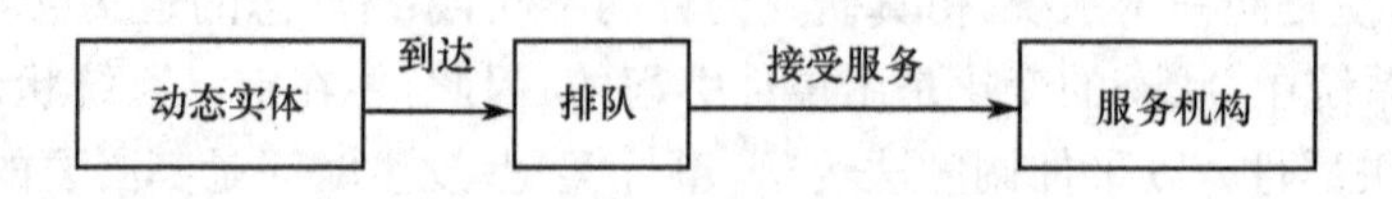

图 4-4 排队系统的基本结构

如何通过已知的到达模式和服务时间的概率分布,来研究排队系统的队列长度和服务机构“忙”或“闲”的程度,就是离散事件仿真所要解决的问题。

2. 到达模式

(1) 平均到达时间间隔 T_a

假设在仿真总时间 T 内一共到达了 n 个“顾客”,则平均到达时间间隔定为

$$T_a = T/n \tag{4.1}$$

(2) 平均到达速率 λ

定义单位时间内到达的“顾客”数,为平均到达速率,即

$$\lambda = 1/T_a = n/T \tag{4.2}$$

(3) 到达时间间隔分布函数 $A_0(t)$

定义为到达时间间隔大于 t 的概率。设累计分布函数 $F(t)$ 是到达时间间隔小于 t 的概率，则

$$A_0(t) = 1 - F(t) \tag{4.3}$$

显然，函数 $A_0(t)$ 在 $t = 0$ 时，取得最大值 1；当 t 增加时，$A_0(t)$ 逐渐减小。

(4) 到达时间变化系数

定义为到达时间间隔的标准差 S_a 与平均到达时间间隔 T_a 的比值 S_a/T_a，它是一个无量纲的系数，描述了数据围绕平均值的分散程度。

指数分布的平均值与标准差相同，所以其变化系数为 1。如果观测到的变化系数接近于 1，则用指数分布去拟合这些数据是合理的。当变化系数比 1 小得多时，经常应用爱尔朗分布。

顾客的到达模式如果按顾客到来的方式划分，那么可能是一个一个的，也可能是成批的；如果按相继到达的时间间隔划分，那么可以是确定型的，也可以是随机型的；如果按到达的过程划分，那么可以是平稳的，也可以是非平稳的。

3. 服务机构

同到达时间一样，首先定义 T_a 为平均服务时间，μ 为平均服务速率，$S_0(t)$ 为服务时间大于 t 的概率。

服务机构按机构形式可以分为无服务台、只有一个服务台或有多个服务台的情况。在有多个服务台的情形中，它们可以是平行排列（并列）的，也可以是前后排列（串列）的，也可以是混合的；按服务方式可以是对单个顾客进行，也可以是对成批顾客进行；按服务时间可以是确定型的，也可以是随机型的；按服务过程可以是平稳的，也可以是非平稳的。非平稳情形处理起来是十分复杂的，所以同到达过程一样，服务时间的分布都假定是平稳的。

4. 排队规则

排队规则是指顾客按一定的次序接受服务。服务次序可以采用下列规则：

(1) 先到先服务

即按到达次序接受服务，这是最常见的情形。

(2) 后到先服务

如乘电梯的顾客通常是后进先出的。仓库中堆放的大件物品也是如此。在情报系统中，最后到达的信息往往是最有价值的，因而常采用后到先服务的规则。

(3) 随机服务

当服务台空时，从等待的顾客中随机地选取一名进行服务，而不管到达的先后次序。

(4) 优先权服务

如医院中的急诊病人优先得到治疗。

(5) 多个服务台（如 n 个）情形

当顾客到达时，可以按如下规则在每个服务台前排成一队，第 $1, n+1, 2n+1, \cdots$ 个顾客排入第一个队，第 $2, n+2, 2n+2, \cdots$ 个顾客排入第二个队等。或者所有顾客排成一个公共的队，每当有一个服务台空闲时，队首的顾客进入服务。也可以这样排成 n 队，当某个顾客到达时，以概率 P_i 进入第 i 队$\left(\sum_{i=1}^{n} P_i = 1\right)$。

5. 队列的度量

已知平均到达速率 λ 和平均服务速率 μ，定义业务量强度 γ 为

$$\gamma = \lambda/\mu \tag{4.4}$$

定义服务设备利用率 ρ 为得到服务的动态实体的到达速率与服务速率之比

$$\rho = \lambda/n\mu \tag{4.5}$$

式中,n 为服务台数目;μ 为每个服务台的平均服务速率。

显然,服务台越少,服务设备的利用率就越高,正常情况是 $\rho < 1$,这样每个动态实体才有希望得到即时服务。利用率越高,则动态实体的排队等待时间越长。因此,设计系统的设备利用率是一个权衡过程,可以通过多次反复的仿真试验加以合理解决。

对于队列的度量,通常考察两个量:队列的长度和排队的时间。这两个量都是变量,不同的队列其长度是不一样的,不同的动态实体的排队时间也是不同的。在仿真试验中,对这两个量的变化进行统计,以求出其数字特征(如均值、方差、最大最小值等),这些值反映了一个服务系统的重要特征。

6. 排队模型的分类

肯德尔(Kendall) 则对并列服务台的情形提出一个分类方法,其符号形式为

$$X/Y/Z$$

式中,X 为相继到达的时间间隔的分布;Y 为服务时间的分布;Z 为并列的服务台的数目。

目前,这一方法被广泛采用,常用的表示相继到达的时间间隔和服务时间的概率分布的符号是:

M— 负指数分布(M 是指 Markov 性,因负指数分布具有无记忆性,即 Markov 性);

D— 确定型(Deterministic);

E_k—k 阶爱尔朗(Erlang) 分布;

GI— 一般相互独立的随机分布;

G— 一般随机分布。

例如,$M/M/1$ 表示相继到达的时间间隔为负指数分布,服务时间为负指数分布,单服务台模型;$D/M/2$ 表示确定的到达时间间隔,服务时间为负指数分布,两个平行服务台(但顾客是一队) 的模型;$GI/G/1$ 表示单服务台,有一般相互独立的随机到达分布和一般随机服务时间分布的模型。

4.3.2　到达时间间隔和服务时间的分布

解决排队问题首先要根据先验知识做出顾客到达时间间隔和服务时间的经验分布,然后再利用统计学的方法确定其相应的理论分布,并估计其参数值。

下面列出几种常用的理论分布。

1. 定长分布

这是最简单的情形,每个动态实体在恒定的时间间隔内到达,或者是每个动态实体接受服务的时间是常数。

$$A_0(t) = P\{T \geqslant t\} = \begin{cases} 0 & t > a \\ 1 & t \leqslant a \end{cases} \tag{4.6}$$

$$S_0(t) = \begin{cases} 0 & t > b \\ 1 & t \leqslant b \end{cases} \tag{4.7}$$

2. 泊松(Poisson) 分布

到达时间间隔满足下面四个条件的分布 —— 即泊松分布。

(1) 平稳性

在区间$[a,a+t]$内有k个顾客到来的概率与a无关，只与t,k有关，将此概率记为$P_k(t)$。

(2) 无后效性

不相交区间内顾客数是相互独立的。

(3) 普通性

令$\psi(t)$为时间t内至少有两个顾客到达的概率，则

$$\lim_{t\to 0}\psi(t)=0 \tag{4.8}$$

(4) 有限性

任意区间内到达有限个顾客的概率之和为 1，即

$$\lim_{k\to\infty}\sum_{R=0}^{k}P_R(t)=1 \tag{4.9}$$

如果顾客到达时间满足泊松分布，则在时间t内到达k个顾客的概率为

$$P_k(t)=\mathrm{e}^{-\lambda t}\frac{(\lambda t)^k}{k!}\quad k=1,2,\cdots \tag{4.10}$$

其中λ为泊松分布常数。

令第i个顾客到达的时刻为$\tau_i(i=1,2,\cdots)$，并令$\tau_0=0$，那么顾客相继到达的时间间隔$t_i=\tau_i-\tau_{i-1}$是独立分布的，其分布函数为负指数分布

$$A_0(t)=P\{T\geqslant t\}=\begin{cases}\mathrm{e}^{-\lambda t} & t>0\\ 1 & t\leqslant 0\end{cases} \tag{4.11}$$

同式(4.2)对比，显然有$\lambda=1/T_\mathrm{a}$，且T的数学期望和方差为

$$E(T)=1/\lambda,D(T)=1/\lambda^2 \tag{4.12}$$

在泊松分布中，顾客到达的时间是完全随机的，仅仅受到给定的平均速率λ的限制。泊松分布是一种很重要的分布，许多排队系统的到达模式都属于这种分布。

当服务时间是完全随机的时候，也可以用上述的指数分布来表示

$$S_0(t)=\begin{cases}\mathrm{e}^{-\mu t} & t>0\\ 1 & t\leqslant 0\end{cases} \tag{4.13}$$

其中

$$\mu=1/T_\mathrm{s}$$

3. 爱尔朗(Erlang)分布

设$\xi_1,\xi_2,\cdots,\xi_k$是k个相互独立的随机变量，服从相同的参数λk的负指数分布，则$T=\xi_1+\xi_2+\cdots+\xi_k$的概率密度为

$$f(t)=(\lambda k)^k\left[\frac{\mathrm{e}^{-\lambda k}}{(k-1)!}\right]t^{k-1} \tag{4.14}$$

称T服从k阶爱尔朗分布。易求得

$$E(T)=1/\lambda,D(T)=1(\lambda^2 k) \tag{4.15}$$

图 4-5 给出了爱尔朗分布的概率密度示意图。

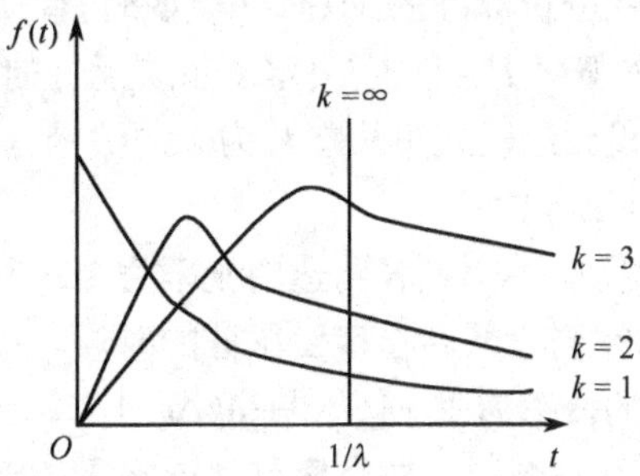

图 4-5　爱尔朗分布的概率密度示意图

当k增大时，爱尔朗分布的图形逐渐变得对称，变化系数减小，也就是说，这时曲线族表示的

数据要比指数分布表示的数据更接近平均值;当 $k \geqslant 30$ 时,爱尔朗分布可以用正态分布近似;当 $k \to \infty$ 时,$D(T) \to 0$,这时它化为确定型分布。所以一般 k 阶爱尔朗分布可以看成不完全确定的中间型,能对现实世界提供具有更为广泛的适应性。

由式(4.14)可得完全随机和完全确定的爱尔朗到达分布为

$$A_0(t) = \mathrm{e}^{-\lambda kt} \sum_{n=0}^{k-1} \frac{(\lambda kt)^n}{n!} \tag{4.16}$$

4. 一般相互独立的随机分布

所有活动实体的服务时间是相互独立分布的。

5. 一般随机分布

如果到达时间和服务时间不能用上述几种典型的分布简单地表示出来,那么可以先从先验数据中获得统计数据,再加上适当的预测推算,求出其概率分布。

6. 正态分布

在服务时间近似于常数的情况下,多种随机因素的影响使得服务时间围绕此常数值波动,此时可以用正态分布来描述。

4.3.3 排队系统分析

对于随机排队系统,在给定的到达条件下,研究系统的下述行为指标:

① 系统中顾客数的期望值 L_s,在队列中等待的顾客数(队列的长度)的期望值 L_q;

② 在系统中顾客逗留时间的期望值 W_s,在队列中顾客等待时间期望值 W_q。

求这些指标时,都是以求解系统的状态为 n(有 n 个顾客)的概率 $P_n(t)$ 为基础的。

1. 单服务台 ***M*/*M*/1** 模型

标准的 $M/M/1$ 模型是指适合下列条件的排队系统:

(1) 到达模式

顾客源是无限的,顾客一个接一个地到达,相互独立,在给定的时间区间内到达的人数服从泊松分布,到达过程是平稳的。

(2) 排队规则

单队,对队长无限制,先到先服务。

(3) 服务台

单服务台,各顾客的服务时间是相互独立的,服从相同的指数分布。

此外,还假定到达的时间间隔和服务时间是相互独立的。

在分析标准的 $M/M/1$ 模型时,首先要求出系统在任意时刻 t 的状态为 n(系统中有 n 个顾客)的概率 $P_n(t)$,它决定了系统运行的特征。

设到达模式服从参数为 λ 的泊松分布,服务时间服从参数为 μ 的指数分布,则在时间区间 $[t, t+\Delta t]$ 内:

① 有一个顾客到达的概率为 $\lambda\Delta t + o(\Delta t)$;没有顾客到达的概率为 $1-[\lambda\Delta t + o(\Delta t)]$;

② 当有顾客在接受服务的时候,一个顾客接受完服务后离去的概率为 $\mu\Delta t + o(\Delta t)$,没有离去的概率为 $1-[\mu\Delta t + o(\Delta t)]$;

③ 一个以上的顾客到达或离去的概率是 $o(\Delta t)$,可以忽略。

在时刻 $t+\Delta t$,如果系统内有 n 个顾客,那么就会有表 4-1 列出来的 4 种情况(到达或离去两人以上的情况没有列出，可以忽略不计）。

表 4-1　系统的 4 种情况

情况	时刻 t 顾客数（位）	在区间 $[t,t+\Delta t]$		时刻 $t+\Delta t$ 顾客数（位）
		到达	离去	
A	n	－	－	n
B	$n+1$	－	＋	n
C	$n-1$	＋	－	n
D	n	＋	＋	n

注：表中减号（－）表示没有发生；加号（＋）表示发生一个。

它们的概率分别是：

情况 A　$P_n(t)(1-\lambda\Delta t)(1-\mu\Delta t)$

情况 B　$P_{n+1}(t)(1-\lambda\Delta t)(\mu\Delta t)$

情况 C　$P_{n-1}(t)(\lambda\Delta t)(1-\mu\Delta t)$

情况 D　$P_n(t)(\lambda\Delta t)(\mu\Delta t)$

由于以上四种情况是互不相容的，所以 $P_n(t+\Delta t)$ 应是以上四项的和。

$$P_n(t+\Delta t)=P_n(t)(1-\lambda\Delta t-\mu\Delta t)+P_{n+1}(t)\mu\Delta t+P_{n-1}(t)\lambda\Delta t$$

$$\frac{P_n(t+\Delta t)-P_n(t)}{\Delta t}=\lambda P_{n-1}(t)+\mu P_{n+1}(t)-(\lambda+\mu)P_n(t)$$

令 $\Delta t\to 0$

$$\frac{\mathrm{d}P_n(t)}{\mathrm{d}t}=\lambda P_{n-1}(t)+\mu P_{n+1}(t)-(\lambda+\mu)P_n(t)\quad n=1,2,\cdots \tag{4.17}$$

当 $n=0$ 时，只出现表 4-1 中 A,B 两种情形，即

$$P_0(t+\Delta t)=P_0(t)(1-\lambda\Delta t)+P_1(t)(1-\lambda\Delta t)\mu\Delta t$$

可得

$$\frac{\mathrm{d}P_0(t)}{\mathrm{d}t}=-\lambda P_0(t)+\mu P_1(t) \tag{4.18}$$

当 t 很大时，$P_n(t)$ 与 t 无关，将其记为 P_n，它的导数为零，由式(4.17)、式(4.18)得

$$\begin{cases}\lambda P_{n-1}+\mu P_{n+1}-(\lambda+\mu)P_n=0\\-\lambda P_0+\mu P_1=0\end{cases} \tag{4.19}$$

这是一个关于 P_n 的差分方程，具体解为

$$P_n=\left(\frac{\lambda}{\mu}\right)^n P_0 \tag{4.20}$$

设 $\rho=\dfrac{\lambda}{\mu}<1$（队列不可能无限长），又由概率性质

$$\sum_{n=0}^{\infty}P_n=1$$

得

$$P_0\sum_{n=0}^{\infty}\rho^n=P_0\frac{1}{1-\rho}=1$$

所以

$$\begin{cases}P_0=1-\rho\\P_n=(1-\rho)\rho^n\end{cases} \tag{4.21}$$

式(4.21)便是系统状态方程为 n 的概率。以它为基础可以求得系统的一些运算指标：

(1) 在系统中的平均顾客数(期望)

$$L_s=\sum_{n=0}^{\infty}nP_n=\sum_{n=1}^{\infty}n(1-\rho)\rho^n=\frac{\rho}{1-\rho}$$

或

$$L_s=\frac{\lambda}{\mu-\lambda}$$

(2) 在队列中等待的平均顾客数

$$L_q=\sum_{n=1}^{\infty}(n-1)P_n=\sum_{n=1}^{\infty}nP_n-\sum_{n=1}^{\infty}P_n=L_s-\rho=\frac{\rho^2}{1-\rho}=\frac{\rho\lambda}{\mu-\lambda}$$

(3) 顾客在系统中逗留的平均时间

由于在 $M/M/1$ 模型中,顾客在系统中停留的时间服从参数为 $\mu-\lambda$ 的负指数分布,即

$$f(W)=(\mu-\lambda)\mathrm{e}^{-(\mu-\lambda)W}$$

$$F(W)=\int_{-\infty}^{W}f(x)\mathrm{d}x=1-\mathrm{e}^{-(\mu-\lambda)W}$$

所以

$$W_s=E(W)=\frac{1}{\mu-\lambda}$$

(4) 顾客在队列中等待的平均时间

$$W_q=W_s-\frac{1}{\mu}=\frac{\rho}{\mu-\lambda}$$

【例 4.3】 某医院手术室根据病人就诊和完成手术时间的记录,任意抽查 100 个工作小时,每个小时来就诊的病人数 n 的出现频率如表 4-2 所示,又任意抽查了 100 个完成手术的病例,所用的手术时间(小时)列于表 4-3 中。

表 4-2　病人到达情况

到达病人数 n(位)	出现频数 f_n(次)
0	10
1	28
2	29
3	16
4	10
5	6
≥6	1
合计	100

表 4-3　病人手术花费时间情况

病人手术花费时间(h)	出现频数(次)
0.0～0.2	38
0.2～0.4	25
0.4～0.6	17
0.6～0.8	9
0.8～1.0	6
1.0～1.2	5
≥1.2	0
合计	100

解:(1) 平均到达速率 $=\frac{1}{100}\sum nf_n=2.1$(位/小时)

平均手术时间 $=\frac{1}{100}\sum vf_v=0.4$(位/小时)

平均服务率 $=\frac{1}{0.4}=2.5$(位/小时)

(2) 取 $\lambda=2.1$,$\mu=2.5$,经统计检验可以认为病人到达服从参数为 $\lambda=2.1$ 的泊松分布,

手术时间服从参数为 $\mu=2.5$ 的负指数分布。

(3) 服务台利用率 $\rho=\lambda/\mu=2.1/2.5=84\%$，这说明服务台有 84% 的时间是繁忙的。

(4) 其他的各项指标如下：

在病房中的平均病人数

$$L_s=\frac{2.1}{2.5-2.1}=5.25(\text{位})$$

排队等待时的病人数

$$L_q=0.84\times 5.25=4.41(\text{位})$$

病人在病房中逗留时间的平均值

$$W_s=\frac{1}{2.5-2.1}=2.5(\text{h})$$

病人排队等待时间

$$W_q=\frac{0.84}{2.5-2.1}=2.1(\text{h})$$

2. **多服务台 $M/M/C$ 模型**

规定各服务台工作是相互独立的且平均服务率相同(均为 μ)。于是整个服务机构的平均服务率为 $c\mu$，只有当$\frac{\lambda}{c\mu}<1$ 时队列才不会排成无限长。令

$$\rho=\lambda/(c\mu)$$

称 ρ 为这个系统的服务强度或服务台平均利用率。

对于标准的 $M/M/C$ 模型，表示 $P_n(t)$ 的微分方程为

$$\begin{cases}\dfrac{\mathrm{d}P_n(t)}{\mathrm{d}t}=\lambda P_{n-1}(t)+c\mu P_{n+1}(t)-(\lambda+c\mu)P_n(t) \quad (n\geqslant c)\\[2ex] \dfrac{\mathrm{d}P_n(t)}{\mathrm{d}t}=\lambda P_{n-1}(t)+(n+1)\mu P_{n+1}(t)-(\lambda+n\mu)P_n(t) \quad 1\leqslant n<c\\[2ex] \dfrac{\mathrm{d}P_0(t)}{\mathrm{d}t}=\mu P_1(t)-\lambda P_0(t)\end{cases}$$

当 t 很大时，令上述微分方程中的导数为零，得到稳态时的差分方程

$$\begin{cases}\mu P_1-\lambda P_0=0\\ (n+1)\mu P_{n+1}-(\lambda+n\mu)P_n+\lambda P_{n-1}=0 \quad (1\leqslant n<c)\\ c\mu P_{n+1}-(\lambda+c\mu)P_n+\lambda P_{n-1}=0 \quad (n\geqslant c)\end{cases}$$

上面的差分方程的解为

$$P_n=\frac{1}{n!}\left(\frac{\lambda}{\mu}\right)^n P_0 \quad (n<c)$$

用 $\rho=\lambda/(c\mu)$ 代入，得

$$P_n=\frac{c^n}{n!}\rho^n P_0 \qquad (n<c)$$

$$P_n=\frac{c^c}{c!}\rho^n P_0 \qquad (n\geqslant c)$$

注意到

$$\sum_{n=0}^{\infty} P_n = 1, \qquad \rho < 1$$

可得

（1）状态概率

$$P_0 = \left[\sum_{k=0}^{c-1} \frac{1}{k!}\left(\frac{\lambda}{\mu}\right)^k + \frac{1}{c!}\frac{1}{1-\rho}\left(\frac{\lambda}{\mu}\right)^c\right]^{-1}$$

$$P_n = \begin{cases} \dfrac{1}{n!}\left(\dfrac{\lambda}{\mu}\right)^n P_0 & (n < c) \\ \dfrac{1}{c!c^{n-c}}\left(\dfrac{\lambda}{\mu}\right)^n P_0 & (n \geqslant c) \end{cases}$$

（2）系统中平均顾客数和平均队列长度

$$L_s = L_q + c\rho$$

$$L_q = \sum_{n=c+1}^{\infty} (n-c)P_n = \frac{(c\rho)^c \rho}{c!(1-\rho)^2} P_0$$

（3）平均等待时间和逗留时间

$$W_q = L_q/\lambda$$

$$W_s = W_q + \frac{1}{\mu} = L_s/\lambda$$

【例4.4】 某售票点有三个窗口，顾客的到达服从泊松分布，平均到达率为$\lambda = 0.9$（人），服务时间服从负指数分布，平均服务率为$\mu = 0.4$(人)。现设顾客到达后首先排成一队，依次向空闲的窗口购票，如图4-6所示。

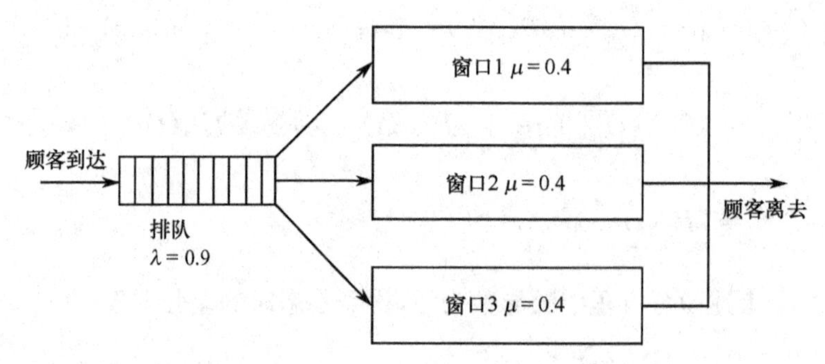

图4-6　M/M/3系统模型示意图

解：由题意得　　$c = 3$，　$\dfrac{\lambda}{\mu} = 2.25$，　$\rho = \dfrac{\lambda}{c\mu} = 2.25/3 < 1$

代入前面的公式得到：

（1）整个售票点空闲的概率

$$P_0 = \left[\sum_{k=0}^{2} \frac{2.25^k}{k!} + \frac{2.25^3}{3!}\frac{1}{1-2.25/3}\right]^{-1} = 0.0748$$

（2）平均顾客数和平均队列长度

$$L_q = \frac{2.25^3 \times 3/4}{3!(1/4)^2} \times 0.0748 = 1.70$$

$$L_s = L_q + \lambda/\mu = 3.95$$

(3) 平均等待时间和逗留时间

$$W_q = 1.70/0.9 = 1.89\ (\text{min})$$

$$W_s = 1.89 + \frac{1}{0.4} = 4.39\ (\text{min})$$

顾客到达后必须等待(即系统中顾客数超过三人,或服务台都未空闲)的概率为

$$P(n > 3) = \sum_{n=3+1}^{\infty} \frac{2.25^n}{3! \times 3^{n-3}} \times 0.0748$$

4.4 Petri网络仿真

Petri网络最早由C. A. Petri于1962年在其博士论文中提出,它属于DEDS建模文件图技术中用得最广泛的一类,既可用于带时标的仿真模型,又可用于不带时标的建模;既可以用于确定型模型,又可用于逻辑型的定性模型。

Petri网络模型的主要优点是:采用网络图的形式模拟离散事件系统,形式简洁、直观,特别适合于描述系统的组织、结构和状态的变化;可以在不同的概念级别上表明系统的结构和性质;能有效地模拟异步并发系统,直接分析模型实体中是否具有诸如死锁、状态空间无限等异常特征。

由于Petri网络可以很好地描述并发、顺序、同步、异步、冲突等现象,又有严格的数学理论作为分析的基础,所以可借助数学工具得到Petri网的分析方法和技术,并对Petri网络系统进行静态的结构分析和动态的行为分析。因此,它作为系统建模与分析的一种有力工具,越来越为人们所重视。

近十几年来,在对离散事件系统的研究中,Petri网络理论和方法得到了迅速的发展。Petri网络模型的研究、改进和拓展工作备受人们的关注,先后实现了带有禁止弧的计时变迁Petri网络、随机Petri网络(SPN)、定随机Petri网(DSPN)、广义随机网络及有向随机Petri网络、有色Petri网,以及出现网、实时网和延时网等各种类型的扩展Petri网络模型。

Petri网络已经成功应用于有限状态机、数据流计算、通信协议、同步控制、生产系统、形式语言和多处理器系统等的建模中。离散事件系统的本质是事件的发生和状态的改变,事件和状态分别可用Petri网的变迁和库来描述,而事件的发生和状态的改变则可由Petri网的运行来体现,Petri网已经成为了离散事件系统的主要建模工具。

4.4.1 Petri网图

1. 数学结构

Petri网图是一个三元组$N = (P, T, F)$,如图4-7所示。其中P是库所(place)节点的集合,T是变迁(transition)节点的集合,F是$p \to t, t \to p$的有向弧线的集合。图中,库所用圆圈"○"表示,通常它对应于事件发生的条件;变迁用竖线"|"或矩形框"□"表示,通常它对应于事件的发生和结果;弧线f用箭头"→"表示,通常表示事件间的流关系。网结构(P, T, F)则表示系统结构和规则。

设$p \in P, t \in T, I(t) = \{P \mid (p,t) \in T\}$称为$t$的输入库集,$O(t) = \{P \mid (t,p) \in F\}$,称为输出库集。如图4-7所示,其中库集$P = \{p_1, p_2, p_3, p_4, p_5\}$,变迁集$T = \{t_1\}$,流关系$F = \{(p_1, t_1), (p_2, t_2), (p_3, t_3), (p_4, t_4), (p_5, t_5)\}$。

图中库所内的黑点称为"令牌"(token),表示条件成立,而各个库所的令牌数的列矩阵称

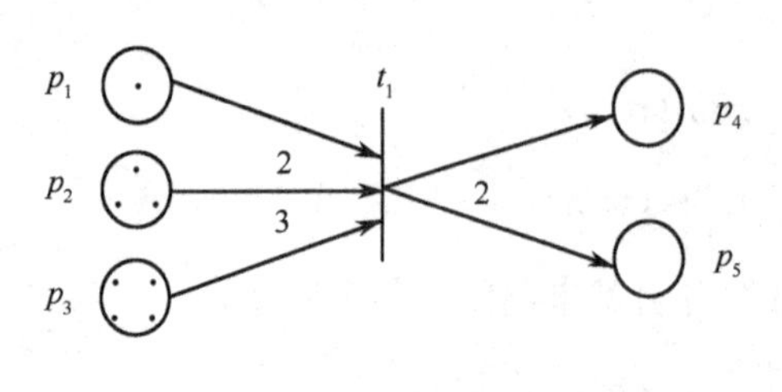

图 4-7　Petri 网图

为“标识”(marking)，$\boldsymbol{M}=[M(p_1),M(p_2),M(p_3),M(p_4),M(p_5)]$，$M(p_i)$ 表示 p_i 中的令牌数，它表示与该库所有关的数据项或条件的数目，而令牌在各库所的分布可以看做是系统所处的状态。$\boldsymbol{M}$ 的初始配置 $\boldsymbol{M}_0$ 称为初始标识，如图 4-7 所示，$\boldsymbol{M}_0=[1\quad 3\quad 4\quad 0\quad 0]^{\mathrm{T}}$。

为了对各弧线 f 赋权，用 $w(p_i,t_j)$，$w(t_j,p_i)$ 来表示，其中 $w(p_i,t_j)$ 表示由 p_i 指向 t_j，$w(t_j,p_i)$ 表示由 t_j 指向 p_i 的有向弧的权重。权矩阵 $\boldsymbol{W}(P,T)=w(p_i,t_j)$，$W(T,P)=w(t_j,p_i)$。如图 4-7 所示，$w(p_1,t_1)=1$，$w(p_2,t_1)=2$，$w(t_1,p_5)=2$，权重用数字标注，如果弧线的权重等于 1，则标注可以省略。

为了表示 N 上令牌的容量，引入 $K=[k(p_1),k(p_2),\cdots,k(p_n)]^T$，其中，$k(p_i)$ 表示 p_i 容纳令牌数的上限。

Petri 网的类型有基本 Petri 网，简称 C/E 网（K 均为 1）；低级 Petri 网，简称 P/T 网（K，W 均大于或等于 1）；定时 Petri 网（带时标）；高级 Petri 网等多种类型。随机网属于高级网，它把变迁的发生看做一个随机过程。一般将每一个变迁的发生时间当成服从指数分布的随机过程。

2. 变迁的条件和规则

标识的变迁表示系统状态的变化，可用下面的变迁的发射（时间的发生）规则来定义。变迁条件和发射规则如下。

(1) 对于 $t\in T$，如果

$$\begin{cases} p\in I(t),M(p)\geqslant w(p,t) \\ p\in O(t),M(p)\geqslant K(p)-w(t,p) \\ p\in I(t)\wedge p\in O(t),M(p)\leqslant K(p)+w(p,t)-w(t,p) \end{cases} \tag{4.22}$$

成立，则变迁是可能的。

(2) 标识 M 将按以下规则变化为后继标识 M'

$$M'(p)=\begin{cases} M(p)-w(p,t),p\in I(t) \\ M(p)+w(t,p),p\in O(t) \\ M(p)+w(t,p)-w(p,t),p\in I(t)\wedge p\in O(t) \\ M(p),\text{其他} \end{cases} \tag{4.23}$$

有一个 Petri 网如图 4-8 所示，利用变迁条件和规则可以对图中的 Petri 网的变迁发生权进行检查，其顺序为 t_1,t_2,t_3,t_4。

① 检查 t_1：t_1 的三个输入库所分别是 p_2,p_3,p_6，输出库所是 p_1。

$$M(p_2)=2,M(p_3)=2,M(p_6)=1$$
$$w(p_2,t_1)=1,w(p_3,t_1)=1,w(p_6,t_1)=1$$
$$w(t_1,p_1)=1$$

变迁 t_1 可以被点燃，点燃后有

$$M'(p_2)=1,M'(p_3)=1,M'(p_6)=0$$

而 $M'(p_1)=1$，这一结果如图 4-9 所示。

② 检查 t_2：在图 4-9 的标识下，t_2 没有发生权。

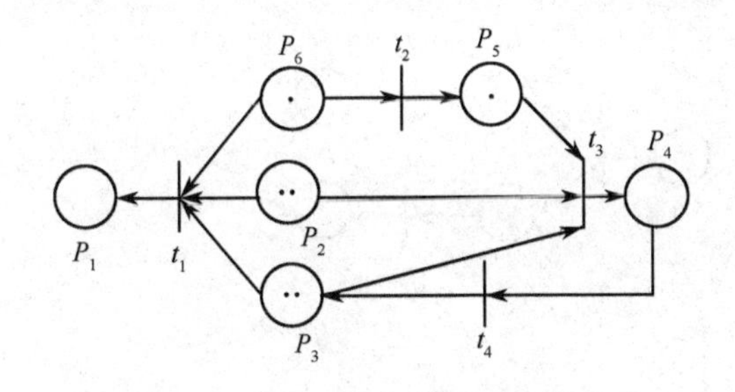

图 4-8　普通 Petri 网示意图

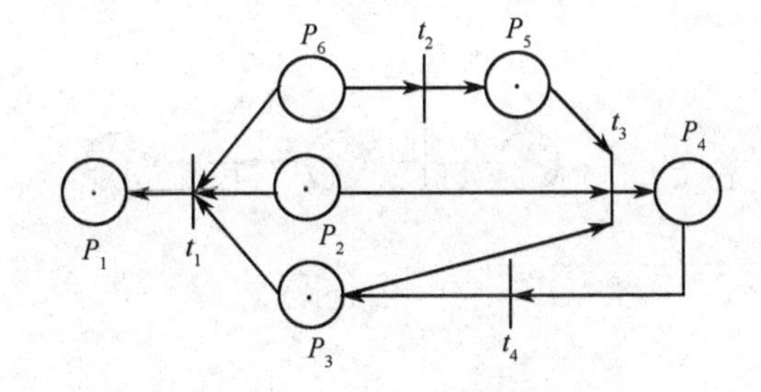

图 4-9　t_1 点然后的 Petri 网图

③ 检查 t_3：在图 4-9 的标识下，t_3 有发生权。点燃后，三个输入库所的标识为$M'(p_2)=0$，$M'(p_3)=0$，$M'(p_5)=0$，而输出库所的标识为 $M'(p_4)=1$，这一结果如图 4-10 所示。

④ 检查 t_4：在图 4-10 的标识下，t_4 有发生权。点然后输入库所 $M'(p_4)=0$，输出库所 $M'(p_3)=1$，如图 4-11 所示。

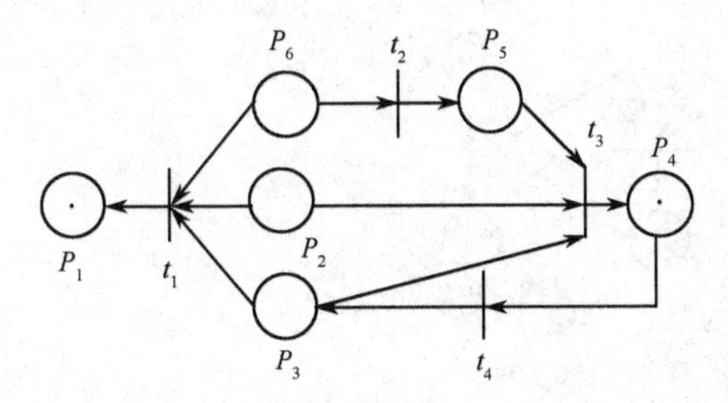

图 4-10　t_3 点然后的 Petri 网图

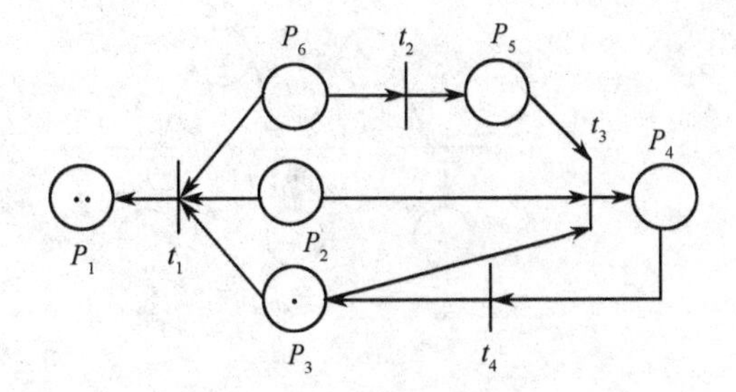

图 4-11　t_4 点然后的 Petri 网图

至此，所有的变迁都没有发生权了，Petri 网的运行结束。在 Petri 网运行的过程中，值得注意的是：一定要规定好变迁的扫描顺序，不同的顺序，将会导致不同的结果。

4.4.2　时间逻辑关系的网图

利用 Petri 网图可以有效地模拟离散事件在某一状态事件间的逻辑关系。图 4-12 列举了主要的五种关系。

在图 4-12 中：

图(a) 表示事件 t_1，t_2 为先后关系；

图(b) 表示事件 t_2，t_3 为并发关系；

图(c) 表示事件 t_1，t_2 为冲突关系；

图(d) 表示事件 t_1，t_2，t_3 为迷惑关系，取决于它们的发生次序；

图(e) 表示事件 t_1，t_2 为死锁关系，事件不可能发生。

4.4.3　随机系统的 Petri 网仿真

Petri 网图仿真的步骤和一般的仿真步骤基本相同，即建立系统模型，输入运行规则及有关参数，仿真运行和结果处理。其不同之处在于 Petri 网图仿真不仅可对对象系统进行数值分析，还可以对对象系统进行定性分析。

1. 定性分析

进行定性分析时，输入一般 Petri 网的发射规则，place 不具有延时性。系统运行时，屏幕上

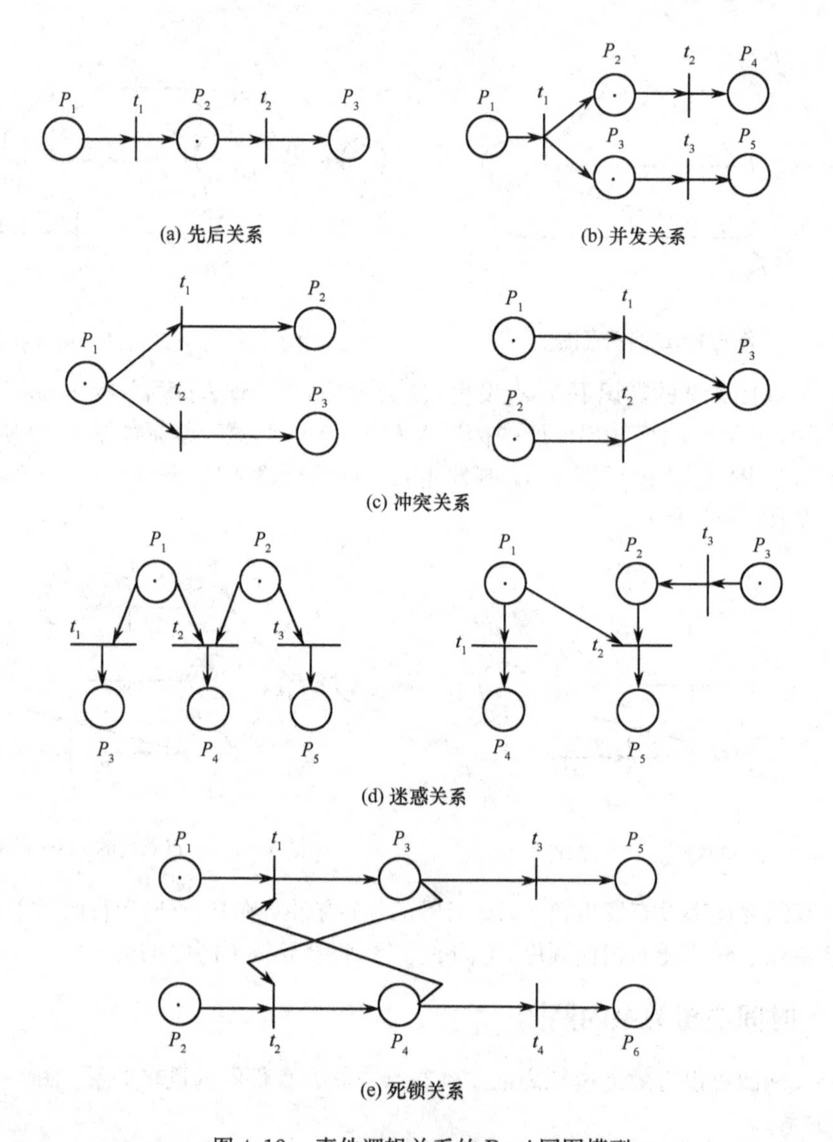

图 4-12　事件逻辑关系的 Petri 网图模型

动画显示“令牌”的移动。在运行过程中，遇到事件间存在冲突时，运动自动暂停，输入消除冲突决策后，系统继续运行。遇到死锁，运行也自动停止。这时必须改变系统的结构，排除死锁，系统方可能恢复运行。运行结束（或一个循环周期）后，可转入“可达树”的生成，这时便可以利用可达树来分析系统的结构性质。可达树是以初始标识 M_0 为根，以可达标识 M 为节点，以触发变迁为有向枝的映射图。它可清楚地表示各种可能发生的变迁序列，且能判断 Petri 网是否有界，但可达树没能表达被分析的 Petri 网的全部特征，因此无法解答活性等问题。

当一个 Petri 网对于给定的初始标识 M_0 和目标标识 M 存在一个发射系列 σ，$\sigma = t_1, t_2, \cdots, t_n$，可以使 M_0 变迁为 M 时，则称 M 是从 M_0 可达到的，用 $M_0 \xrightarrow{\sigma} M$ 表示。所有可达标识的集合称为可达集合，用 $R(M_0)$ 表示。所谓可达树是指将可达集合 $R(M_0)$ 的各个标识作为节点（初始标识为根节点）从 M_0 到各个节点的发射序列为枝画成的图。如图 4-13 所示。

2. 数值分析

进行数值分析时，输入 Petri 网的发射规则，有延时的库所（place）赋给时间值，然后启动

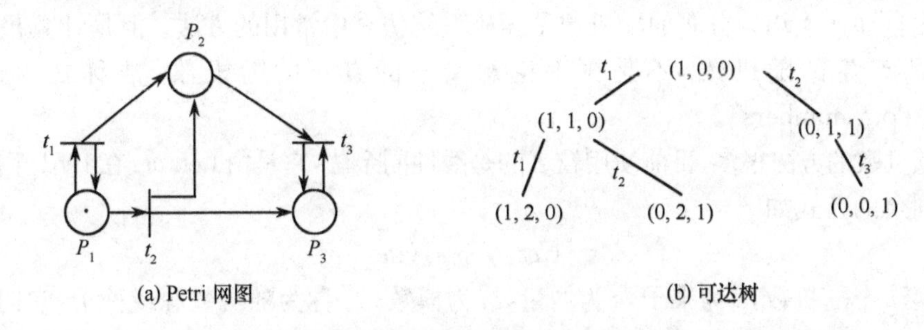

图 4-13　系统的 Petri 网图和可达树

运行。运行时，屏幕上显示"令牌"的变化和移动，同时记忆被指定参数在系统运行中被指定时刻的数值。运行结束后(或一个循环周期)进行数据处理，输出结果表格或图形，对系统的性能进行评价。

修改网结构或附加描述的有关数值，再启动运行，即可得到一组新的统计参数及新旧方案的对比数据和系统对参数的敏感度，从而可以对现有系统进行优化，或在设计新的系统时提供数据依据。

4.5　随机数和随机变量的生成

为了在数字机上进行随机系统的仿真研究，就要求在数字机上产生所需要的随机噪声。这里研究的随机噪声是一种平稳的随机过程，因此，它的统计特性完全可以用随机过程$\{x(t)\}$的一个样本函数 $x(t)$ 的时间平均特性来加以描述。一般可以用 $x(t)$ 的概率分布 $F(t)$ 来描述它的幅度上的统计特性，而用 $x(t)$ 的自相关函数 $R_x(\tau)$ 或功率频谱密度 $S_x(\omega)$ 来描述它在时域或在频域上的统计特性。

4.5.1　随机数的产生

任何系统或过程的仿真，在具有内在随机因素时，都需要一种能够产生或获得在某种意义上为随机数字的方法。例如，在运筹学排队模型就有到达时间、服务时间和等待时间等变量，它们服从某些规定的概率分布。

理论上说，具有连续分布的随机数，通过函数的变换、组合、舍取技巧或近似等方法，可以产生其他任意分布的随机数。由于[0,1]区间上的均匀随机数是一种最简单的、最容易产生的随机数，因此，在计算机上产生其他任意的随机数时，几乎都使用[0,1]上均匀分布的随机数。

如果随机变量 ξ 在[0,1]区间上服从均匀分布，则其概率密度函数为

$$f(x)=\begin{cases}1, & 0\leqslant x<1\\ 0, & \text{其他}\end{cases}$$

概率分布函数为

$$F(x)=\begin{cases}0, & x<0\\ x, & 0\leqslant x<1\\ 1, & x\geqslant 1\end{cases}$$

数学期望和均方差为

$$E(\xi)=1/2$$

$$\sigma=1/2\sqrt{3}$$

用程序自动产生均匀分布的随机数是随机系统仿真中常用的方法。但是计算机中的随机数发生器所产生的随机数，不是概率论意义下的真正的随机数，故称之为伪随机数(Pseudorandom numbers)。

产生随机数的方法很多，目前使用较多的是线性同余法，它是由Lehmer在1951年提出来的。

线性同余的公式如下

$$x_i = (ax_{i-1} + c)(\mathrm{mod}\ m) \tag{4.24}$$

其中 x_i 是第 i 个随机数，a 为乘子，c 为增量，m 为模数，x_0 称为随机数源或种子，它们均为非负整数。常数 a,c,m 的选择将会影响所产生的随机数序列的循环周期。由式4.24得到的 x_i 满足

$$0 \leqslant x_i < m$$

求取随机数列的递推步骤如下：

① 设定 a,c,m 值，并给定初始 x_0；

② 令 $i = 1$；

③ 求余数 $x_i = (ax_{i-1} + c)(\mathrm{mod}\ m)$；

④ 求取[0,1]区间上的随机数 $\xi_i = x_i/m$；

⑤ $i = i + 1$ 转入(3)。

从代数的角度来看，由于 x_i 是 $(ax_{i-1} + c)/m$ 的余数，所以线性同余法还可以表示为

$$x_i = ax_{i-1} + c - mk_i$$

其中

$$k_i = \mathrm{int}[(ax_{i-1} + c)/m]$$

即 k_i 是不超过 $(ax_{i-1} + c)/m$ 的最大正整数。

若给出初值 x_0，可以推出下列公式

$$\begin{aligned} x_1 &= ax_0 + c - mk_1 \\ x_2 &= a^2x_0 + c(1 + a) - m(k_2 + k_1a) \\ x_3 &= a^3x_0 + c(1 + a + a^2) - m(k_3 + k_2a + k_1a^2) \\ &\vdots \qquad\qquad \vdots \\ x_n &= a^nx_0 + c(1 + a + \cdots + a^{n-1}) - m(k_n + k_{n-1}a + \cdots + k_1a^{n-1}) \\ &= a^nx_0 + c\frac{a^n - 1}{a - 1}\mathrm{mod}\ m。\end{aligned} \tag{4.25}$$

由此可见，只要给定 a,c,m 和 x_0，就可以完全确定数列 $\{x_i\}$。对于一般的线性同余发生器，当且仅当参数 a,c,m 的选择满足下列三个条件时，随机数发生器具有满周期(即循环周期等于模数 m)。

① m 与 c 互素；

② 如果 q 是 m 的一个素因子，则 q 也是 $a - 1$ 的因子；

③ 如果 m 能被4整除，则 $a - 1$ 也能被4整除。

由 x_i 得到的 ξ_i 仅仅是有限的个数，尽管如此，只要恰当地选择 a,c,m 和 x_0，由此产生的数列 $\{\xi_i\}$ 在其特性上，仍然十分接近真正的均匀随机数列。

4.5.2　随机变量的产生

产生随机变量的方法很多，对于给定的随机变量，可根据其特点选择一种或几种方法。这里介绍四种最常用的产生随机变量的方法，即反变换法、组合法、卷积法和接受－拒绝法。

1. 反变换法

反变换法是最常用且最直观的方法，它以概率积分变换定理为基础。

设随机变量的分布函数为 $F(x)$。为了得到随机变量的抽样值，先产生[0,1] 区间上均匀分布的独立随机变量 u，由反分布函数 $F^{-1}(u)$ 得到的值即为所需要的随机变量 x

$$x = F^{-1}(u) \tag{4.26}$$

由于这种方法是对随机变量的分布函数进行反变换，故取名反变换法。

【例 4.5】　设随机变量 x 是$[a,b]$上均匀分布的随机变量，即

$$f(x) = \begin{cases} \dfrac{1}{b-a}, & a \leqslant x \leqslant b \\ 0, & 其他 \end{cases}$$

试用反变换方法产生 x。

解：由 $f(x)$ 得到的 x 的分布函数

$$F(x) = \begin{cases} 0, & x < a \\ \dfrac{x-a}{b-a}, & a \leqslant x \leqslant b \\ 1, & x > b \end{cases}$$

用随机数发生器产生 $U(0,1)$ 随机变量 u，并令

$$u = F(x) = \frac{x-a}{b-a}, \quad a \leqslant x \leqslant b$$

从而可得

$$x = a + (b-a)u$$

【例 4.6】　设随机变量 x 服从指数分布，即

$$F(x) = \begin{cases} 1 - \mathrm{e}^{-x/\beta}, & x \geqslant 0 \\ 0, & 其他 \end{cases}$$

试用反变换法产生随机变量 x。

解：先用随机数发生器产生 $u \sim U(0,1)$，并令

$$u = F(x) = 1 - \mathrm{e}^{-x/\beta}, \quad x \geqslant 0$$

从而得到

$$x = F^{-1}(u) = -\beta \ln(1-u)$$

由于 $u \sim U(0,1)$，则 $1-u \sim U(0,1)$，即 u 与 $1-u$ 的分布相同，于是上式可改写成

$$x = \beta \ln u$$

由上面两个例子可以看到，用反变换法产生随机变量时，首先必须用随机数发生器产生在[0,1] 上均匀分布的独立的随机变量 u，以此为基础得到的随机变量 x 才能保证分布的正确性，可见，选择一个均匀性和独立性较好的随机数发生器在产生随机变量中的重要地位。

当 x 是离散随机变量时，其反变换的形式略有不同。

设离散随机变量 x 分别以概率 $P_1, P_2, \cdots, P_n$ 取值 $x_1, x_2, \cdots, x_n$，其中，$0 < P_i < 1$，且 $\sum_{i=1}^{n} P_i = 1$。

为利用反变换法得到离散的随机变量，现将[0,1] 区间按 $P_1, P_2, \cdots, P_n$ 的值分成 n 个子区间，然后产生[0,1] 区间上均匀分布的独立随机变量 u；如果 u 的值落入某个子区间，则相应

区间对应的随机变量就是所需要的随机变量 x_i。

在实际实现时，先要将 x_i 按从小到大的顺序进行排列，即 $x_1 < x_2 < \cdots < x_n$，从而得到分布函数子区间

$$[0,P_1],[P_1,P_1+P_2],\cdots,\left[\sum_{i=1}^{n-1}P_i,\sum_{i=1}^{n}P_i\right]$$

若由随机数发生器产生的 $u \leqslant P_1$，则令 $x = x_1$，若 $P_1 \leqslant u \leqslant P_1 + P_2$，则令 $x = x_2$，…，以此类推。

【例 4.7】 设离散随机变量 x 的质量函数及累积分布函数如下表所列。

x_i	0	1	2	3	4	5
P_i	0	0.1	0.51	0.19	0.15	0.15
$F(x_i)$	0	0.1	0.61	0.80	0.95	1.00

试用反变换法产生随机变量 x。

解：先由随机数发生器产生[0,1]区间上均匀分布的随机变量u，不妨设$u = 0.72$，按反变换法，先判断是否 $u \leqslant F(x_1)$，从表上看出，条件不满足；再判断是否 $u \leqslant F(x_2)$，从表上看出，条件仍不满足；再判断是否 $u \leqslant F(x_3)$，从表上看出，条件满足，从而得到 $x = x_3 = 3$。

综上所述，离散随机变量反变换法可描述如下：

(1) 按 x_i 成递增顺序排列 $P_i, i = 0,1,2,\cdots,n$；

(2) 产生 $u \sim U(0,1)$；

(3) 求非负整数 j，满足

$$\sum_{k=0}^{j-1}P_k < u \leqslant \sum_{k=0}^{j}P_k$$

(4) 令 $x = x_j$。

离散随机变量的反变换法的速度主要取决于区间搜索的速度，搜索区间的方法不同，对应的反变换形式也不同。

2. 组合法

反变换方法是直观的方法，但却不一定在任何情况下都是最有效的。

当一个分布函数可以表示成若干个其他分布函数之和，而这些分布函数又较原来的分布函数更容易取样时，则采用下面介绍的组合法。

设随机变量 x 的分布函数为$F(x)$，分布密度函数为 $f(x)$，$F(x)$ 或 $f(x)$ 可以表示成如下形式

$$F(x) = \sum_{j=1}^{m}P_jF_j(x) \tag{4.27}$$

或

$$f(x) = \sum_{j=1}^{m}P_jf_j(x) \tag{4.28}$$

其中，$P_j \geqslant 0$；且 $\sum_{j=0}^{m}P_j = 1$；$F_j(x)$ 是一些类型已知的分布函数，$f_j(x)$ 是与 $F_j(x)$ 相应的分布密度。则组合法产生随机变量的步骤如下：

① 计算累计分布函数 $L_j = \sum_{i=1}^{j}P_j, 1 \leqslant j \leqslant m$，并令 $L_0 = 0$；

② 产生两个独立的[0,1] 均匀分布随机数 u_1 和 u_2；

③ 若$L_{j-1} < u_1 \leqslant L_j$，则$F_j(x)$的随机数从概率密度函数$f_j(x)$中产生，即根据$u_2$获得服从$f_j(x)$的随机数$x_j$；

④ 令$x = x_j$；

⑤ 若不需要新的随机数，则停止j，否则回到(2)。

其中，第一步是确定采用哪一个分布函数来取样，这可以用离散反变换法来实现；在确定了分布函数后，第二步以该分布函数产生随机变量，如果该分布易于取样，则也易于得到我们所需要的随机变量。具体方法可采用上面介绍的反变换法或后面将要介绍的方法。

【例4.8】 设密度函数为$f(x) = 0.5\mathrm{e}^{-|x|}$，$-\infty < x < \infty$，试产生服从该分布的随机变量$x$。

解：$f(x)$的形状如图4-14所示。

可以看到，它关于纵轴对称。将$f(x)$分解成如下的形式

$$f(x) = P_1 f_1(x) + P_2 f_2(x)$$

其中

$$P_1 = P_2 = 0.5$$

$$f_1(x) = \begin{cases} \mathrm{e}^x, & x < 0 \\ 0, & x \geqslant 0 \end{cases}$$

$$f_2(x) = \begin{cases} \mathrm{e}^{-x}, & x \geqslant 0 \\ 0, & x < 0 \end{cases}$$

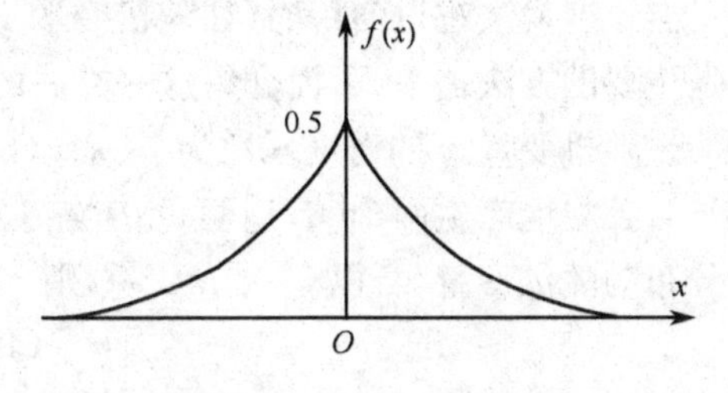

图4-14　密度函数

于是得到$f(x)$关于$f_1(x)$和$f_2(x)$的组合形式

$$f(x) = \sum_{j=1}^{2} P_j f_j(x)$$

然后用组合法产生随机变量：

① 由$U(0,1)$产生随机变量u_1及u_2；

② 由$u_1 < 0.5$，则x由$f_1(x)$的分布函数产生，即由反变换法易得

$$x = \ln u_2$$

③ 由$u_1 \geqslant 0.5$，则x由$f_2(x)$的分布函数产生，即由反变换法易得

$$x = -\ln u_2$$

3. 卷积法

设随机变量x可以表示为m个独立分布的随机变量$y_1, y_2, \cdots, y_m$的和，即

$$x = \sum_{i=1}^{m} y_i \tag{4.29}$$

此时，称x的分布为$y_1, y_2, \cdots, y_m$的m重卷积。为了产生x，可以先独立地从相应的分布函数中产生随机变量$y_1, y_2, \cdots, y_m$，然后利用式(4.29)求得x，这就是卷积法。

【例4.9】 试产生均值为β的m维Erlang分布的随机变量。

解：均值为β的m维Erlang(m, β)分布的随机变量可以表示为m个均值为β/m的独立的负指数变量之和，那么，利用卷积产生Erlang(m, β)随机变量x的步骤如下：

(1) 独立地产生m个$U(0,1)$随机数$u_i (i = 1, 2, \cdots, m)$；

(2) 用反变换法产生y_i

$$y_i = -\frac{\beta}{m} \ln u_i, i = 1, 2, \cdots, m$$

或

(2)* 计算 $$\prod_{i=1}^{m} u_i = u_1 u_2 \cdots u_m$$

(3) 令 $$x = \sum_{i=1}^{m} y_i$$

或令 $$x = -\frac{\beta}{m}\ln\prod_{i=1}^{m} u_i$$

4. 接受－拒绝法

上面介绍的三种方法有一个共同的特点，即直接面向分布函数，因而称为直接法，它们以反变化法为基础。

当反变换法难以使用时（如随机变量不存在其相应的分布函数的封闭形式），接受－拒绝法是主要的方法之一，下面介绍这一方法的基本思想。

设随机变量 x 的密度函数为 $f(x)$，$f(x)$ 的最大值为 C，x 的取值范围为[0,1]。

若独立地产生两个[0,1]区间内均匀分布的随机变量 u_1，u_2，则 Cu_1 是在[0,C]区间内均匀分布的随机变量，若以 u_2 求 $f(u_2)$，则

$$Cu_1 \leqslant f(u_2) \tag{4.30}$$

的概率为

$$P\{Cu_1 \leqslant f(u_2)\} = \int_0^1 \mathrm{d}x \int_0^{f(x)} \frac{\mathrm{d}y}{C} = \frac{1}{C}$$

接受－拒绝法的做法是：若式(4.30)成立，则接受 u_2 为所需要的随机变量 x，即 $x = u_2$；否则拒绝 u_2。

一般的情况下，接受－拒绝法则是根据 $f(x)$ 的特征定义一个函数 $t(x)$，对 $t(x)$ 的要求是：

① $t(x) \geqslant f(x)$；

② $\int_{-\infty}^{\infty} t(x)\mathrm{d}x = C < \infty$；

③ 易于求得 $t(x)$ 的反变换：

如果令 $r(x) = \frac{1}{C}t(x)$，则

$$\int_{-\infty}^{\infty} r(x)\mathrm{d}x = \int_{-\infty}^{\infty} \frac{1}{C}t(x)\mathrm{d}x = 1$$

从而可以将 $r(x)$ 看做是一个概率密度函数，并用 $r(x)$ 代替 $f(x)$ 取样，以得到所需要的随机变量。

由于 $r(x)$ 并非所要求的 $f(x)$，这样就产生接受与拒绝问题，一般的算法是：

① 产生 $u_1 \sim U(0,1)$；

② 由 $r(x)$ 独立地产生 u_2；

③ 检验如下的不等式

$$u_1 \leqslant f(u_2)/t(u_2)$$

若不等式成立，则令 $x = u_2$，否则反回第①步。

【例 4.10】 随机变量 x 的密度函数为如下的 β 分布

$$f(x) = \begin{cases} 60x^3(1-x)^2, & 0 \leqslant x \leqslant 1 \\ 0, & 其他 \end{cases}$$

试用接受－拒绝法产生服从该分布的随机变量。

解：首先求 $f(x)$ 的极值。由 $\mathrm{d}f/\mathrm{d}x=0$，得 $x=0.6$，此时 $f(0.6)=2.0736$。辅助函数 $t(x)$ 的选取原则是简单且易于求反变换，最常用的是令 $t(x)$ 为一常数，可取

$$t(x)=\begin{cases}2.0736, & 0\leqslant x\leqslant 1\\ 0, & \text{其他}\end{cases}$$

显见，$t(x)\geqslant f(x)$，且

$$\int_{-\infty}^{\infty}t(x)\mathrm{d}x=\int_{0}^{1}2.0736\mathrm{d}x=2.0736=\mathrm{const}$$

可令

$$r(x)=\frac{1}{2.0736}t(x)$$

即

$$r(x)=\begin{cases}1, & 0\leqslant x\leqslant 1\\ 0, & \text{其他}\end{cases}$$

所以 $r(x)$ 是[0,1]区间上均匀分布的概率密度函数，可用接受－拒绝法产生随机变量 x，算法如下：

① 产生 $u_1\sim U(0,1)$；

② 由 $r(x)$ 独立地产生 u_2，即 $u_2\sim U(0,1)$；

③ 检验不等式，若 $u_1\leqslant 60u_2^3(1-u)^2/2.0736$，则令 $x=u_2$，否则返回 ①。

在使用接受－拒绝法时，总是希望：① 易于从 $r(x)$ 中产生 u_2；② 在第 ③ 步中拒绝的概率尽量小。从前面的讨论可知，拒绝的概率为 $1-\frac{1}{C}$，要使拒绝的概率小，则要求 C 接近于 1。一般情况下，同时满足以上两个方面的要求比较困难。往往是先确定 $r(x)$，$r(x)$ 采用常见的密度函数，如均匀、指数、正态分布等，然后选择 C，使 $t(x)=Cr(x)\geqslant f(x)$，并尽可能使 C 接近 1。

5. 正态分布随机变量的产生

首先来看标准正态分布随机变量的产生。尽管正态分布随机变量的分布函数没有直接的封闭形式，但若将其变换成极坐标后，就可以得到其封闭形式。早期产生正态封闭随机变量采用的是反变换法。

设 x_1,x_2 是两个独立的 $N(0,1)$ 随机变量，则其联合密度函数是

$$f(x_1,x_2)=\frac{1}{2\pi}\mathrm{e}^{-(x_1^2+x_2^2)/2}$$

将其转换成极坐标的形式

$$x_1=\rho\cos\theta$$
$$x_2=\rho\sin\theta$$

则

$$f(\rho,\theta)=f(x_1,x_2)|J|$$

其中 J 为雅可比行列式，即

$$|J|=\begin{vmatrix}\dfrac{\partial x_1}{\partial\rho} & \dfrac{\partial x_1}{\partial\theta}\\ \dfrac{\partial x_2}{\partial\rho} & \dfrac{\partial x_2}{\partial\theta}\end{vmatrix}=\begin{vmatrix}\cos\theta & -\rho\sin\theta\\ \sin\theta & \rho\cos\theta\end{vmatrix}=\rho$$

从而可得

$$f(\rho,\theta)=\frac{1}{2\pi}\rho\,\mathrm{e}^{-\rho^2/2}=f(\theta)f(\rho)$$

其中，$f(\theta)$，$f(\rho)$ 分别为随机变量 θ,ρ 的密度函数，即

$$f(\theta)=\frac{1}{2\pi}\qquad 0\leqslant\theta\leqslant 2\pi$$

$$f(\rho)=\rho\mathrm{e}^{-\rho^2/2}\qquad 0<\rho<\infty$$

它们相应的分布函数为

$$F(\theta)=\int_0^\theta\frac{1}{2\pi}\mathrm{d}\theta=\frac{\theta}{2\pi}$$

$$F(\rho)=\int_0^\rho\rho'\mathrm{e}^{-\rho'^2/2}\mathrm{d}\rho'=1-\mathrm{e}^{-\rho^2/2}$$

可见，对随机变量 θ,ρ 来说，它们的分布函数具有封闭形式。因而，可采用反变换法，即独立产生两个 $[0,1]$ 区间上均匀分布的随机变量 u_1,u_2，分别对 $F(\theta)$ 和 $F(\rho)$ 进行反变换，可得

$$\begin{cases}\theta=2\pi u_1\\ \rho=\sqrt{-2\ln(1-u_2)}\end{cases}$$

或

$$\begin{cases}\theta=2\pi u_1\\ \rho=\sqrt{-2\ln u_2}\end{cases}$$

根据 x_1,x_2 与 ρ,θ 之间的变换关系，可得

$$\begin{cases}x_1=(-2\ln u_2)^{1/2}\cos 2\pi u_1\\ x_2=(-2\ln u_2)^{1/2}\sin 2\pi u_1\end{cases}$$

采用上述反变换法，每次产生一对服从正态分布的独立随机变量。这种方法直观，易于理解，但由于要进行三角函数及对数运算，因而计算速度较慢。后来人们提出了效率较高的方法，其中基于接受－拒绝方法的原理如下：

① 独立产生 $u_i\sim U(0,1),i=1,2$

② 令 $V_1=2u_1-1,V_2=2u_2-1,W=V_1^2+V_2^2$

③ 若 $W>1$，拒绝，返回第(1)步；否则令

$$x_1=V_1[(-2\ln W)/W]^{1/2}$$

$$x_2=V_2[(-2\ln W)/W]^{1/2}$$

这种方法的拒绝概率为 $1-\pi/4$ 近似为 0.2146。

下面我们来看非标准正态分布 $N(\mu,\sigma^2)$ 的随机变量 x，可先产生 $N(0,1)$ 分布的随机变量 y，然后进行如下的线性变换及可得到 x

$$x=\mu+\sigma y$$

正态分布是使用的最为广泛的分布之一，原因不仅在于它能代表许多变量的分布，而且它是接受－拒绝法中作为 $t(x)$ 的最常选择的分布函数之一。

习题与思考题

4.1　离散事件模型的特点是什么？

4.2　描述离散事件模型的基本要素有哪些？

4.3　离散事件模型建模的基本步骤有哪些？

4.4　离散事件仿真的基本步骤有哪些？

4.5　离散事件仿真常用的方法有哪些?

4.6　排队系统仿真的基本思想及方法是什么?

4.7　Petri 网仿真的特点是什么?适合于研究哪类问题?

本章参考文献

[1] 熊光楞,肖田元,张燕云．连续系统仿真与离散事件系统仿真．北京:清华大学出版社,1991.

[2] 康凤举．现代仿真技术与应用．北京:国防工业出版社,2001.

[3] 刘藻珍,魏华梁．系统仿真．北京:北京理工大学出版社,1998.

[4] 冯允成,邹志红,周泓．离散系统仿真．北京:机械工业出版社,1998.

[5] 王红卫．建模与仿真．北京:科学出版社,2003.

[6] 顾启态．应用仿真技术．北京:国防工业出版社,1995.

[7] 王维平．离散事件系统建模与仿真．长沙:国防科技大学出版社,1997.

[8] Averill M. Law, W. David Kelton. Simulation Modeling and Analysis(仿真建模与分析). 北京:清华大学出版社,2000.

第5章　计算机仿真软件

本章主要介绍MATLAB语言及多种流行的元件级仿真软件和系统级电路动态仿真软件，广泛应用于电气、电子、控制、通信等领域的科学研究和生产实践中。

5.1　仿真软件的现状与发展

5.1.1　MATLAB产品族

MATLAB具有强大的数值计算能力，包含各种工具箱，其程序不能脱离MATLAB环境而运行，所以严格地讲，MATLAB不是一种计算机语言，而是一种高级的科学分析与计算软件。它们的一大特性是有众多的面向具体应用的工具箱和仿真块，包含了完整的函数集用来对图像信号处理、控制系统设计、神经网络等特殊应用进行分析和设计。它具有数据采集、报告生成和MATLAB语言编程产生独立C或C++代码等功能。MATLAB产品族具有下列功能：数据分析；数值和符号计算；工程与科学绘图；控制系统设计；数字图像信号处理；财务工程；建模、仿真、原型开发；应用开发；图形用户界面设计等。MATLAB被广泛地应用于信号与图像处理、控制系统设计、系统仿真等诸多领域，已经成为国际上最流行的科学与工程计算的软件工具。

MATLAB取自Matrix和Laboratory两词的前三个字母组合。20世纪70年代后期，美国新墨西哥大学Cleve Moler教授为减轻学生编程负担，设计了一组调用LINPACK和EISPACK库程序的接口，用Fortran语言编写了集命令翻译、科学计算于一身的一套交互式软件系统。此即用FORTRAN语言编写的萌芽状态的MATLAB。经几年的校际流传，在Little的推动下，由Little，Moler，Steve Bangert合作，于1984年成立了MathWorks公司，并把MATLAB正式推向市场。从这时起，MATLAB的内核采用C语言编写，除原有的数值计算能力外，还新增了数据图视功能。MATLAB出现后，以其良好的开放性和运行的可靠性，短短几年的时间，就使原先控制领域里的封闭式软件包纷纷遭到淘汰，如英国的UMIST，瑞典的LUND和SIMNON，德国的KEDDC等。

MathWorks公司于1993年推出MATLAB 4.0版本，从此告别DOS版。4.x版在继承和发展其原有的数值计算和图形可视能力的同时，出现了以下几个重要变化：

① 推出了Simulink。这是一个交互式操作的动态系统建模、仿真、分析集成环境。它的出现使人们有可能考虑许多以前不得不做简化假设的非线性因素、随机因素，从而大大提高了人们对非线性、随机动态系统的认知能力。

② 开发了与外部进行直接数据交换的组件，打通了MATLAB进行实时数据分析、处理和硬件开发的道路。

③ 推出了符号计算工具包。1993年MathWorks公司从加拿大滑铁卢大学购得Maple的使用权，以Maple为引擎开发了Symbolic Math Toolbox 1.0。促进了两种计算的互补发展。

④ 构建了 Notebook 。MathWorks 公司瞄准应用范围最广的 MS Word，运用 DDE 和 OLE,实现了 MATLAB 与 Word 的无缝连接,从而为专业科技工作者创造了融科学计算、图形可视、文字处理于一体的高水准环境。

1997 年,MATLAB5.0 版问世,一直更新至 1999 年。2000 年又推出了更为简便易学的 MATLAB 6.0 版本(Release 12),2003 年推出 Matlab6.5.1 (Release 13),2004 年推出 Matlab7.0 (Release 14),2007 年 3 月 1 日发布 Matlab 2007a(支持多核操作),此后,每年春秋季分别发布 a 版和 b 版,2008 年 10 月 9 日发布 MATLAB 2008b,2009 年 9 月 4 日 Matlab R2009b,2010 年 3 月 5 日发布了 Matlab R2010a(Matlab7.10),2010 年 9 月 3 日发布了 Matlab R2010b(Matlab7.11)。

现今的 MATLAB 拥有更丰富的数据类型和结构、更友善的面向对象、更加快速精良的可视图形、更广博的数学和数据分析资源、更多的应用开发工具。在世界众多高等院校,Matlab 已经成为线性代数、自动控制理论、数字信号处理、时间序列分析、动态系统仿真、图像处理等课程的基本教学工具,熟练使用 MATLAB,是大学生、硕士生以及博士生必备的基本技能。

本章 5.2 节至第 5.5 节将具体介绍 MATLAB 的应用。

5.1.2 EDA 软件

随着计算机在国内的逐渐普及,EDA(Electronic Design Automatic)软件在电路行业的应用也越来越广泛,目前进入我国并具有广泛影响的 EDA 软件有:EWB,PSPICE,OrCAD,PCAD,Protel,Viewlogic,Mentor Graphics,Synopsys,LSIlogic,Simplorer、Plecs、PowerSim、Cadence,MicroSim 等。这些工具都有较强的功能,一般可用于几个方面,例如,很多软件都可以进行电路设计与仿真,同时可以进行 PCB 自动布局布线,可输出多种网表文件与第三方软件接口。EDA 软件分为电路设计与仿真软件、PCB 设计软件、IC 设计软件、PLD 设计工具及其他 EDA 软件,下面介绍一些国内最常用的有强大电路设计与仿真功能的 EDA 软件。

1. Protel 软件

20 世纪 80 年代后期,美国 ACCEL Technologies Inc 推出了第一个应用于电子线路设计软件包——TANGO,开创了电子设计自动化的先河。给电子线路设计带来了设计方法和方式的革命,人们纷纷开始用计算机来设计电子线路。

随着电子技术和计算机技术的飞速发展,TANGO 日益显示出其不适应时代发展需要的弱点。Protel International Limited 由 Nick Martin 于 1985 年始创于澳大利亚,Protel 公司以其强大的研发能力在 20 世纪 80 年代末推出了 Protel For DOS 作为 TANGO 的升级版本,在电子行业的 CAD 软件中,它当之无愧地排在众多 EDA 软件的前面,是电子设计者的首选软件,它是较早在国内开始使用的 EDA 软件,在国内的普及率也最高,几乎所有的从事电子线路设计的公司都要用到它,许多大公司在招聘电子设计人才时在其条件栏上常会写着要求会使用 Protel。

早期的 Protel 主要作为印制板自动布线工具使用,运行在 DOS 环境,对硬件的要求很低,在无硬盘 286 机的 1MB 内存下就能运行,但它的功能也较少,只有电原理图绘制与印制板设计功能,其印制板自动布线的布通率也低。

20 世纪 80 年代末,Windows 系统开始日益流行,许多应用软件也纷纷开始支持Windows 操作系统。Protel 也不例外,相继推出了 Protel For Windows 1.0、Protel For Windows1.5等版本。这些版本的可视化功能给用户设计电子线路带来了很大的方便,也让用户体会到资源共享的乐趣。

20世纪90年代中期，Protel推出了基于Windows 95的3.x版本。3.x版本的Protel加入了新颖的主从式结构，但在自动布线方面表现一般。另外由于3.x版本的Protel是16位和32位的混合型软件，不太稳定。在1996年，收购了NeuroCAD公司并再开发他们的Autoroute工具。从著名的CUPL公司获得了CPLD技术，以Advanced PLD3正式进入可编程逻辑器件设计领域。1997年，Protel取得与Dolphin Technologies的OEM协议。全面支持混合电路的模拟仿真。1998年，Protel公司推出了给人全新感觉的Proel 98，Protel 98以其出众的自动布线能力获得了业内人士的肯定。

1999年，Protel公司推出了最新一代的电子线路设计系统——Protel 99。在Protel 99中加入了许多全新的特色。Protel 99是基于Win 95/Win NT/Win 98/Win 2000的纯32位电路设计制版系统。Protel 99提供了一个集成的设计环境，是个完整的版级全方位电子设计系统，它包含了电原理图绘制、模拟电路与数字电路混合信号仿真、多层印制电路板设计（包含印制电路板自动布线）、可编程逻辑器件设计、图表生成、电子表格生成、支持宏操作等功能，并具有Client/Server（客户/服务器）体系结构，同时还兼容一些其他设计软件的文件格式，如OrCAD，PSPICE，EXCEL等，其多层印制线路板的自动布线可实现高密度PCB的100%布通率。

Protel 99的组成如下：

（1）原理图设计系统

原理图设计系统是用于原理图设计的Advanced Schematic系统。这部分包括用于设计原理图的原理图编辑器Sch，以及用于修改、生成零件的零件库编辑器SchLib。

（2）印刷电路板(PCB)设计系统

印刷电路板设计系统是用于电路板设计的Advanced PCB。这部分包括用于设计电路板的电路板编辑器PCB，以及用于修改、生成零件封装的零件封装编辑器PCBLib。

（3）信号模拟仿真系统

信号模拟仿真系统是用于原理图上进行信号模拟仿真的SPICE 3f5系统。

（4）可编程逻辑设计系统

可编程逻辑设计系统是基于CUPL的集成于原理图设计系统的PLD设计系统。

（5）Protel 99内置编辑器

包括用于显示、编辑文本的文本编辑器Text和用于显示、编辑电子表格的电子表格编辑器Spread。

Protel 99的主要特性如下：

① Protel 99系统针对Windows NT4/9X做了纯32位代码优化，使得Protel 99设计系统运行稳定而且高效。

② SmartTool（智能工具）技术将所有的设计工具集成在单一的设计环境中。

③ SmartDoc（智能文档）技术将所有的设计数据文件储存在单一的设计数据库中，用设计管理器来统一管理。设计数据库以.ddb为后缀方式，在设计管理器中统一管理。

④ SmartTeam（智能工作组）技术能让多个设计者通过网络安全地对同一设计进行单独设计，再通过工作组管理功能将各个部分集成到设计管理器中。

⑤ PCB自动布线规则条件的复合选项极大的方便了布线规则的设计。

⑥ 用在线规则检查功能支持集成的规则驱动PCB布线。

⑦ 继承的PCB自动布线系统最新的使用了人工智能技术，如人工神经网络、模糊专家系统、

模糊理论和模糊神经网络等技术，即使对于很复杂电路板的布线其结果也能达到专家级的水平。

⑧ 对印刷电路板设计时的自动布局采用两种不同的布局方式，即 Cluster Placer(组群式)和基于统计方式(Statistical Placer)。在以前版本中只提供了基于统计方式的布局。

⑨ Protel 99 新增加了自动布局规则设计功能，Placement 标签页是在 Protel 99 中新增加的，用来设置自动布局规则。

⑩ 增强的交互式布局和布线模式。

⑪ 电路板信号完整性规则设计和检查功能可以检测出潜在的阻抗匹配、信号传播延时和信号过载等问题。Signal Integrity 标签页也是在 Protel 99 中新增加的，用来进行信号完整性的有关规则设计。

⑫ 零件封装类生成器的引入改进了零件封装的管理功能。

⑬ 广泛的集成向导功能引导设计人员完成复杂的工作。

⑭ 原理图到印刷电路板的更新功能加强了 Sch 和 PCB 之间的联系。

⑮ 完全支持制版输出和电路板数控加工代码文件生成。

⑯ 可以通过 Protel Library Development Center 升级广泛的器件库。

⑰ 可以用标准或者用户自定义模板来生成新的原理图文件。

⑱ 集成的原理图设计系统收集了超过 60 000 种元器件。

⑲ 通过完整的 SPICE 3f5 仿真系统可以在原理图中直接进行信号仿真。

⑳ 可以选择超过 60 种工业标准计算机电路板布线模板或者用户可以自己生成一个电路板模板；

㉑ Protel 99 开放的文档功能使得用户通过 API 调用方式进行三次开发；

㉒ 集成的(Macro)宏编程功能支持使用 Client Basic 编程语言。

2000 年 1 月，Protel 公司收购著名 EDA 公司、ACCEL(PCAD)公司。标志着 Protel 在提供桌面 EDA 解决方案的领先地位得到进一步巩固。

2000 年，第六代产品－Protel 99 SE 问世。为桌面 EDA 系统完整集成了各类工具(包括 3D，CAM 等)、设计组管理等高性能产品。集强大的设计能力、复杂工艺的可生产性、设计过程管理于一体，可完整实现电子产品从电学概念设计到生成物理生产数据的全过程，以及这中间的所有分析、仿真和验证。既满足了产品的高可靠性，又极大缩短了设计周期，降低了设计成本。

Protel 公司于 1999 年 8 月在澳大利亚股票市场上市，所筹集的资金用于在 2000 年 1 月收购适当的公司和技术，包括收购 ACCEL Technologies 公司、Metamor 公司、Innovative CAD Software 公司和 TASKING BV 公司等。拥有了这些技术，Protel 公司终于在 2000 年进入 FPGA 设计和综合市场，并于 2001 年进入嵌入式软件开发市场，标志着 Protel 在提供桌面 EDA 解决方案的领先地位得到进一步巩固。2001 年 8 月 6 日，Protel 公司正式更名为 Altium Limited。新公司的名称可以代表所有产品品牌，并为未来发展提供一个统一的平台。

2002 年，Altium 公司重新开发了设计浏览器(DXP)，并发布新 DXP 平台上使用的产品—Protel DXP。Protel DXP 是第一个将所有的设计工具集成于一身的版级设计系统，从最初的项目模块规划到最终形成生产数据都可以按照设计者自己的设计方式实现。Protel DXP 运行在优化了的设计浏览器的平台，并且具备了所有当今先进的设计特点，以便处理各种复杂的 PCB 设计过程。通过把设计输入仿真、PCB 绘制编辑、拓扑自动布线、信号完整性分析和设计输出等技术的融合，Protel DXP 为用户提供了全线的设计解决方案。2004 年推出的 Protel DXP 2004，对 Protel DXP 进一步完善。

2005年年末，Altium公司推出了Protel系列的高端版本Altium Designer 6.0，是第一款完整的板级设计解决方案，将设计流程，集成化PCB设计，可编程器件设计和基于处理器设计的嵌入式软件开发功能整合在一起，具有将设计方案从概念转变为最终成品所需的全部功能。除了全面继承包括Protel 99 SE，Protel DXP2004在内的先前一系列版本的功能和优点以外，还增加了许多改进和很多高端功能，拓宽了板级设计的传统界限，全面集成了FPGA设计功能和SOPC设计实现功能，从而允许工程师将系统设计中的FPGA与PCB设计以及嵌入式设计集成在一起。随后，Altium公司又陆续发布了Altium Designer Summer 08、Altium Designer Winter 09、Altium Designer Summer 09等。目前，最新版本是Altium Designer 10。

20世纪80年代，Protel的DOS版软件（Tango，Protel Schematic和Autotrax）曾以其“方便、易学、实用、快速”的风格流行国内。加快了我国电子CAD的普及和应用。1996年，Protel正式进入中国，并在原信息产业部的有关研究机构率先得到了应用。现在，Protel不但是世界上最流行EDA软件，而且由于它易学实用、功能完善、接口多、兼容性强、开放性好，为国内大多数电子工程师和研究人员所青睐。本章第5.6节将具体介绍Protel 99 SE的使用。

2. OrCAD/PSPICE软件

PSPICE是由SPICE发展而来的、用于微机系列的通用电路分析程序。SPICE（Simulation Program with Integrated Circuit Emphasis）是由美国加州大学伯克利分校于1972年开发的电路仿真程序。随后，版本不断更新，功能不断增强和完善。1984年，美国MicroSim公司推出了基于SPICE的微机版PSPICE（Personal-SPICE）。1998年SPICE被定为美国国家工业标准。可以说在同类产品中，它是功能最为强大的模拟和数字电路混合仿真EDA软件，是当今世界上著名的电路仿真标准工具之一，在国内普遍使用。最新推出了PSPICE 9.1版本。它可以进行各种各样的电路仿真、激励建立、温度与噪声分析、模拟控制、波形输出、数据输出、并在同一窗口内同时显示模拟与数字的仿真结果。无论对哪种器件哪些电路进行仿真，都可以得到精确的仿真结果，并可以自行建立元器件及元器件库。PSPICE的主要功能有：

① 制作实际电路之前，仿真该电路的电性能，如计算直流工作点（Bias Point），进行直流扫描（DC Sweep）与交流扫描（AC Sweep），显示检测点的电压电流波形等；

② 估计元器件参数变化（Parametric）对电路造成的影响；

③ 分析一些较难测量的电路特性，如进行噪声（Noise）、频谱（Fourier）、器件灵敏度（Sensitivity）、温度（Temperature）分析等；

④ 优化设计。

PSPICE主要包括Schematics、Pspice、Probe、Stmed（Stimulus Editor）、Parts等5个软件包。其中：

① Schematics是一个电路模拟器。它可以直接绘制电路图，自动生成电路描述文件，并可对电路进行直流分析、交流分析、瞬态分析、傅里叶分析、环境温度分析、蒙特卡罗分析和灵敏度分析等多种分析；而且还可以对元件进行修改和编辑。

② Pspice是一个数据处理器。它可以对在Schematics中所绘制的电路进行模拟分析，运算出结果并自动生成输出文件和数据文件。

③ Probe是后处理器，相当于一个示波器。它可以将在Pspice运算的结果在屏幕或打印设备上显示出来。模拟结果还可以接受由基本参量组成的任意表达式。

④ Stmed是产生信号源的工具。它在设定各种激励信号时非常方便直观，而且容易查对。

⑤ Parts是对器件建模的工具。它可以半自动地将来自厂家的器件数据信息或用户自定

义的器件数据转换为Pspice中所用的模拟数据，并提供它们之间的关系曲线及相互作用，确定元件的精确度。

PSPICE发展至今，已被并入OrCAD，成为OrCAD—PSPICE，但PSPICE仍然单独销售和使用。

OrCAD是由OrCAD公司于20世纪80年代末推出的EDA软件，它是世界上使用最广的EDA软件，相对于其他EDA软件而言，它的功能也是最强大的，由于OrCAD软件使用了软件狗防盗版，因此在国内它并不普及，知名度也比不上Protel，它进入国内是在1994年，早于工作在DOS环境的OrCAD 4.0，它就集成了电原理图绘制、印制电路板设计、数字电路仿真、可编程逻辑器件设计等功能，而且它的界面友好直观，它的元器件库也是所有EDA软件中最丰富的，在世界上它一直是EAD软件中的首选。OrCAD公司与CADENCE公司合并后，强强联手成为世界上最强大的开发EDA软件的公司。

OrCAD/ PSPICE 9.0是OrCAD公司和MicroSim公司合并后在1998年1月推出的新版本EDA软件系统。它把这两家公司原有的EDA软件有机地结合在一起，功能更强，使用更方便。

OrCAD/ PSPICE 9.0能够进行的电路实验和分析有：第一，模拟电路的直流、交流、瞬态分析实验、参数分析、蒙特卡罗(MC)统计分析和最坏情况分析，并进行优化分析实验。第二，数字电路的逻辑模拟实验。第三，数/模混合电路的分析实验以及最坏情况逻辑模拟。第四，用传统硬件的方法进行测量比较麻烦或者很难的电路特征参数，如噪音、失真、频谱分析，元件误差影响电路灵敏度的分析，环境温度变化对电路特性的影响等。主要技术特点如下：

① 使用功能强大的OrCAD Capture或者CAPTURE/CIS输入用户的设计；

② 可以方便地将PSPICE原理图编辑器创建的PSPICE设计导入到OrCAD Capture—PSPICE环境中；

③ 在OrCAD Capture CIS中启动交互式图形化PSPICE激励编辑器，定义和预览激励特性；

④ 访问可用参数描述的内置功能，或者用鼠标手工绘制分段性信号，创建任意形状的激励；

⑤ 创建多个仿真剖面，并保存到Capture CIS的项目管理器中，用户可以再次调用，并对同一电路运行不同的仿真；

⑥ PSPICE A/D自动识别A到D和D到A连接，并插入了接口电路和电源，进行恰当的处理；

⑦ 模拟和事件驱动数字仿真综合引擎提高了仿真的速度，而不会降低精度；

⑧ 图示波形分析器在同一个时间轴上混合地显示模拟和数字仿真结果；可直接查看节点电压、管脚电流和单个器件的功率损耗或噪声分布；

⑨ 通过高级的参数、蒙特卡罗和最坏情况分析显示元器件变化时电路行为的改变；

⑩ 创建绘图体模板，使用它们可以很容易地完成复杂测量，只需在原理图中期望的管脚、网络和器件上放置标志即可；

⑪ 可以绘出电路电压、电流和功率损耗极其复杂函数，包括幅频相位波特图和小信号特性的微分；

⑫ 使用参数、蒙特卡罗和最坏情况分析，在多次运行中改变元件的数值，可以快速地得到一簇波形结果；

⑬ 准确的内部模型，包括常用的R、L、C和二极管和晶体管，另外还有：内置IGBTs；7种MOSFET模型，包括工业上标准的BSIM3V3.1和EKV2.6模型；5种GaAsFET模型，包括Parker-Skellern和TriQuint TOM-2模型；带饱和性磁滞的非线性磁性模型；合并了延迟、反射、损耗、消散和串扰的传输线模型；数字元件，包括带有模拟I/O模型的双向传输门等；

⑭ 器件公式开发工具包允许建立 PSPICE 能够使用的新的内部模型公式；

⑮ 模型库可能选择产自北美、日本和欧洲的 16 000 个模拟和混合器件的模型；同时可下载大部分器件及厂家提供的 Spice 模型；

⑯ 使用带有各种宏模型的复杂器件，包括运算放大器、比较器、调节器、光耦、ADC、DAC 等；

⑰ 直接从网上下载各个厂家提供的最新器件仿真模型；

⑱ PSPICE 模型编辑器，可直观地指导用户快速实现提取过程，器件的特性曲线给用户提供快速的图形反馈；

⑲ 使用数字行为建模创建代表内部状态和管脚到管脚延迟的布尔表达式；

⑳ 使用 PSPICE 优化器自动调整电路，可自动调节电路参数的数值，改善模拟电路的性能，或者将电路性能匹配到某一数据曲线；并能将参数自动后向注释到 Capture 环境中；

㉑ 从标准的测量函数中选择指标，如带宽、超调、上升时间和中心频率，或者使用性能分析向导创建自定义测量函数；

㉒ 为有经验的器件物理工作者提供器件公式开发工具包(DEDK)，用来开发任何器件模型。

在 OrCAD 公司收购 Pspice 之后，Cadence 公司又将 OrCAD 公司收购。Cadence 公司是全球最大的电子设计技术、程序方案服务和设计服务供应商，现在的 OrCAD 软件（包含 Pspice)属于 Cadence 公司旗下的产品。最新版本 Cadence SPB/OrCAD 16.3。

3. EWB 软件

电子工作平台 Electronics Workbench (EWB) 软件是加拿大 Interactive Image Technologies 公司于 20 世纪 80 年代末、90 年代初推出的电子电路仿真软件，它是介于电子线路理论设计及实际运作之间的虚拟工作平台，它不但具备电路设计的功能，还能对整个电路信号及系统进行仿真分析。目前最常用的是 EWB 5.0 ，它具有这样一些特点：

① 采用直观的图形界面创建电路：在计算机屏幕上模仿真实实验室的工作台，绘制电路图需要的元器件、电路仿真需要的测试仪器均可直接从屏幕上选取；

② 软件仪器的控制面板外形和操作方式都与实物相似，可以实时显示测量结果；

③ EWB 软件带有丰富的电路元件库，提供多种电路分析方法；

④ 作为设计工具，由它设计的电路原理图还可直接输出给流行的电路辅助设计软件诸如 Protel，OrCAD 等用来设计印刷电路板；

⑤ EWB 还是一个优秀的电子技术训练工具，利用它提供的虚拟仪器可以用比实验室中更灵活的方式进行电路实验，仿真电路的实际运行情况，熟悉常用电子仪器测量方法。

EWB 的主要功能如下。

(1) 绘制电路原理图

EWB 具有类似于 Protel 的 Schmatic（电路原理图设计）功能，包括了许多著名厂商的电子元件库，如摩托罗拉，松下，飞利浦等，还包括了源元件库，分立元件库，二极管元件库，三极管元件库，模拟集成电路元件库，混合集成元件库，数字集成元件库，逻辑门电路元件库，数字电路元件库，指示器元件库，控制器元件库等。在电路设计时，EWB 可根据自己的需要构造自定义电路模块，并保存在自定义元件库中，方便以后调用。这些元件库均以直观方便的按钮排放在主界面上，设计电路时只需轻轻点击这些按钮便可迅速地找到所需的元件，排放好所有的元件后，再对各元件进行连线，修改各元件的数值及其他各项属性，便绘制完成一张电路原理图。值得指出的是，EWB 还在元件属性中定义了元件的故障假设，以用于以后模拟元件的漏电、短路、开路等故障，还定义了元件的分析条件，设置仿真元件的工作温度等。另外，EWB还可通过导入著名的电路仿真软件SPICE的网络表文件(扩展名为 . net 或 . cir)来转换生成电路图，也可将电路图导出并保存为其他格式文件，扩展名可以为 . net，. scr，. cmp，. cir 或 . plc，或将电路图以位图形式(. bmp 格式文件)存放到剪贴板中再粘贴到其他图像处理软件或 Word 等字处理软件中，以供其他软件使用。

(2) 仿真测量仪器

EWB提供了许多虚拟仪器来对电路进行仿真分析，这些仪器包括万用表、信号发生器、示波器、扫频仪、编码发生器、逻辑分析器、逻辑转换器等。和元件库一样，这些仪器也以按钮的形式排放在主界面上，电路图绘制完毕后可方便地选择所需的仪器接入电路中，设置好仪器的量程或参数后便可按动开关通电工作，仪器上便可准确地测量出电路的工作电流、电压、信号波形、幅频特性，或产生电路工作所需的各种源信号，如音频信号、正弦波、锯齿波、方波、调频信号、调幅信号、编码信号等。EWB除了提供虚拟仪器对电路进行仿真分析外，还提供了许多更加简单快捷的指示器来直观动态地指示电路在仿真工作中的状态，这些指示器包括电压表、电流表、指示灯、探针、七段数码管、译码七段数码管、蜂鸣器、柱状图示器及译码柱状图示器等。

(3) 利用图表分析电路的工作参数

使用EWB中的Analysis(分析)菜单中的命令可对电路进行全面详尽的分析，包括直流工作点分析，交流频率分析，瞬态分析，傅里叶分析，噪声分析，失真分析，参数扫描分析，温度扫描分析，蒙特卡罗分析，灵敏度分析等。分析结果均以图形或报表的形式体现出来，当电路设计出错时，分析结果会给出出错报告，并提出参考建议。分析结果还可保存为 . gra 或 . txt 文件，或通过打印机打印出来。交流频率分析类似于利用扫频仪对电路进行仿真，可以准确地得出电路的幅频特性和相频特性，分析结果在分析图表窗口中表现为直观的幅频特性曲线和相频特性曲线，以体现电路的增益或相移；参数扫描分析则可用于需要对某个元件的数值进行调节时电路的仿真，它可让电路中的某个元件的参数在设置的数值段内连续变化，然后将电路的静态工作点，频率特性，瞬态特性等随参数的变化趋势以图形显示出来。

相对其他EDA软件而言，EWB是个小巧的软件，功能也比较单一，就是进行模拟电路和数字电路的混合仿真，但它的仿真功能十分强大，而且它在桌面上提供了万用表、示波器、信号发生器、扫频仪、逻辑分析仪、数字信号发生器、逻辑转换器等工具。它的器件库中则包含了许多大公司的晶体管元器件、集成电路和数字门电路芯片，器件库中没有的元器件，还可以由外部模块导入。在众多的电路仿真软件中，EWB是最容易上手的，它的工作界面非常直观，未接触过它的设计人员稍加学习就可以很熟练地使用该软件。对于电路设计工作者来说，它是个极好的EDA工具，许多电路无须动用烙铁就可得知它的结果，若想更换元器件或改变元器件参数，只需轻点鼠标即可。它也可以作为电学知识的辅助教学软件使用，利用它可以直接从屏幕上看到各种电路的输出波形。

5.1.3　电气与电子工程类仿真软件

Protel ,PSPICE,OrCAD,EWB等EDA软件适合于元件级仿真。下面介绍几种系统级的电路动态仿真软件，广泛应用于电气、通信等领域的科学研究和生产实践中。

1. EDSA软件

由美国EDSA Micro Corporation公司开发的电力设计系统分析软件包，是一个功能强大的针对电力电气系统进行设计、分析、模拟、控制的综合性工具软件包。EDSA软件已被美国专业工程师委员会协会确认为电气专业软件，它广泛地应用于电力设计部门、电厂及电网管理部门，炼油厂、石油化工厂、油田、核电厂、航空控制中心、空间站等领域中的区域电网设计、分析与运行模拟，可作为电网自动控制系统中的在线或离线分析软件。

主要功能有：潮流与最优潮流、ANSI/IEEE/IEC短路分析、负载对电网的冲击分析、谐波分析、暂态稳定分析、智能焊接设备分析、输电网智能型保护设备配合、功率因数的校正、接地母线的设计、电力系统设备性能分析、电动机参数估计、电缆托架分析、输电线的弧垂及张拉力分析、电网与变电站可靠性分析。

2. NETOMAC软件

NETOMAC(Network Torsion Machine Control) 是德国西门子公司(Siemens AG)开发和研制的用于电力系统仿真计算分析和研究的大型软件。是目前国际上集成化程度较高的电力系统分析软件，主要特点是：

① 元件模型全。它可详细模拟电力系统几乎所有的元件，包括避雷器、晶闸管等非线性元件，高压直流输电(HVDC)以及静止无功补偿器(SVC)等FACTS装置；

② 仿真频带宽。它既可模拟10^{-2}Hz的汽轮发电机调节过程，也可以模拟10^{6}Hz的雷电波过程，能进行电磁暂态、机电暂态、稳态等各种电力系统过程的仿真计算；

③ 功能多且强。它可进行潮流、短路、稳定、动态等值、电动机启动分析、参数辨识、机组轴系扭振、优化潮流等各种计算。

此外，NETOMAC的开放性也很好，它不仅提供了丰富的控制器设计功能，还具有较强的用户自定义功能，因而使用起来十分灵活方便。

3. PSCAD/EMTDC电磁暂态分析软件

EMTDC(Electro-Magnetic Transient in DC System)是目前世界上被广泛使用的一种电磁暂态分析软件。为了研究高压直流输电系统，Dennis Woodford博士于1976年在加拿大曼尼托巴水电局(Manitoba Hydro)开发完成了EMTDC的初版，随后在曼尼托巴大学创建高压直流输电研究中心，多年来在该直流输电研究中心领导下不断完善了EMTDC的元件模型库和功能，使之发展为既可以研究交直流电力系统问题，又能够完成电力电子仿真及非线性控制的多功能工具。特别是PSCAD图形界面(GUI)的开发成功，使得用户能更方便地使用EMTDC以进行电力系统仿真计算，而且软件可以作为实时数字仿真器的前置端。PSCAD/EMTDC软件包的主要功能是进行电力系统时域和频域计算仿真，PSCAD/EMTDC软件包可以广泛应用于高压直流输电、FACTS控制器的设计、电力系统谐波分析及电力电子领域的仿真计算。

目前，普遍采用的电磁暂态分析软件还有EMTP (Electro Magnetic Transient Program)，分别由美国邦纳维尔电力局(BPA版本)和加拿大哥伦比亚大学(UBC版本)研究，吸收许多国家学者的共同成果发展起来的大型计算程序。1987年以来，EMTP的版本更新工作在多国合作的基础上继续发展，中国电力科学研究院在EMTP的基础上开发了EMTPE。加拿大哥伦比亚大学的MicroTran、德国西门子的NETOMAC也有电磁暂态分析功能。

4. 机电暂态仿真和长过程动态仿真软件

目前，国内常用的机电暂态仿真程序是中国电力科学研究院开发的电力系统综合程序(PSASP)和中国电力科学研究院引进后改进的美国邦纳维尔电力局开发BPA程序。国际上常用的有美国PTI公司的PSS/E，美国电力科学研究院(EPRI)的ETMSP，ABB公司的SYMPOW程序、德国西门子的NETOMAC也有机电暂态仿真功能。

目前,国际上主要的长过程动态稳定计算程序主要有:法国电力公司等开发的EUROSTAG程序、美国电力科学研究院的LTSP程序、美国通用电气公司和日本东京电力公司共同开发的EXTAB程序;另外,美国PTI的PSS/E程序、捷克电力公司的MODES程序等也具有长过程动态稳定计算功能。

5. Saber 软件

Avant! 公司(2001年末并入Synopsys公司)的Saber是混合信号及混合技术仿真的业界标准,1987年开始推出,它是一个基于单一内核的整套混合信号仿真器,用其内置的事件算法(与Avant!的MAST全混合信号硬件描述语言和连续时间、差分算法相结合)来实时适应事件处理、布尔逻辑、连续数学表达式和关联。这使得Saber能同时仿真模拟、事件驱动(如Z区域)、数字和混合模拟/数字设备,因而在模拟和数字领域提供完全的交互。为使模拟和数字算法的连接有效,Avant! 开发了获得专利的Calaveras算法,Calaveras能使两种算法得到最大效率的运行,只有在需要时才交互信息。对于包含有Verilog或VHDL编写的模型的仿真设计,Saber能与通用的数字仿真器相连接,包括Cadence的Verilog-XL,Model Technology的ModelSim和ModelSim Plus、Innoveda的Fusion仿真器。因为Saber其实质是一种混合信号仿真器,所以在Saber的数字引擎和相关的仿真器之间具有协同仿真能力。

Saber可同时对模拟信号、事件驱动模拟信号、数字信号及模数混合信号设备进行仿真。Saber适用领域广泛,包括电子学、电力电子学、电机工程、控制系统及数据采样系统等。只要仿真对象能够用数学表达式进行描述,Saber就能对其进行系统级仿真。在Saber中,仿真模型可以直接用数学公式和控制关系表达式来描述,而无需采用电子宏模型表达式。因此,Saber可以对复杂的混合系统进行精确的仿真,仿真对象不同系统的仿真结果可以同时获得。为了解决仿真过程中的收敛问题,Saber内部采用五种不同的算法依次对系统进行仿真,一旦其中某一种算法失败,Saber将自动采用下一种算法。通常,仿真精度越高,仿真过程使用的时间也越长。普通的仿真软件都不得不在仿真精度和仿真时间上进行平衡。Saber采用其独特的设计,能够保证在最少的时间内获得最高的仿真精度。Saber工作在Saber Designer图形界面环境下,它包括四大部分:Saber Sketch主要用于创建和修改系统设计图;Saber Scope主要用于从图形方式分析和观察变量波形;Saber Guide用于控制仿真和分析;Saber Designer支持用户自定义模型器件,并为用户提供可靠且层次分明的模型库。Saber能够方便地实现与Cadence Design System,Mentor Graphics和Viewlogic的集成。通过上述软件可以直接调用Saber进行仿真。

6. System View 软件

通信技术的发展日新月异,通信系统也日趋复杂,因此,在通信系统的设计研发环节中,在进行实际硬件系统试验之前,软件仿真已成为必不可少的一部分。美国Elanix公司推出的基于PC的Windows平台的System View动态系统仿真软件,它通过方便、直观、形象的过程构建系统,提供丰富的部件资源、强大的分析功能和可视化开放的体系结构,已逐渐被电子工程师、系统开发、设计人员所认可,并作为各种通信、控制及其他系统的分析、设计和仿真平台及通信系统综合实验平台。

System View是一个完整的动态系统设计、分析和仿真的可视化开发环境。它可以构造各种复杂的模拟、数字、数模混合及多速率系统,可用于各种线性、非线性控制系统的设计和仿真。尤具特色的是,它可以很方便地进行各种滤波器的设计。系统备有通信、逻辑、数字信号处理、射频/模拟、码分多址个人通信系统（CDMA/PCS）、数字视频广播（DVB）系统、自适应滤波器、第三代无线移动通信系统等专业库可供选择。该系统支持外部数据的输入和输出，支持用户自己编写代码（C/C++），兼容 MATLAB 软件。同时，提供了与硬件设计工具的接口，支持 Xilinx 公司的 FPGA 芯片和 TI 公司的 DSP 芯片，是一个用于现代工程和科学系统设计与仿真的动态系统分析工具平台。SystemView 已大量地应用于现代数字信号处理、通信系统及控制系统的设计与仿真等领域。

5.2 MATLAB 语言基础

5.2.1 基本运算与函数

在 MATLAB 下进行基本数学运算，只需在 MATLAB 的提示符号（>>）后将运算式键入，并单击 Enter 键即可。例如：

```
>>(5*2+1.3-0.8)*10/25
ans =
4.2000
```

ans 代表 MATLAB 运算后的答案（Answer），并显示其数值于屏幕上。我们也可将上述运算式的结果设定给另一个变量 x，为简便起见，在下述各例中，不再印出 MATLAB 的提示符号。

```
x = (5*2+1.3-0.8)*10^2/25
x =
42
```

此时 MATLAB 会直接显示 x 的值。由上例可知，MATLAB 中常用到的数学运算符号有：加（+）、减（-）、乘（*）、左除（/）、右除（\）以及乘方运算（^）。而关系运算符有：小于（<）、大于（>）、小于等于（<=）、大于等于（>=）、等于（==）、不等于（~=）。逻辑运算符有：与（&）、或（|）、非（~）。它们的处理顺序依次为算术运算符、关系运算符、逻辑运算符。在处理逻辑运算时，运算元只有两个值即 0 和 1，所以如果指定的数为 0，MATLAB 认为其为 0，而任何数不等于 0，则认为是 1。

变量命名的规则是，第一个字母必须是英文字母，字母间不留空格，最多只能有 19 个字母，MATLAB 会忽略多余字母。MATLAB 中的变量是区分大小写的。MATLAB 可在同时执行数个命令，只要以逗号或分号将命令隔开，逗号告诉 MATLAB 显示结果，分号表示禁止显示结果。

```
x = sin(pi/3); y = x^2; z = y*100,
z =
75.000 0
```

若一个数学运算式太长，可用三个点将其延伸到下一行

```
z = 10*sin(pi/3)* ...
sin(pi/3);
```

数据的显示格式由 format 命令控制。format 只影响结果的显示，不影响其计算与存储。如果结果为整数，则显示没有小数；如果结果不是整数，则输出形式有如下形式。

format (short)：短格式(5 位定点数)99.999 9

format long：长格式(15 位定点数 99.123 456 789 000 00

format short e：短格式 e 方式 9.9999e+001

format long e：长格式 e 方式 9.912 345 678 900 000e+001

format bank：2 位十进制 99.99

format hex：十六进制格式

MATLAB 总是以双字长浮点数(double)来执行所有的运算，不需经过变量声明(Variable declaration)。MATLAB 同时也会自动进行内存的使用和回收，而不必像 C 语言那样，必须由使用者一一指定。若不想让 MATLAB 每次都显示运算结果，只需在运算式后面加上分号(;)即可，如

```
y = sin(10) * exp(-0.3 * 4^2);
```

若要显示变量 y 的值，直接键入 y，按 Enter 键即可。

```
y
y =
-0.0045
```

在上例中，sin 是正弦函数，exp 是指数函数，MATLAB 常用的基本数学函数如表5-1 所示。

表 5-1　MATLAB 常用的基本数学函数

函数	说明	函数	说明
abs(x)	绝对值或向量的长度	sin(x)	正弦函数
angle(z)	复数 z 的相角	cos(x)	余弦函数
conj(z)	复数 z 的共轭复数	tan(x)	正切函数
exp(x)	自然指数	asin(x)	反正弦函数
fix(x)	无论正负，舍去小数至最近整数	acos(x)	反余弦函数
imag(z)	复数 z 的虚部	atan(x)	反正切函数
real(z)	复数 z 的实部	atan2(x,y)	四象限反正切函数
ln(x)	以 e 为底的对数	sinh(x)	双曲正弦函数
log2(x)	以 2 为底的对数	cosh(x)	双曲余弦函数
log10(x)	以 10 为底的对数	tanh(x)	双曲正切函数
sign(x)	符号函数	asinh(x)	反双曲正弦函数
sqrt(x)	开平方	acosh(x)	反双曲余弦函数
pow2(x)	2 的指数	atanh(x)	反双曲正切函数

5.2.2　MATLAB 的工作空间

1. MATLAB 工作空间参数

MATLAB 的工作空间(workspace)包含了如下一组可以在命令窗口中调整或调用的参数。

who：显示当前工作空间中所有变量的一个简单列表；

whos：列出变量的大小、数据格式等详细信息；

clear：清除工作空间中所有的变量；

clear 变量名：清除指定的变量。

另外，MATLAB 有些永久常数(Permanent constants)，虽然在工作空间中看不到，但使用者可直接取用，例如：

```
pi
ans =
3.1416
```

MATLAB 常用到的永久常数有：

ans：用于结果的缺省变量名；

i 或 j：基本虚数单位；

eps：系统的浮点精确度；

inf：无限大，例如 1/0；

nan 或 NaN：非数值(Not a number)，例如 0/0；

pi：圆周率 pi(= 3.1415926...)；

realmax：系统所能表示的最大数值；

realmin：系统所能表示的最小数值；

nargin：函数的输入变量个数；

nargout：函数的输出变量个数。

2. 保存和载入工作空间

(1) save filename variables

将变量列表 variables 所列出的变量保存到磁盘文件 filename 中。Variables 所表示的变量列表中，不能用逗号，各个不同的变量之间只能用空格来分隔。未列出 variables 时，表示将当前工作空间中所有变量都保持到磁盘文件中。默认的磁盘文件扩展名为".mat"，可以使用"—"定义不同的存储格式(ASCII、V4 等)。

(2) load filename variables

将以前用 save 命令保存的变量 variables 从磁盘文件中调入 MATLAB 工作空间。用 load 命令调入的变量，其名称为用 save 命令保存时的名称，取值也一样。Variables 所表示的变量列表中，不能用逗号，各个不同的变量之间只能用空格来分隔。未列出 variables 时，表示将磁盘文件中的所有变量都调入工作空间。

3. 退出工作空间

在希望退出工作空间时，可键入"exit"，或键入"quit"，也可直接关闭 MATLAB 的命令视窗(Command window)。

5.2.3 文件管理

文件管理的命令，包括列文件名、显示或删除文件、显示或改变当前目录等。

what：显示当前目录下所有与 MATLAB 相关的文件及它们的路径；

dir：显示当前目录下所有的文件；

which：显示某个文件的路径；

cd path：由当前目录进入 path 目录；

cd ..：返回上一级目录；

cd：显示当前目录；

type filename：在命令窗口中显示文件 filename；

delete filename：删除文件 filename。

5.2.4 搜索路径

要查看 MATLAB 的搜寻路径，键入 path 即可。此搜寻路径会依已安装的工具箱(Toolboxes)的不同而有所不同。要查询某一命令是在搜寻路径的何处，可用 which 命令，例如：

```
which demos
d:\ MATLAB6p1\toolbox\optim\demos. m
```

如果用户的文件(例如，c:\user\test. m)不在 MATLAB 的搜寻路径中，若不先进入用户的文件所在目录，则 MATLAB 找不到该文件。如果希望 MATLAB 不论在何处都能执行 test. m，就必须将 c:\user 加入 MATLAB 的搜索路径上。要将 c:\user 加入 MATLAB 的搜寻路径，还是使用 path 命令：

```
path(path, 'c:\user');
```

此时 c:\user 已加入 MATLAB 搜索路径。

如果在每一次启动 MATLAB 后，都要设定所需的搜索路径，将是一件很麻烦的事情。有两种方法，可以使 MATLAB 启动后，即可载入使用者定义的搜索路径：

① MATLAB 的预设搜索路径是定义在 MATLAB 的主目录下的 matlabrc. m 中，MATLAB 每次启动后，自动执行此文件。因此可以直接修改 matlabrc. m，加入新的目录于搜寻路索之中；

② MATLAB 在执行 matlabrc. m 时，同时也会在预设搜索路径中寻找 startup. m，若此文件存在，则执行其所含的命令。因此，可将所有在 MATLAB 启动时必须执行的命令(包含更改搜索路径的命令)，放在此文件中。

5.2.5 使用帮助

在 MATLAB 的命令窗口中直接输入某些命令就可以获得相应的帮助信息。主要有以下几种命令。

① help：在命令窗口中显示用来查询已知命令的用法。例如，已知 inv 是用来计算反矩阵，键入"help inv"即可得知有关 inv 命令的用法。而键入"help help"则显示 help 的用法。

② helpwin：帮助窗口。

③ helpdesk：帮助桌面，浏览器模式。

④ lookfor：返回包含指定关键词的那些项，用来寻找未知的命令。例如，要寻找计算反矩阵的命令，可键入"lookfor inverse"，MATLAB 即会列出所有与关键字 inverse 相关的指令。找到所需的命令后，再用 help 进一步找出其用法。

⑤ demo：打开示例窗口。MATLAB 有丰富的示例供学习参考。

5.2.6 矩阵运算

变量也可用来存放向量或矩阵，并进行各种运算。下面是列向量运算的示例，百分比符号(%)之后的文字可视为程序的注释，MATLAB 会忽略所有在%后的文字。

```
x = [1 2 3 4];
```

```
y = 2 * x+3
y =
5 7 9 11
y(3) = 10                % 更改第三个元素
y =
5 7 10 11
y(6) = 20                % 加入第六个元素
y =
5 7 10 11 0 20
y(4) = []                % 删除第四个元素,
y =
5 7 10 0 20
x(2) * 3+y(4)            % 取出x的第二个元素和y的第四个元素来做运算
ans =
6
y(2:4)-1                 % 取出y的第二至第四个元素来做运算
ans =
6 9 -1
```

在上例中,2:4代表一个由2、3、4组成的向量。

```
x = 6:16                 %产生公差为1的等差数列
x =
6 7 8 9 10 11 12 13 14 15 16
x = 6:3:16               % 产生公差为3的等差数列
x =
6 9 12 15
```

也可利用linspace来产生任意的等差数列:

```
x = linspace(6, 16, 6)   % 等差数列:首项为6,末项为16,项数为6
x =
6 8 10 12 14 16
```

在画Bode图等应用中,需要使用对数等间隔的数据,可以使用logspace命令生成。Logspace和linspace的参数相同,只是结果不同。

将列向量转置后可得到行向量:

```
z = x'
z =
6
8
10
12
14
16
```

不论是行向量或列向量，均可用相同的函数找出其元素个数、最大值、最小值等：

```
length(z)          % z 的元素个数
ans =
6
max(z)             % z 的最大值
ans =
16
min(z)             % z 的最小值
ans =
6
```

表 5-2 是关于向量的常用函数，大部分的向量函数也可适用于矩阵。

表 5-2　向量运算的常用函数

函数	说明	函数	说明
min(x)	向量 x 的元素的最小值	length(x)	向量 x 的元素个数
max(x)	向量 x 的元素的最大值	norm(x)	向量 x 的欧氏长度
mean(x)	向量 x 的元素的平均值	sum(x)	向量 x 的元素总和
median(x)	向量 x 的元素的中位数	cumsum(x)	向量 x 的累计元素总和
std(x)	向量 x 的元素的标准差	cumprod(x)	向量 x 的累计元素总乘积
diff(x)	向量 x 的相邻元素的差	dot(x,y)	向量 x 和 y 的内积
sort(x)	对向量 x 的元素进行排序	cross(x,y)	向量 x 和 y 的外积

矩阵生成不但可以使用纯数字（含复数），也可以使用变量或一个表达式。矩阵的元素直接排列在方括号内，行与行之间用分号隔开，每行内的元素使用空格或逗号隔开。大的矩阵可以用分行输入，回车键代表分号。若要输入矩阵，如下例：

```
A = [1 2 3 4;5 6 7 8;9 10 11 12]
A =
1 2 3 4
5 6 7 8
9 10 11 12
```

同样可以对矩阵进行各种运算处理：

```
A(2,3) = 5 % 改变位于第二列，第三行的元素值
A =
1 2 3 4
5 6 5 8
9 10 11 12
B = A(2,1:3)                  % 取出部分矩阵
B =
5 6 5
A = [A B']                    % 将 B 转置后以行向量并入 A
A =
```

```
1 2 3 4 5
5 6 5 8 6
9 10 11 12 5
A(:, 2) = []                % 删除第二行(:代表所有列)
A =
1 3 4 5
5 5 8 6
9 11 12 5
A = [A; 4 3 2 1]            % 加入第四行
A =
1 3 4 5
5 5 8 6
9 11 12 5
4 3 2 1
A([1 4], :) = []            % 删除第一和第四列(:代表所有行)
A =
5 5 8 6
9 11 12 5
M=[1 2;3 4];N=[5 6; 7 8];
L=M+N                       %矩阵加
L=
  6    8
10 12
S=M-N                       %矩阵减
S=
-4   -4
-4   -4
M*N                         %矩阵乘
ans=
19   22
43   50
M/N                         %矩阵左除
ans=
3.0000   -2.0000
2.0000   -1.0000
M\N                         %矩阵右除
ans =
-3.0000   -4.0000
  4.0000     5.0000
M^3                         %矩阵乘方
```

```
ans =
37   54
81   118
M. * N                                  %数组乘方
ans =
5    12
21   32
M. /N                                   %数组左除
ans =
0.200 0   0.333 3
0.428 6   0.500 0
M. \N                                   %数组右除
ans =
5.000 0   3.000 0
2.333 3   2.000 0
M.^3                                    %数组乘方
ans =
1    8
27   64
inv(M)                                  %求逆矩阵
ans =
-2.000 0   1.000 0
1.500 0   -0.500 0
det(M)                                  %求行列式
ans =
-2
rank(M)                                 %求矩阵的秩
ans =
2
```

注意:只有维数相同的矩阵才能进行加、减运算。只有当两个矩阵中前一个矩阵的列数和后一个矩阵的行数相同时,才可以进行乘法运算。a\b 运算等效于求 a * x=b 的解;而 a/b 等效于求 x * b=a 的解。只有方阵才可以求幂、求逆、求行列式。点运算是两个维数相同矩阵对应元素之间的运算,在有的教材中也定义为数组运算。

为了获得矩阵或者向量的大小,可使用函数 size 和 length。size 按照下面的形式使用:[m,n]=size(a,x)。输入参量 x 一般不用,这时当只有一个输出变量时,size 返回一个行向量,第一个数为行数,第二个数为列数;如果有两个输出变量,第一个返回量为行数,第二个返回数为列数。当使用 x 时,$x=1$ 返回行数,$x=2$ 返回列数,这时只有一个返回值。length 返回行数或者列数的最大值,即 length(a)=max(size(a))。

MATLAB 提供了一组执行矩阵操作的函数,例如,flipud(a)使得矩阵上下翻转,fliplr(a)使得矩阵左右翻转,rot90(a)使得矩阵逆时针翻转 90°等。

在MATLAB中exp，sqrt等命令也可以作用到矩阵上，但这种运算是定义在矩阵的单个元素上的，即分别对矩阵的每一个元素进行计算。

超越数学函数可以在函数后加上m而成为矩阵的超越函数，例如：expm，sqrtm。矩阵的超越函数要求运算矩阵为方阵。

一些常用的特殊矩阵：

单位矩阵：eye(m,n)，eye(m)。零矩阵：zeros(m,n)，zeros(m)。全1矩阵：ones(m,n)，ones(m)。对角矩阵：对角元素向量 $V=[a1,a2,\cdots,an]$，$\mathbf{A}=diag(V)$。如果已知 $\mathbf{A}$ 为方阵，则 V=diag($\mathbf{A}$)可以提取 $\mathbf{A}$ 的对角元素构成向量 V。随机矩阵：rand(m,n)产生一个 $m\times n$ 的均匀分布的随机矩阵。

5.2.7 绘图功能

【例5.1】 画出衰减振荡曲线 $y=e^{-\frac{t}{3}}\sin 3t$ 及其他的包络线 $y_0=e^{-\frac{t}{3}}$。t 的取值范围是 $[0,4\pi]$。结果如图5-1所示。

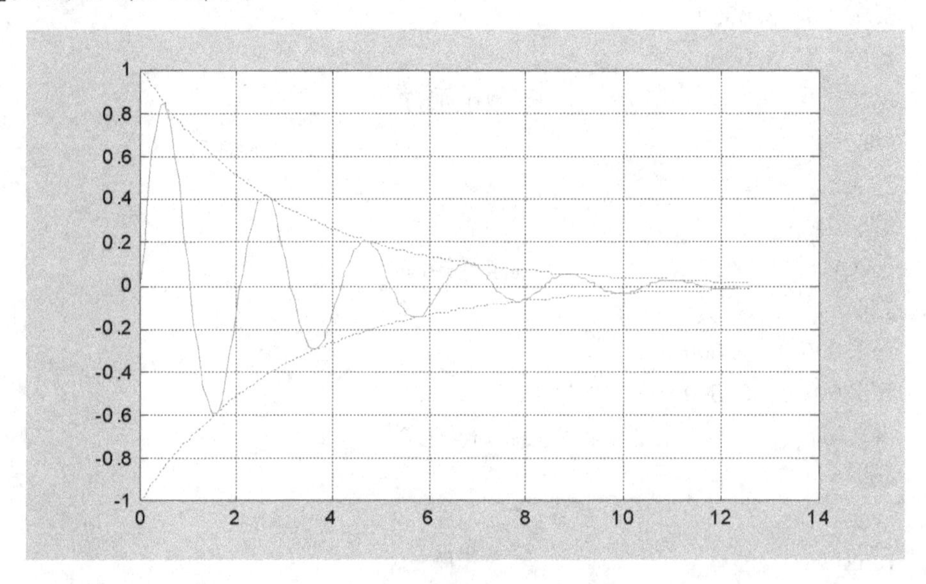

图5-1　衰减振荡曲线与包络

```
t=0:pi/50:4*pi;                          %定义自变量取值数组
y0=exp(-t/3);                            %计算与自变量相应的y0数组
y=exp(-t/3).*sin(3*t);                   %计算与自变量相应的y数组
plot(t,y,'-r',t,y0,':b',t,-y0,':b')      %用不同颜色、线型绘制曲线
grid                                     %在"坐标纸"画小方格
```

用help graph2d可得到所有画二维图形的命令，用help graph3d可得到所有画三维图形的命令。

5.2.8 MATLAB程序设计

1. MATLAB的程序类型

MATLAB的程序类型有三种，一种是在命令窗口下执行的脚本m文件，在命令窗口中输入并执行，它所用的变量都要在工作空间中获取，不需要输入/输出参数的调用，退出MAT-

LAB后就释放了。此方式适合于所要计算的算式不太长或是想以交互式方式做运算。如果要计算的算式很长有数十行或是需要重复执行的算式，则此方式就行不通了。另外一种是可以存取的m文件，也即程序文件，以.m格式进行存取，包含一连串的MATLAB指令和必要的注解。需要在工作空间中创建并获取变量，也就是说处理的数据为命令窗口中的数据，没有输入参数，也不会返回参数。最后一种是函数(function)文件。程序运行时只需在工作空间中键入其名称即可。与在命令窗口中输入命令一样，函数接受输入参数，然后执行并输出结果。用help命令可以显示它的注释说明。

2. 程序设计基本原则

① %后面的内容是程序的注解，应善于运用注解使程序更具可读性。

② 在主程序开头用clear指令清除变量，以消除工作空间中其他变量对程序运行的影响。但注意在子程序中不要用clear。

③ 参数值一般集中放在程序的开始部分，以便维护。要充分利用MATLAB工具箱提供的指令来执行所要进行的运算，在语句行之后输入分号(;)使中间结果不在屏幕上显示，以提高执行速度。

④ input指令可用来输入临时的数据；而对于大量参数，可通过建立一个存储参数的子程序，在主程序中用子程序的名称来调用。

⑤ 程序尽量模块化。

⑥ 充分利用Debugger来进行程序的调试(设置断点、单步执行、连续执行)，并利用其他工具箱或图形用户界面(GUI)的设计技巧，将设计结果集成到一起。

⑦ 设置好MATLAB的工作路径，以便程序运行。

3. m文件基本结构

%：说明；

清除命令：清除workspace中的变量和图形(clear，close)；

定义变量：包括全局变量的声明及参数值的设定；

逐行执行命令：指MATLAB提供的运算指令或工具箱提供的专用命令；

控制循环语句：包含for-end，if-then-end，switch-end，while-end等形式；

绘图命令：将运算结果绘制出来。

更复杂程序需要调用子程序或与Simulink及其他应用程序结合起来。

进入MATLAB的Editor/Debugger窗口可编辑m程序。在编辑环境中，文字的不同颜色显示表明文字的不同属性。绿色：注解；黑色：程序主体；红色：属性值的设定；蓝色：控制流程。常用的编程命令如下。

pause：停止m文件的执行直至有键按下，pause(n)将使程序暂停n秒；

echo on/off：控制是否在屏幕上显示程序内容；

keyboard：停止程序执行，把控制权交给键盘。输入return并回车后继续程序执行；

x=input('prompt')：把输入的字符串作为提示符，等待使用者输入一个响应，然后把它赋值到x。

4. 函数基本结构

① 函数定义行(关键字function)

function[out1,out2,…]=filename(in1,in2,…)

输入和返回的参数个数分别由 nargin 和 nargout 两个 MATLAB 保留的变量来给出。

② 第一行帮助行,以(%)开头,作为 lookfor 指令搜索的行。

③ 函数体说明及有关注解,以(%)开头,用以说明函数的作用及有关内容,如果不希望显示某段信息,可在它的前面加空行。

④ 函数体语句。函数体内使用的除返回和输入变量这些在 function 语句中直接引用的变量以外的所有变量都是局部变量,即在该函数返回之后,这些变量会自动在MATLAB的工作空间中清除掉。如果希望这些中间变量成为在整个程序中都起作用的变量,则可以将它们设置为全局变量。

5. 声明子程序(函数程序)变量

子程序与主程序之间的数据是通过参数进行传递的,子程序应用主程序传递来的参数进行计算后,将结果返回主程序。如果一个函数内的变量没有特别声明,那么这个变量只在函数内部使用,此为局部变量。如果多个函数共用一个变量(或者说在子程序中也要用到主程序中的变量,注意不是参数),那么可以用 global 来将它声明为全局变量。合理利用全局变量可以提高程序执行的效率,减少参数传递。

6. 程序流程控制

(1) for 循环语句

基本格式:

```
for 循环变量=起始值:步长:终止值
      循环体
end
```

步长默认值为 1,可以在正实数或负实数范围内任意指定。对于正数,循环变量的值大于终止值时,循环结束;对于负数,循环变量的值小于终止值时,循环结束。循环结构可以嵌套使用。

(2) while 循环语句

基本格式:

```
while  表达式
       循环体
end
```

若表达式为真,则执行循环体的内容,执行后再判断表达式是否为真,若不为真,则跳出循环体,向下继续执行。

While 循环和 for 循环的区别在于,while 循环结构的循环体被执行的次数不是确定的,而 for 结构中循环体的执行次数是确定的。

(3) If,else,elseif 语句

基本格式:

```
a) if  逻辑表达式
   执行语句
   end
b) if  逻辑表达式
   执行语句 1
```

```
        else
        执行语句 2
        end
    c) if  逻辑表达式 1
        执行语句 1
        elseif  逻辑表达式 2
        执行语句 2
          ……
        end
```

if-else 的执行方式为：如果逻辑表达式的值为真，则执行语句 1，然后跳过语句 2，向下执行；如果为假，则执行语句 2，然后向下执行。

if-elseif 的执行方式为：如果逻辑表达式 1 的值为真，则执行语句 1；如果为假，则判断逻辑表达式 2，如果为真，则执行语句 2，否则向下执行。

(4) switch 语句

基本格式：

```
    switch  表达式
            case  值 1
                          语句 1
            case  值 2
                          语句 2
              ……
            case 值 n
                          语句 n
            otherwise
                          语句 n+1
            end
```

表达式的值和哪种情况(case)的值相同，就执行哪种情况中的语句，如果不同，则执行 otherwise 中的语句。格式中也可以不包括 otherwise，这时如果表达式的值与列出的各种情况都不相同，则继续向下执行。

5.3 MATLAB 在控制系统仿真中的应用

MATLAB 除了传统的交互式编程之外，还提供丰富可靠的实用工具箱，广泛地应用于自动控制、信号分析、时序分析与建模、图像信号处理、语音处理、雷达工程、振动理论、优化设计等领域，并显现出一般高级语言难以比拟的优势。较为常见的 MATLAB 工具箱主要包括：通讯、控制系统、财政金融、模糊推理、高阶谱分析、图像处理、矩阵不等式、模型预测控制、多变量频率设计、μ 分析与综合、神经网络、最优化、偏微分方程、鲁棒控制、信号处理、样条、统计、符号、系统辨识、小波、实时仿真、DSP、非线性控制器设计、电力系统等。

下面简要介绍应用 MATLAB 在控制系统的分析、设计和仿真中的应用。

5.3.1 控制系统模型

1. 连续系统

(1) 传递函数模型

$$H(s)=\text{num}(s)/\text{den}(s)=\frac{b_1 s^m+b_2 s^{m-1}+\cdots+b_{m+1}}{a_1 s^n+a_2 s^{n-1}+\cdots+a_{n+1}}$$

在 MATLAB 中，直接用分子/分母的系数表示，即

num=[b_1, b_2, …, b_{m+1}=]; den=[a_1, a_2, …, a_{n+1}]。

(2) 零极点增益模型

$$H(s)=\text{num}(s)/\text{den}(s)=k\,\frac{(s-z_1)(s-z_2)\cdots(s-z_m)}{(s-p_1)(s-p_2)\cdots(s-p_n)}$$

在 MATLAB 中，用[z,p,k]矢量组表示，即

z=[z_1, z_2, …, z_m]; p=[p_1, p_2, …, p_n]; k=[k]。

(3) 状态空间模型

$$\dot{\boldsymbol{x}}=\boldsymbol{A}\boldsymbol{x}+\boldsymbol{B}u$$
$$\boldsymbol{y}=\boldsymbol{C}\boldsymbol{x}+\boldsymbol{D}u$$

在 MATLAB 中，用($\boldsymbol{A}$,$\boldsymbol{B}$,$\boldsymbol{C}$,$\boldsymbol{D}$)矩阵组表示。

2. 离散系统

(1) 传递函数模型

$$H(z)=\frac{b_1 z^m+b_2 z^{m-1}+\cdots+b_{m+1}}{a_1 z^n+a_2 z^{n-1}+\cdots+z_{n+1}}$$

(2) 零极点增益模型

$$H(z)=k\,\frac{(z-z_1)(z-z_2)\cdots(z-z_m)}{(z-p_1)(z-p_2)\cdots(z-p_n)}$$

(3) 状态空间模型

$$\boldsymbol{x}(k+1)=\boldsymbol{A}\boldsymbol{x}(k)+\boldsymbol{B}u(k)$$
$$\boldsymbol{y}(k+1)=\boldsymbol{C}(\boldsymbol{x}(k+1)+\boldsymbol{D}u(k+1))$$

同一个系统可用三种不同的模型表示，为分析系统的特性，有必要在三种模型之间进行转换。MATLAB 的信号处理和控制系统工具箱中，都提供了模型变换的函数：ss2tf，ss2zp，tf2ss，tf2zp，zp2ss，zp2tf。

在 MATLAB 中，开环系统很容易给出模型表达。有时需要系统的闭环模型，MATLAB 提供了一组这样的函数：append（附加子系统）、connect（系统联结）、parallel（系统并联）、series（系统串联）。

5.3.2 根轨迹

控制系统的根轨迹是分析和设计线性定常控制系统的图解方法。所谓根轨迹是指当开环系统某一参数从 0 变到无穷大时，闭环系统特征方程的根在 s 平面上的轨迹。一般来说，这一参数选作开环系统的增益 k，而在无零、极点对消时，闭环系统特征方程的根就是闭环传递函数的极点。通常要绘制出系统的根轨迹是一件困难的事，但在 MATLAB 中，专门提供了与绘制根轨迹有关的函数：rlocus，rlocfind，pzmap 等。

5.3.3 离散系统设计

在控制系统中，根据信号的传递和变换方式，控制系统分为连续控制系统和离散控制系统两大类。离散控制系统，亦称为数字控制系统。离散系统在 z 平面根轨迹的图形与连续系统在 s 平面的图形基本上是相同的，唯一的差别是两个平面上图形的稳定区域的解释不同。在 s 平面上，闭环系统的极点在右半平面是不稳定的，而在 z 平面上，闭环极点在单位圆外是不稳定的。

在控制系统中的大部分的 MATLAB 命令，在数字控制系统中都有对应的命令。数字控制系统的命令格式通常以字母 d 起头。最主要的命令是 c2d 和 c2dm，其命令格式为：

```
[Ad,Bd]=c2d(A,B,ts)
[Ad,Bd,Cd,Dd]=c2dm(A,B,C,D,ts,'method')
[numz,denz]= c2dm (numz,denz, ts,'method')
```

求离散系统阶跃响应的命令格式为：

```
[y,x]=dstep(A,B,C,D,ui,n)
[y,x]= dstep (numz,denz,n)
```

离散系统时域响应的曲线是由 stairs 命令绘制的。这种命令产生梯形的图形曲线，它有如下的命令格式：

```
stairs (y)或 stairs (x,y)
[xs,ys]= stairs (y)或[xs,ys]= stairs (x,y)
```

离散系统的频域响应可以用 dbode 命令获得。它有如下的命令格式：

```
[mag,phase]=dbode(A,B,C,D,ts,ui,w)
[mag,phase]= dbode (numz,denz,ts,w)
```

离散系统和连续系统的根轨迹是近似的，唯一的差别是坐标系不同。连续系统所用的是直角坐标，离散系统所用的是极坐标。适用的命令有：zgrid，ddcgain，dsort，ddamp 等。

5.3.4 控制系统分析与设计函数

下面是一组常用的由控制系统工具箱提供的时域、频域分析与设计函数。

对连续系统有：impulse(脉冲响应)、step(阶跃响应)、lsim(任意输入模拟)、bode(Bode 图)、nyquist(Nyquist 图)、lyap(Lyapunov 方程)、gzam(可控可观的 gramians)。

对离散系统有：dimpulse(脉冲响应)、dstep(阶跃响应)、dlsim(任意输入模拟)、filter(SISOZ 变换模拟)、dbode(Bode 图)、freqz(SISOZ 变换频响)、dlyap(Lyapunov 方程)、dgzam (可控可观的 gramians)。

通用分析函数：damp(阻尼因子和自然频率)、ctrb(可控性矩阵)、obsv(可观性矩阵)、tzero(传输零点)。

设计函数：margain(增益和相位裕度)、place(极点配置)、lge(线性二次估计器设计)、lqr (线性二次调节器设计)。

模型降阶：ctrbf(可控性阶梯形式)、obsvf (可观性阶梯形式)、minreal(最小实现与零极相约)、balreal(平衡实现)、modred (模型降阶)、dbalreal (离散平衡实现)、dmodred (离散模型降阶)。当模型为非最小形式，即当有零、极点可以相约时，应使用 mineral 函数，对于其他已经是最小的系统，通过联合使用 balreal 和 modred，可实现模型降阶。若系统是离散的，则用相应的离散函数。

5.4 Simulink仿真

Simulink的前身Simulib问世于20世纪90年代初，以工具库的形式挂接在MATLAB 3.5版上。以Simulink名称广为人知，是在MATLAB 4.2x版时期。Simulink不能独立运行，而只能在MATLAB环境中运行。现在较为流行的是Simulink 3.0。

Simulink是MATLAB软件的扩展，它是实现动态系统建模和仿真的一个软件包，它与MATLAB语言的主要区别在于，其与用户交互接口是基于Windows的模型化图形输入，使得用户可以把更多的精力投入到系统模型的构建，而非语言的编程上。Simulink提供了一些按功能分类的基本的系统模块，用户只需要知道这些模块的输入输出及模块的功能，而不必考察模块内部是如何实现的，通过对这些基本模块的调用，再将它们连接起来就可以构成所需要的系统模型（以.mdl文件进行存取），进而进行仿真与分析。

经过几年的努力，MathWorks公司已经把Simulink发展成一个系列产品。例如，它与Stateflow状态流配合，可以建立清晰的、离散事件系统的概念化模型；与Real-Time Workshop配合，可产生进行实时仿真和运行于各种硬件的C码；与DSP Blockset配用，可以进行DSP装置和系统的快速设计和仿真。Simulink在Communication Toolbox，Nonlinear Control Design Blockset，Power System Blockset等专业工具包的配合下，就可对通信系统、非线性控制系统、电力系统进行深入的建模、仿真和分析研究。

举例来说，面对一个由微分方程描写的动态系统，用户有如下三个研究途径：

① 直接利用ODE Solver数值解算指令编写表示系统的M文件；

② 利用符号计算指令编写相应的程序；

③ 在Simulink环境中建立系统的方块图模型。

三者比较而言，Simulink是最合适、最方便、最直观的研究环境。在Simulink中，那些以往不得不忽略的非线性、随机干扰等因素的影响也十分容易研究。

5.4.1 Simulink的启动

在MATLAB命令窗口中输入“Simulink”，结果是在桌面上出现一个称为“Simulink Library Browser”的窗口，如图5-2所示，在这个窗口中列出了按功能分类的各种模块的名称；也可以通过MATLAB主窗口的快捷按钮来打开“Simulink Library Browser”窗口；在MATLAB命令窗口中输入“Simulink 3”，结果在桌面上出现一个用图标形式显示的“Simulink”模块库窗口；在MATLAB命令窗口的“file”菜单中选择“new”命令的“model”，将打开一个新的空白窗口；在任一个模型窗口的“file”菜单中选择“new”命令的“model”，将打开一个新的空白窗口。

5.4.2 Simulink模块库

Simulink模块库按功能进行分类，包括以下8类子库。

1. 连续模块(Continuous)

Integrator：输入信号积分；

Derivative：输入信号微分；

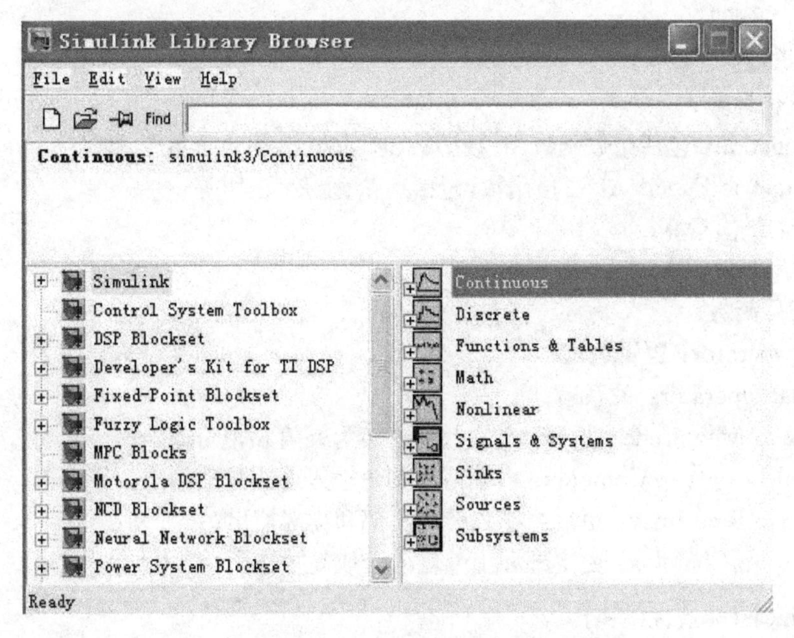

图 5-2 Simulink 库浏览器

State-Space：线性状态空间系统模型；

Transfer-Fcn：线性传递函数模型；

Zero-Pole：以零、极点表示的传递函数模型；

Memory：存储上一时刻的状态值；

Transport Delay：输入信号延时一个固定时间再输出；

Variable Transport Delay：输入信号延时一个可变时间再输出。

2. 离散模块(Discrete)

Discrete-time Integrator：离散时间积分器；

Discrete Filter：IIR 与 FIR 滤波器；

Discrete State-Space：离散状态空间系统模型；

Discrete Transfer-Fcn：离散传递函数模型；

Discrete Zero-Pole：以零、极点表示的离散传递函数模型；

First-Order Hold：一阶采样和保持器；

Zero-Order Hold：零阶采样和保持器；

Unit Delay：一个采样周期的延时。

3. Function & Tables(函数和平台模块)

Fcn：用自定义的函数(表达式)进行运算；

MATLAB Fcn：利用 MATLAB 的现有函数进行运算；

S-Function：调用自编的 *S* 函数的程序进行运算；

Look-Up Table：建立输入信号的查询表(线性峰值匹配)；

Look-Up Table(2-D)：建立两个输入信号的查询表(线性峰值匹配)。

4. Math(数学模块)

Sum：加减运算；

Product：乘运算；
Dot Product：点乘运算；
Gain：比例运算；
Math Function：包括指数函数、对数函数、求平方、开根号等数学函数；
Trigonometric Function：三角函数，包括正弦、余弦、正切等；
MinMax：最值运算；
Abs：取绝对值；
Sign：符号函数；
Logical Operator：逻辑运算；
Relational Operator：关系运算；
Complex to Magnitude-Angle：由复数输入转为幅值和相角输出；
Magnitude-Angle to Complex：由幅值和相角输入合成复数输出；
Complex to Real-Imag：由复数输入转为实部和虚部输出；
Real-Imag to Complex：由实部和虚部输入合成复数输出。

5. Nonlinear(非线性模块)

Saturation：饱和输出，让输出超过某一值时能够饱和；
Relay：滞环比较器，限制输出值在某一范围内变化；
Switch：开关选择，当第二个输入端大于临界值时，输出由第一个输入端而来，否则输出由第三个输入端而来；
Manual Switch：手动选择开关。

6. Signal & Systems(信号和系统模块)

In1：输入端；
Out1：输出端；
Mux：将多个单一输入转化为一个复合输出；
Demux：将一个复合输入转化为多个单一输出；
Ground：连接到没有连接到的输入端；
Terminator：连接到没有连接到的输出端；
SubSystem：建立新的封装(Mask)功能模块。

7. Sinks(接收器模块)

Scope：示波器；
XY Graph：显示二维图形；
To Workspace：将输出写入MATLAB的工作空间；
To File(.mat)：将输出写入数据文件。

8. Sources(输入源模块)

Constant：常数信号；
Clock：时钟信号；
From Workspace：来自MATLAB的工作空间；
From File(.mat)：来自数据文件；
Pulse Generator：脉冲发生器；

Repeating Sequence：重复信号；

Signal Generator：信号发生器，可以产生正弦、方波、锯齿波及任意波；

Sine Wave：正弦波信号；

Step：阶跃波信号。

5.4.3　Simulink 简单模型的建立及模型特点

1. 简单模型的建立

下面以一个惯性环节的阶跃响应为例，说明模型的建立过程。

(1) 建立模型窗口

在 MATLAB 命令窗口的 file 菜单中选择 new 命令的 model，将打开一个新的空白窗口。

(2) 将功能模块由模块库窗口复制到模型窗口

双击打开 Simulink 模块库的信号源库(Sources)，选择其中的 step 模块，用鼠标左键将其拖入模型窗口，模型窗口中出现一个 step 模块，双击该模块，设置它的跳跃时间、初值和终值。

双击打开 Simulink 模块库的连续模块库(Continuous)，选择其中的传递函数模块(Transfer Fcn)拖入模型窗口，双击该模块，设置传递函数的表达式。如传递函数为 10/(2s+1)，则参数 Numerator 填入：[10]，参数 Denominator 填入：[2,1]。

双击打开 Simulink 模块库的接收器模块(Sinks)，选择其中的示波器模块(Scope)拖入模型窗口。

(3) 对模块进行连接，从而构成需要的系统模型

模型外侧的＞和＜分别表示信号的输入和输出，为了连接两个模块，单击输入或输出端口，当光标变为＋形状时，拖动＋光标到另一个端口，然后释放鼠标按钮，则带箭头的连线表示了信号的流向。

如上得到的模型如图 5-3 所示。

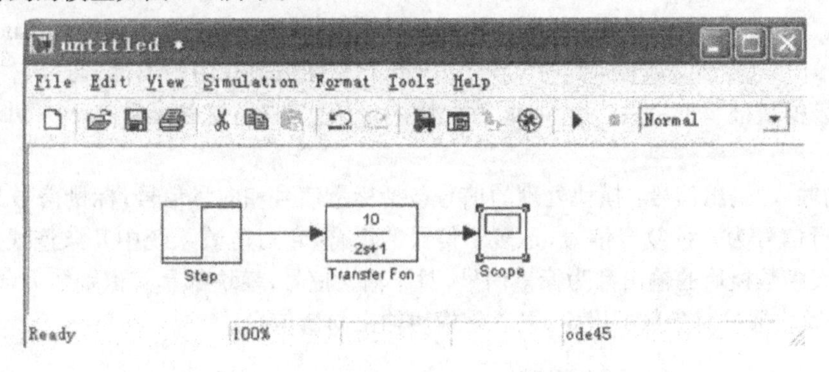

图 5-3　惯性环节阶跃响应建模

2. 模型的特点

在 Simulink 里提供了许多如 Scope 的接收器模块，这使得用 Simulink 进行仿真具有像做实验一般的图形化显示效果。

Simulink 的模型具有层次性，通过底层子系统可以构建上层母系统。

Simulink 提供了对子系统进行封装的功能，用户可以自定义子系统的图标和设置参数对话框。

5.4.4 Simulink 功能模块的处理

功能模块的基本操作,包括模块的移动、复制、删除、转向、改变大小、模块命名、颜色设定、参数设定、属性设定、模块输入输出信号等。

模块库中的模块可以直接用鼠标进行拖曳(选中模块,按住鼠标左键不放)而放到模型窗口中进行处理。在模型窗口中,选中模块,则其四个角会出现黑色标记。此时可以对模块进行以下的基本操作。

移动:选中模块,按住鼠标左键将其拖曳到所需的位置即可。

复制:选中模块,然后按住鼠标右键进行拖曳即可复制同样的功能模块。

删除:选中模块,按"Delete"键即可。若要删除多个模块,可以同时按住"Shift"键,再用鼠标选中多个模块,按"Delete"键即可。也可以用鼠标选取某区域,再按"Delete"键就可以把该区域中的所有模块和线等全部删除。

转向:在菜单 Format 中选择"Flip Block"旋转 180 度,选择"Rotate Block"顺时针旋转 90 度。或者直接按"Ctrl+F"键执行"Flip Block",按"Ctrl+R"键执行"Rotate Block"。

改变大小:选中模块,对模块出现的四个黑色标记进行拖曳即可。

模块命名:先用鼠标在需要更改的名称上单击一下,然后直接更改即可。名称在功能模块上的位置也可以变换 180 度,可以用 Format 菜单中的"Flip Name"来实现,也可以直接通过鼠标进行拖曳。"Hide Name"可以隐藏模块名称。

颜色设定:Format 菜单中的"Foreground Color"可以改变模块的前景颜色,"Background Color"可以改变模块的背景颜色;而模型窗口的颜色可以通过 Screen Color 来改变。

参数设定:用鼠标双击模块,就可以进入模块的参数设定窗口,从而对模块进行参数设定。参数设定窗口包含了该模块的基本功能帮助,为获得详细的帮助,可以单击其上的 help 按钮。通过对模块的参数设定,就可以获得需要的功能模块。

属性设定:选中模块,打开 Edit 菜单的"Block Properties"就可以对模块进行属性设定。可设定的属性包括 Description 属性、Priority 优先级属性、Tag 属性、Open function 属性、Attributes format string 属性。其中 Open function 属性是很有用的属性,通过它指定一个函数名,则当该模块被双击之后,Simulink 就会调用该函数执行,这种函数在 MATLAB 中称为回调函数。

模块的输入/输出信号:模块处理的信号包括标量信号和向量信号;标量信号是一种单一信号,而向量信号为一种复合信号,是多个信号的集合,它对应着系统中几条连线的合成。缺省情况下,大多数模块的输出都为标量信号,对于输入信号,模块都具有识别能力,能自动进行匹配。某些模块通过对参数的设定,可以使模块输出向量信号。

5.4.5 Simulink 连线的处理

Simulink 模型的构建是通过用连线将各种功能模块进行连接而构成的。用鼠标可以在功能模块的输入与输出端之间直接连线。所画的线可以改变粗细、设定标签,也可以把线折弯、分支。

改变粗细:连线之所以有粗细是因为线引出的信号可以是标量信号或向量信号,当选中 Format 菜单下的"Wide Vector Lines"时,线的粗细将根据线所引出的信号是标量还是向量而改变,如果信号为标量则为细线,若为向量则为粗线。选中"Vector Line Widths"则可以显示出向量引出线的宽度，即向量信号由多少个单一信号合成。

设定标签：在线上双击鼠标，可输入该线的说明标签。也可通过选中连线，然后打开 Edit 菜单下的“Signal Properties”进行设定，其中“signal name”属性的作用是标明信号的名称，设置这个名称反映在模型上的直接效果就是与该信号有关的端口相连的所有直线附近都会出现写有信号名称的标签。

线的折弯：按住“Shift”键，再用鼠标在要折弯的线处单击一下，就会出现圆圈，表示折点，利用折点就可以改变线的形状。

线的分支：按住鼠标右键，在需要分支的地方拉出即可以。或者按住“Ctrl”键，并在要建立分支的地方用鼠标拉出即可。

5.4.6　Simulink 自定义功能模块

对于大型 Simulink 模型，通过自定义功能模块可以简化图形，减少功能模块的个数，有利于模型的分层构建。自定义功能模块有两种方法：

① 将 Signal & Systems 模块库中的 Subsystem 功能模块复制到打开的模型窗口中。双击 Subsystem 功能模块，进入自定义功能模块窗口，从而可以利用已有的基本功能模块设计出新的功能模块。

② 在模型窗口中建立所定义功能模块的子模块，用鼠标将这些需要组合的功能模块框住，然后选择“Edit”菜单下的“Create Subsystem”即可。

创建一个功能模块后，如果要命名该自定义功能模块、对功能模块进行说明、选定模块外观、设定输入数据窗口，则需要对其进行封装处理。

首先选中“Subsystem”功能模块，再打开“Edit”菜单中的“Mask Subsystem”进入“mask”的编辑窗口，可以看出有三个标签页：Icon：设定功能模块的外观；Initialization：设定输入数据窗口(Prompt List)；Documentation：设计该功能模块的文字说明。

1. Icon 标签页

如图 5-4 所示，此页最重要的部分是 Drawing Commands，在该区域内可以用 disp 指令设定功能模块的文字名称，disp('text')可以在功能模块上显示设定的文字内容。disp('text1\ntext2')分行显示文字 text1 和 text2；用 plot 指令画线，用 dpoly 指令画转换函数。plot([x1 x2 … xn],[y1 y2 … yn])指令会在功能模块上画出由[$x1$,$y1$]经[$x2$,$y2$]经[$x3$,$y3$]……直到[xn,yn]为止的直线。功能模块的左上角会根据目前的坐标刻度被正规化为[0,0]，右下角则会依据目前的坐标刻度被正规化为[1,1]。dpoly(num,den)：按 s 次数的降幂排序，在功能模块上显示连续的传递函数。dpoly(num,den,'z')：按 z 次数的降幂排序，在功能模块上显示离散的传递函数。

此外，还可以设置一些参数来控制图标的属性，这些属性在 Icon 页右下端的下拉式列表中进行选择。

Icon frame：Visible 显示外框线；

Invisible：隐藏外框线；

Icon Transparency：Opaque 隐藏输入/输出的标签；

Transparent：显示输入/输出的标签；

Icon Rotation：旋转模块；

Drawing coordinate：画图时的坐标系。

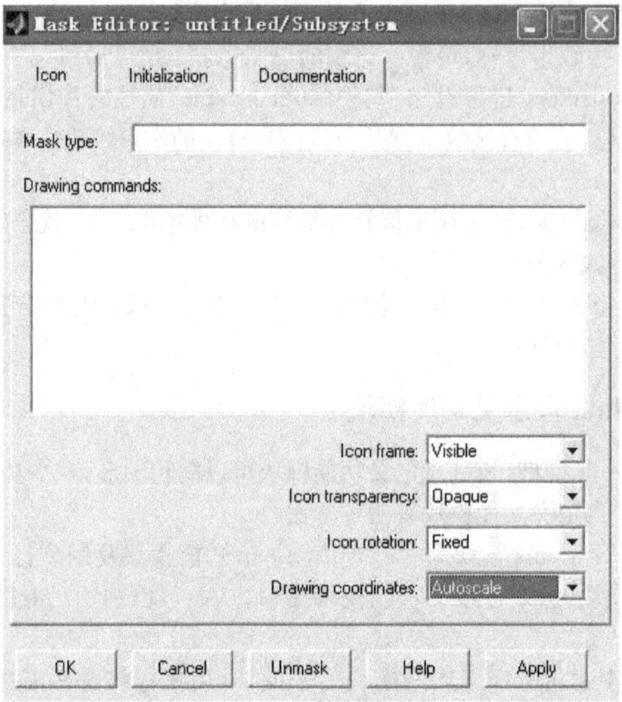

图 5-4　Icon 设置窗口

2. Initialization 标签页

如图 5-5 所示，此页主要用来设计输入提示（prompt），以及对应的变量名称（variable）。在 prompt 栏上输入变量的含义，其内容会显示在输入提示中。而 variable 是仿真要用到的变量，该变量的值一直存于 mask workspace 中，因此可以与其他程序相互传递。在 prompt 编辑框中输入文字，这些文字就会出现在 prompt 列表中；在 variable 列表中输入变量名称，则 prompt 中的文字对应该变量的说明。如果要增加新的项目，可以单击边上的 Add 键。Up 和 Down 按钮用于执行项目间的位置调整。

Control type 列表给用户提供选择设计的编辑区，选择“Edit”会出现供输入的空白区域，所输入的值代表对应的 variable；Popup 则为用户提供可选择的列表框，所选的值代表 variable，此时在下面会出现 Popup strings 输入框，用来设计选择的内容，各值之间用逻辑或符号“|”隔开；如选择“Checkbox”则用于“on”与“off”的选择设定。Assignment 属性用于配合 Control type 的不同选择来提供不同的变量值。

3. Documentation 标签页

此页主要用来针对完成的功能模块来编写相应的说明文字和 Help。在 Block description 中输入的文字，会出现在参数窗口的说明部分；在 Block help 中输入的文字，将显示在单击参数窗口中的“help”按钮后浏览器所加载的 HTML 文件中；Mask type：在此处输入的文字作为封装模块的标注性说明，在模型窗口下，将鼠标指向模块，则会显示该文字。当然必须先在 View 菜单中选择“Block Data Tips－Show Block Data Tips”。

5.4.7　Simulink 仿真的运行

构建好一个系统的模型之后，接下来的事情就是运行模型，得出仿真结果。仿真过程分三

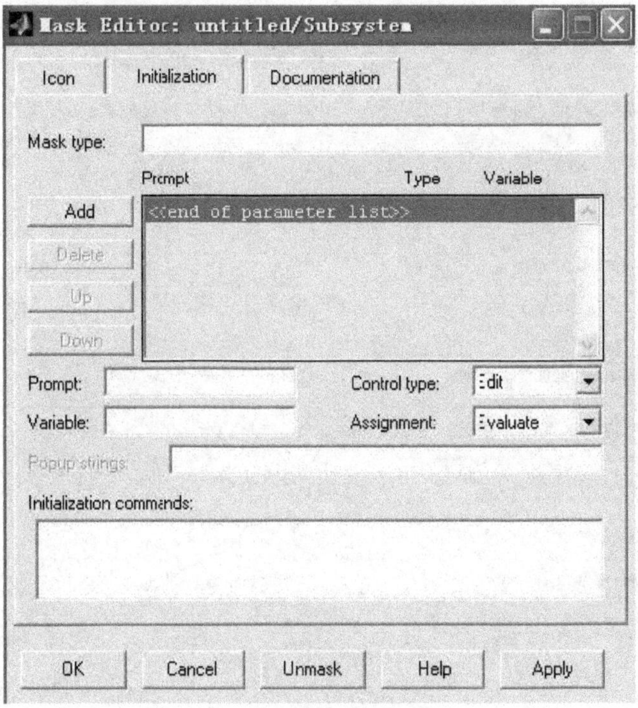

图 5-5 Initialization 设置窗口

个步骤：设置仿真参数，启动仿真和仿真结果分析。

设置仿真参数和选择解法器，选择 Simulation 菜单下的“Parameters”命令，就会弹出一个仿真参数对话框，如图 5-6 所示。它主要用如下三个页面来管理仿真的参数。

Solver 页：微分方程求解程序设置框，它允许用户设置仿真的开始和结束时间，选择解法器，说明解法器参数及选择一些输出选项；

Workspace I/O 页：MATLAB 工作空间设置框，管理模型从 MATLAB 工作空间的输入和对它的输出；

Diagnostics 页：仿真错误警告设置框，允许用户选择 Simulink 在仿真中显示的警告信息的等级。

1. Solver 页

此页可以进行的设置有：选择仿真开始和结束的时间；选择解法器，并设定它的参数；选择输出项。

仿真时间：这里的时间概念与真实的时间并不一样，只是计算机仿真中对时间的一种表示，比如，10 秒的仿真时间，如果采样步长定为 0.1，则需要执行 100 步，若把步长减小，则采样点数增加，那么实际的执行时间就会增加。一般仿真开始时间设为 0，而结束时间视不同的因素而选择。

仿真步长模式：用户在 Type 后面的第一个下拉选项框中指定仿真的步长选取方式，可供选择的有 Variable-step（变步长）和 Fixed-step（定步长）方式。变步长模式可以在仿真的过程中改变步长，提供误差控制和过零检测。定步长模式在仿真过程中提供固定的步长，不提供误差控制和过零检测。用户还可以在第二个下拉选项框中选择对应模式下仿真所采用的算法。

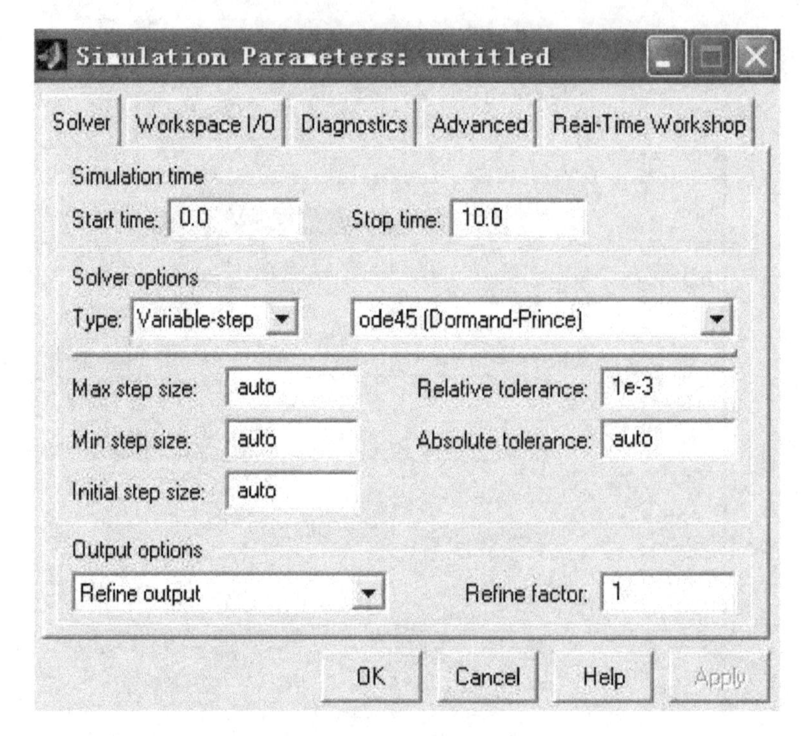

图 5-6　Simulink 仿真参数设置

(1) Variable-step(变步长模式)

变步长模式解法器有：ode45，ode23，ode113，ode15s，ode23s，ode23t，ode23tb 和discrete。

• ode45：默认值，四/五阶龙格一库塔法，适用于大多数连续或离散系统，但不适用于刚性(stiff)系统。它是单步解法器，一般来说，面对一个仿真问题最好是首先试试 ode45。

• ode23：二/三阶龙格一库塔法，它在误差限要求不高和求解的问题不太难的情况下，可能会比 ode45 更有效。它也是单步解法器。

• ode113：一种阶数可变的解法器，它在误差容许要求严格的情况下通常比 ode45 有效。它是一种多步解法器，也就是在计算当前时刻输出时，它需要以前多个时刻的解。

• ode15s：一种基于数字微分公式的解法器(NDFs)，也是一种多步解法器。适用于刚性系统，当用户估计要解决的问题是比较困难的，或者不能使用 ode45，或者即使使用效果也不好，就可以用 ode15s。

• ode23s：它是一种单步解法器，专门应用于刚性系统，在弱误差允许下的效果好于 ode15s。它能解决某些 ode15s 所不能有效解决的 stiff 问题。

• ode23t：它是梯形规则的一种自由插值实现。该解法器适用于求解适度 stiff 的问题而用户又需要一个无数字振荡的解法器的情形。

• ode23tb：它是 TR-BDF2 的一种实现，TR-BDF2 是具有两个阶段的隐式龙格一库塔法公式。

• discrete：当 Simulink 检查到模型没有连续状态时使用它。

步长参数：对于变步长模式，用户可以设置最大的和推荐的初始步长参数，默认情况下，步长自动地确定，它由值 auto 表示。

• Maximum step size(最大步长参数)：它决定了解法器能够使用的最大时间步长，它的默认值为“仿真时间/50”，即整个仿真过程中至少取 50 个取样点，但这样的取法对于仿真时间较长的系统则可能带来取样点过于稀疏，而使仿真结果失真。一般对于仿真时间不超过15s的采用默认值即可，对于超过15s的每秒至少保证5个采样点，对于超过100s的，每秒至少保证3个采样点。

• Initial step size（初始步长参数）：一般使用"auto"默认值即可。仿真精度（对于变步长模式）。

• Relative tolerance（相对误差）：它是指误差相对于状态的值，是一个百分比，默认值为1e－3，表示状态的计算值要精确到0.1%。

• Absolute tolerance（绝对误差）：表示误差值的门限，或者是说在状态值为零的情况下，可以接受的误差。如果它被设成了auto，则每一个状态设置初始绝对误差为1e－6。

(2) Fixed-step（定步长模式）

定步长模式解法器有：ode5，ode4，ode3，ode2，ode1和discrete。

• ode5：默认值，是ode45的定步长版本，适用于大多数连续或离散系统，不适用于刚性系统。

• ode4：四阶龙格－库塔法，具有一定的计算精度。

• ode3：固定步长的二/三阶龙格－库塔法。

• ode2：改进欧拉法。

• ode1：欧拉法。

• discrete：是一个实现积分的固定步长解法器，它适合于离散无连续状态的系统。

(3) Mode 选择

• Multitasking：选择这种模式时，当Simulink检测到模块间非法的采样速率转换，它会给出错误提示。所谓的非法采样速率转换指两个工作在不同采样速率的模块之间的直接连接。在实时多任务系统中，如果任务之间存在非法采样速率转换，那么就有可能出现一个模块的输出在另一个模块需要时却无法利用的情况。通过检查这种转换，Multitasking有助于用户建立一个符合现实的多任务系统的有效模型。

使用速率转换模块可以减少模型中的非法速率转换。Simulink提供了两个这样的模块：unit delay模块和zero-order hold模块。对于从慢速率到快速率的非法转换，可以在慢输出端口和快输入端口插入一个单位延时unit delay模块。而对于快速率到慢速率的转换，则可以插入一个零阶采样保持器zero-order hold。

• Singletasking：这种模式不检查模块间的速率转换，用于建立单任务系统模型，此时不存在任务同步问题。

• Auto：Simulink会根据模型中模块的采样速率是否一致，自动决定切换到Multitasking和Singletasking。

(4)输出选项

Refine output：精细输出，其意义是在仿真输出太稀疏时，Simulink会产生额外的精细输出，这一点就像插值处理一样。用户可以在refine factor设置仿真时间步长插入的输出点数。产生更光滑的输出曲线，改变精细因子比减小仿真步长更有效。精细输出只能在变步长模式中才能使用，并且在ode45效果最好。

Produce additional output：允许用户直接指定产生输出的时间点。一旦选择了该项，则在它的右边出现一个output times编辑框，在这里用户指定额外的仿真输出点，它既可以是一个时间向量，也可以是表达式。与精细因子相比，这个选项会改变仿真的步长。

Produce specified output only：只在指定的时间点上产生输出。为此解法器要调整仿真步长以使之和指定的时间点重合。这个选项在比较不同的仿真时可以确保它们在相同的时间输出。

2. Workspace I/O 页

此页主要用来设置 Simulink 与 MATLAB 工作空间交换数值的有关选项。

Load from workspace：选中前面的复选框即可从 MATLAB 工作空间获取时间和输入变量，一般时间变量定义为 t，输入变量定义为 u。Initial state 用来定义从 MATLAB 工作空间获得的状态初始值的变量名。

Save to workspace：用来设置存入 MATLAB 工作空间的变量类型和变量名，选中变量类型前的复选框使相应的变量有效。一般存入工作空间的变量包括输出时间向量(Time)、状态向量(States)和输出变量(Output)。Final state 用来定义将系统稳态值存入工作空间所使用的变量名。

Save option：用来设置存入工作空间的有关选项。Limit data points to last 用来设定 Simulink 仿真结果最终可存入 MATLAB 工作空间的变量的规模，对于向量而言即其维数，对于矩阵而言即其秩；Decimation 设定了一个亚采样因子，它的默认值为 1，也就是对每一个仿真时间点产生值都保存，而若为 2，则是每隔一个仿真时刻才保存一个值。Format 用来说明返回数据的格式，包括矩阵 matrix、结构 struct 及带时间的结构 struct with time。

3. Diagnostics 页

Diagnostics 分成两个部分：仿真选项和配置选项。配置选项下的列表框主要列举了一些常见的事件类型，以及当 Simulink 检查到这些事件时给予的处理。仿真选项options主要包括是否进行一致性检验、是否禁用过零检测、是否禁止复用缓存、是否进行不同版本的 Simulink 的检验等几项。

除了上述三个主要的页面外，仿真参数设置窗口还包括 real-time workshop 页和 Advanced 页，前者是实时工具对话框，主要用于与 C 语言编辑器的交换，通过它可以直接从 Simulink 模型生成代码并且自动建立可以在不同环境下运行的程序，这些环境包括实时系统和单机仿真。后者是高级仿真属性设置，以便更好地控制仿真过程。

设置仿真参数和选择解法器之后，就可以选择“Simulink”菜单下的“start”选项来启动仿真，如果模型中有些参数没有定义，则会出现错误信息提示框。如果一切设置无误，则开始仿真运行，结束时系统会发出一声鸣叫。也可以在 MATLAB 命令窗口中通过函数启动仿真过程。

5.4.8 S-函数的设计

Simulink 为用户提供了许多内置的基本库模块，通过这些模块进行连接而构成系统的模型。对于那些经常使用的模块进行组合并封装可以构建出重复使用的新模块，但其仍然是基于 Simulink 内置模块。

Simulink S-函数(S-function)提供了扩展 Simulink 模块库的有力工具，它采用一种特定的调用语法，使函数和 Simulink 解法器进行交互。在实际应用中，若发现有的过程用常规的 Simulink 内置模块不容易构建，可以使用 Simulink 支持的 S-函数形式，用 MATLAB 或 C 语言等写出描述过程的程序，构造 S-函数模块，像标准 Simulink 模块那样直接调用。下面介绍用m文件编写S-函数。

在MATLAB的toolbox/Simulink/blocks目录下有S-函数的模板文件sfuntmpl. m。为简明起见,下面给出去掉大部分注释行的sfuntmpl. m文档。

```
function [sys,x0,str,ts] = sfuntmpl(t,x,u,flag)
switch flag,
  % Initialization %
  case 0,
    [sys,x0,str,ts]=mdlInitializeSizes;
  % Derivatives %
  case 1,
    sys=mdlDerivatives(t,x,u);
  % Update %
  case 2,
    sys=mdlUpdate(t,x,u);
  % Outputs %
  case 3,
    sys=mdlOutputs(t,x,u);
  % GetTimeOfNextVarHit %
  case 4,
    sys=mdlGetTimeOfNextVarHit(t,x,u);
  % Terminate %
  case 9,
    sys=mdlTerminate(t,x,u);
  % Unexpected flags %
  otherwise
    error(['Unhandled flag = ',num2str(flag)]);
end
% end sfuntmpl

% mdlInitializeSizes
function [sys,x0,str,ts]=mdlInitializeSizes
sizes = simsizes;
sizes. NumContStates = 0;
sizes. NumDiscStates = 0;
sizes. NumOutputs = 0;
sizes. NumInputs = 0;
sizes. DirFeedthrough = 1;
sizes. NumSampleTimes = 1;
sys = simsizes(sizes);
x0 = [];
```

```
str = [];
ts = [0 0];
% end mdlInitializeSizes

% mdlDerivatives
sys = [];
% end mdlDerivatives

% mdlUpdate

function sys=mdlUpdate(t,x,u)
sys = [];
% end mdlUpdate

% mdlOutputs
function sys=mdlOutputs(t,x,u)
sys = [];
% end mdlOutputs

% mdlGetTimeOfNextVarHit
function sys=mdlGetTimeOfNextVarHit(t,x,u)
sampleTime = 1;
sys = t + sampleTime;
% end mdlGetTimeOfNextVarHit

% mdlTerminate
function sys=mdlTerminate(t,x,u)
sys = [];
% end mdlTerminate
```

模板文件里S-函数的结构十分简单，它只为不同的flag的值指定要相应调用的m文件子函数。比如，当flag=3时，即模块处于计算输出这个仿真阶段时，相应调用的子函数为sys=mdlOutputs(t,x,u)。

模板文件使用switch语句来完成这种指定，这种结构并不是唯一的，用户也可以使用if语句来完成同样的功能。在实际运用时，并不是每个模块都需要经过所有的子函数调用，也可以根据需要去掉某些值。

模板文件只是Simulink为方便用户而提供的一种参考格式，并不是编写S-函数的语法要求，用户完全可以改变子函数的名称，或者直接把代码写在主函数里。使用模板编写s-function，用户只需把S-函数名换成期望的函数名称，如果需要额外的输入参量，应在输入参数列表的后面增加这些参数，因为前面的4个参数是Simulink调用s-function时自动传入的。对于输出参数，最好不做修改。

S-函数默认的4个输入参数为t，x，u和flag，它们的次序不能变动，代表的意义分别如下。

t：代表当前的仿真时间，这个输入参数通常用于决定下一个采样时刻，或者在多采样速率系统中，用来区分不同的采样时刻点，并据此进行不同的处理；

x：表示状态向量，这个参数是必须的，甚至在系统中不存在状态时也是如此。它具有灵活的运用；

u：表示输入向量；

flag：是一个控制在每一个仿真阶段调用哪一个子函数的参数，由Simulink在调用时自动取值。一般应用中很少使用flag为4和9。

S-函数默认的4个返回参数为sys，x0，str和ts，它们的次序也不能变动，代表的意义分别如下。

sys：它是一个通用的返回参数，其所返回值的意义取决于flag的值；

x0：是初始的状态值(没有状态时是一个空矩阵[])，这个返回参数只在flag值为0时才有效，其他时候都会被忽略；

str：保留，设为空矩阵；

ts：是一个$m\times2$的矩阵，它的两列分别表示采样时间间隔和偏移。

Simulink在每个仿真阶段都会对s-function进行调用，在调用时，Simulink会根据所处的仿真阶段为flag传入不同的值，而且还会为sys这个返回参数指定不同的角色，也就是说尽管是相同的sys变量，但在不同的仿真阶段其意义却不相同，这种变化由Simulink自动完成。

m文件s-function可用的子函数说明如下：

mdlInitializeSizes：定义s-function模块的基本特性，包括采样时间、连续或者离散状态的初始条件和sizes数组。

mdlDerivatives：计算连续状态变量的微分方程。

mdlUpdate：更新离散状态、采样时间和主时间步的要求。

mdlOutputs：计算s-function的输出。

mdlGetTimeOfNextVarHit：计算下一个采样点的绝对时间，这个方法仅仅是在用户在mdlInitializeSizes里说明了一个可变的离散采样时间。

mdlTerminate：实现仿真任务必须结束。

一般来说，建立S-函数可分为二步：

① 初始化S-函数模块特性；

首先在S-函数里提供有关S-函数的说明信息，包括采样时间、连续或者离散状态个数等初始条件，以便Simulink识别。初始化工作主要是在mdlInitializeSizes子函数里完成：

Sizes数组是S-function函数信息的载体，它内部的字段意义为：

NumContStates：连续状态的个数(状态向量连续部分的宽度)；

NumDiscStates：离散状态的个数(状态向量离散部分的宽度)；

NumOutputs：输出变量的个数(输出向量的宽度)；

NumInputs：输入变量的个数(输入向量的宽度)；

DirFeedthrough：有无直接馈入；

NumSampleTimes：采样时间的个数。

② 将用户的算法放到合适的S-function子函数中去。

5.5　MATLAB 仿真举例

例题 1　某型号电子起搏器的传递函数为：

$$G(s)=\frac{5}{s(s+34.5)}$$

① 作波特图，并在曲线上标示幅频特性和相频特性，确定系统的稳定性；② 用试凑法设计一 PID 调节器，进一步改善该系统性能。

输入下面简单命令，得到波特图如图 5-7 所示，由增益裕度和相位裕度可知此系统是稳定的。

```
num=5;
den=[ 1 34.5 0];
margin(num,den);grid
```

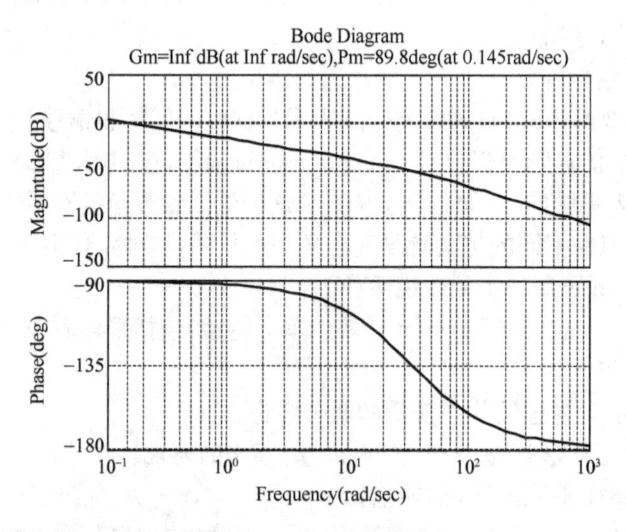

图 5-7　系统波特图

图 5-8 是 PID 控制系统的传递函数框图，需要整定 K_P，T_I，T_D三个参数，有许多算法可实现 PID 控制器的参数优化，下面用简单的试凑法进行参数估计。

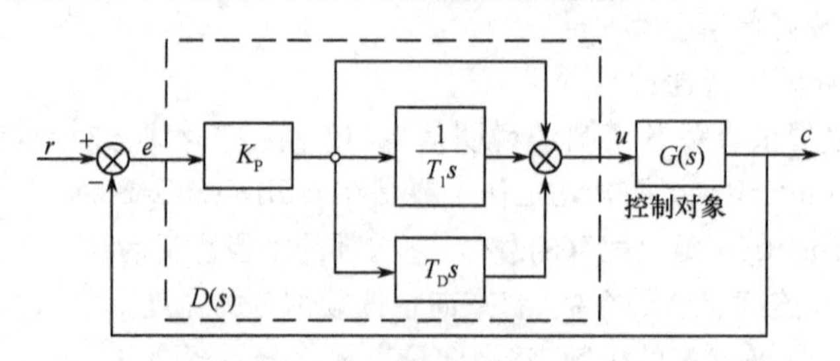

图 5-8　PID 控制系统传递函数框图

首先进行比例控制作用分析，设 $K_P=200-240$，$T_I=\infty$，$T_D=0$，输入信号为阶跃函数，根据图 5-8，写出仿真程序如下：

```
% P 控制作用程序
num=5;
```

```
den=[1,34.5,0];
G=tf(num,den);
Kp=[ 140:30:200];
for i =1:length(Kp)
Gc = feedback(Kp(i) * G,1) ;
Step(Gc,0.3);%对单位阶跃函数的响应
hold on;
end
```

运行程序，得到系统阶跃响应曲线如图 5-9 所示，可以看出，为了提高响应速度和调节精度，K_P取 200 比较合适。

再看比例积分控制的作用，设 $K_P=200$，$T_I=0.2-0.4$，$T_D=0$，编写仿真程序如下：

```
% PI 控制作用程序
num=5;
den=[1,34.5,0];
G=tf(num,den);
Kp = 200;
Ti = [0.1:0.05:0.25];
for i = 1: length(Ti)
Gc=tf(Kp * [Ti(i) 1],[Ti(i) 0]);
Gcc = feedback(Gc * G,1) ;
Step(Gcc,0.4);%对单位阶跃函数的响应
hold on;
end
```

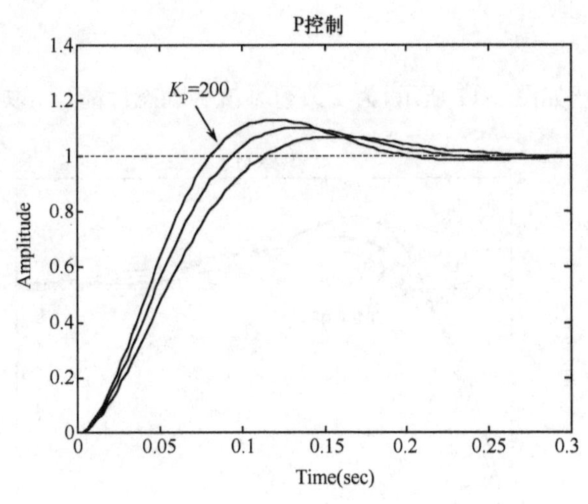

图 5-9　P 控制作用下系统阶跃响应曲线

图 5-10 是该程序运行后得出的系统阶跃响应曲线，可知，为了消除系统的稳态误差，T_I取 0.15 较合适。

最后，分析比例微分调节作用，设 $K_P=200$，$T_I=0.15$，$T_D=0.01-0.03$，编写仿真程序如下：

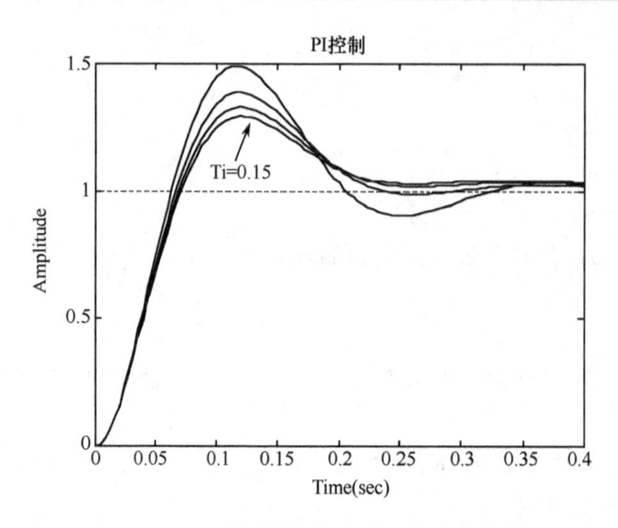

图 5-10　PI 控制作用下系统阶跃响应曲线

```
% PID 控制作用程序
num=5;
den=[1,34.5,0];
G=tf(num,den);
Kp=200; Ti=0.15;
Td=[0.01:0.01: 0.03];
fori=1:length(Td)
Gc=tf(Kp*[Ti*Td(i) Ti 1],[Ti 0]);
Gcc=feedback(Gc*G,1);
step(Gcc,0.4), %对单位阶跃函数的响应
hold on
end
```

系统阶跃响应曲线如图 5-11 所示,为了改善系统的动态性能,T_D取 0.03 为宜。

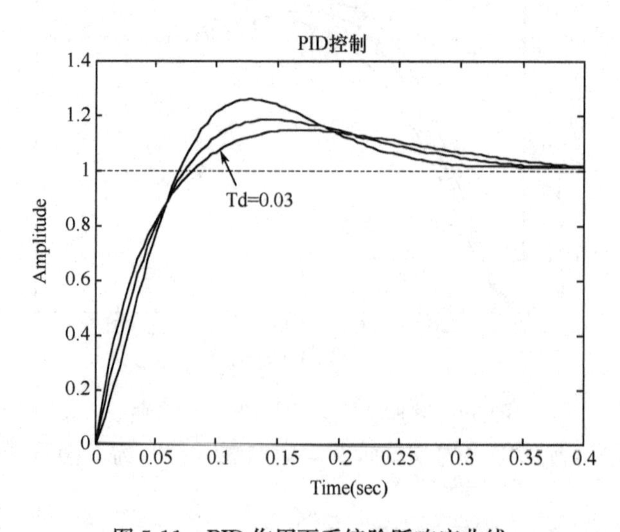

图 5-11　PID 作用下系统阶跃响应曲线

例题 2　一个二阶电路如图 5-12 所示，开关 K 原是打开的，电路已稳定，已知 $E=200\text{V}$，$R_1=30\Omega$，$L=0.1\text{H}$，$R_2=10\Omega$，$C=1000\mu\text{F}$，$U_C(0_-)=-100\text{V}$（参考方向由下指向上），在 $t=0$ 时将开关 K 闭合，求 $t\geqslant 0$ 时的电感电流 $i_L(t)$ 及电容电压 $U_c(t)$ 的变化规律。

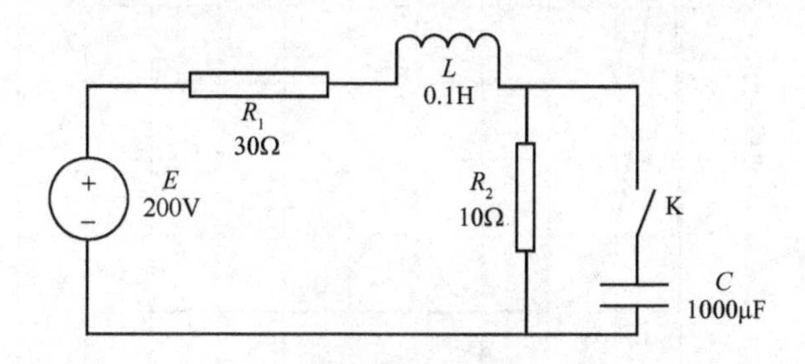

图 5-12　电路图

1. 调用数值积分 ODE 函数求解

对图 5-12 所示电路取电感电流 i_L 和电容电压 U_C 为状态变量，可列状态方程出如下：

$$\begin{bmatrix}\dot{i}_L\\ \dot{U}_C\end{bmatrix}=\begin{bmatrix}-300 & -10\\ 1000 & -100\end{bmatrix}\begin{bmatrix}i_L\\ U_C\end{bmatrix}+\begin{bmatrix}2000\\ 0\end{bmatrix}$$

初始条件：$i_L(0_-)=5\text{A}$，$U_C(0_-)=-100\text{V}$。对于状态方程的求解，MATLAB 提供了优秀的解算程序 ODE Solver，可以根据不同的对象选用不同的算法。本问题中，选用自适应变步长的 4/5 阶的 RKF 算法的数值积分 ODE45 函数，它用于求解已知初始值的微分方程，十分方便，并可将其解以图形方式输出。

取仿真时间 $t=0.2\text{s}$，在 M-edit 窗口中编写以下函数文件：

```
function  dy=myfile(t,y); %将状态方程定义为函数文件;
dy=zeros(2,1);                  %变量 y 为两行一列相量;
dy(1)=-300*y(1)-10*y(2)+2000;
dy(2)=1000*y(1)-100*y(2);
```

编写好之后，以文件名 myfile. m 存盘，并在 MATLAB 主命令窗口执行下列命令，或写成 m 文件保存并运行。

```
[t,y]=ode45('myfile',[0,0.2],[5,-100]); %调用 ODE 函数并代入初始条件;
plot(t,y(:,1));                          %输出 iL 波形;
grid;                                    %带网格线;
xlabel('时间(s)');
ylabel('电感电流(A)') ;                  %定义 XY 轴变量名称及单位;
figure(2);                               %在不同窗口显示图形;
plot(t,y(:,2));                          %输出 VC 波形;
xlabel('时间(s)');
ylabel('电容电压(V)');
grid;
```

其结果如图 5-13 所示，用数值积分 ODE 函数求解状态方程简便快捷，大大节省了编程时间。

2. SIMULINK 仿真

在 MATLAB 命令窗口中打开新建模型命令，然后进一步打开 SIMULINK 模块库，新建

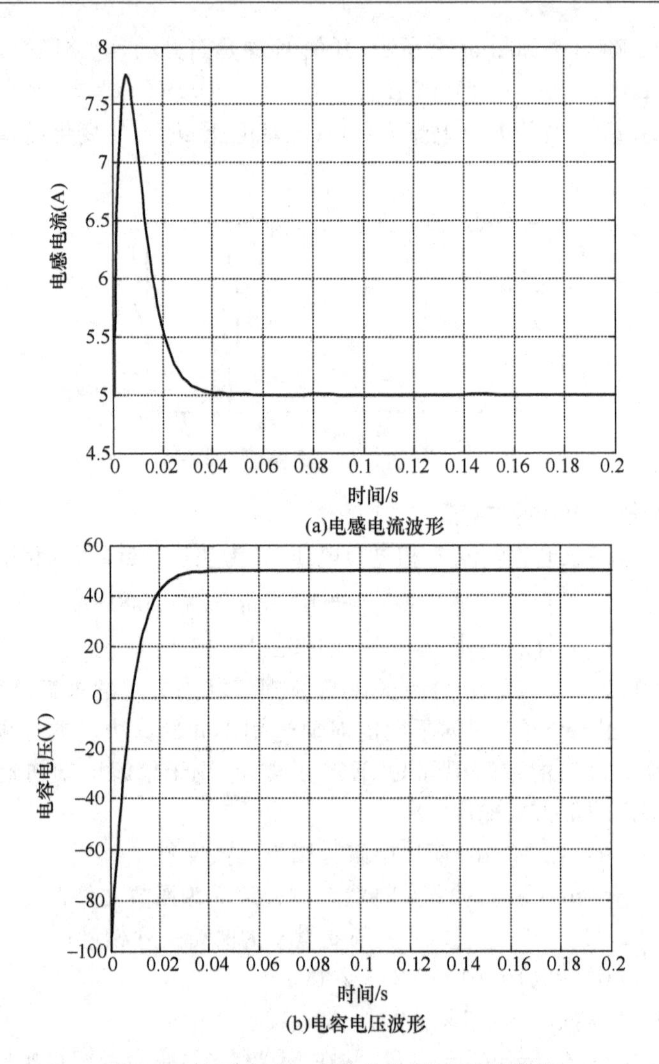

图 5-13　电感电流 i_L 和电容电压 U_C 变化曲线

一个模型。通过拖放操作，将模块库中的积分模块 1/s，比例因子模块 Gain，求和模块 Sum 以及恒定模块 Constant 连接成图 5-14 所示的模型。

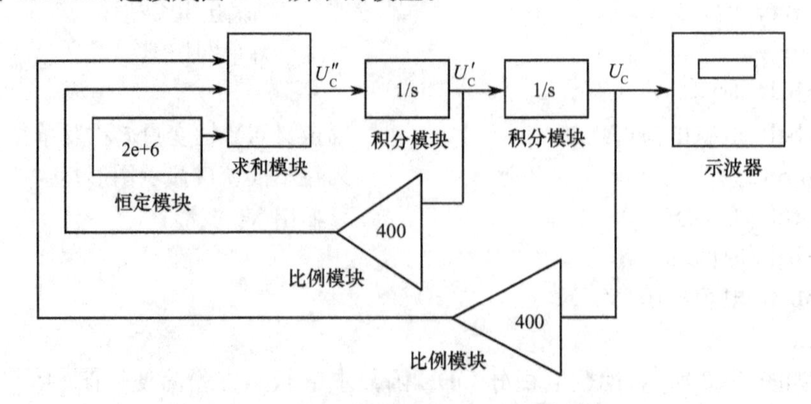

图 5-14　原电路的 SIMULINK 仿真模型

原电路的仿真模型其核心思想是：U''_C 经积分得 U'_C，经积分得 U_C，而 U'、U_C 经代数运算又可产生 U''_C。由前面式子可 $U''_C=-400U'_C-40000U_C-2\times10^6$，注意：在仿真前双击图中 U_C 模块，将其初始值设为100V，双击U'_C模块将其初始值设为−15000V（由换路定则可求）。选择simulation下parameter的命令，设置仿真starttime为0s，stoptime为0.2s。最后选择simulation下的start命令进行仿真。双击示波器scope得到了和图5-13中完全相同的电容电压曲线。显然求出了U_C之后，由电路约束关系就很容易求出$i_L(t)$曲线。

3. 基于SIMULINK下的电力系统工具箱仿真

电力系统工具箱（SimPowerSystems）是SIMULINK下面的一个专用模块库，是在SIMULINK环境下进行电力、电子系统建模和仿真的先进工具。它建立在加拿大的Hydro-Quebec电力系统测试和仿真实验室的实践经验基础之上，并由Hydro-Quebec和TECSIM International公司共同开发而成，功能非常强大。SimPowerSystems库提供了一种类似电路建模的方式进行模型绘制，在仿真前自动将仿真系统图变化成状态方程描述的系统形式，然后在SIMULINK下进行仿真分析。它为电路、电力电子系统、电机系统、发电、输变电系统和配电系统计算提供了强有力的解决方案。

打开simulink的库浏览器，单击SimPowerSystems，可以打开电力系统工具箱，如图5-15所示。SimPowerSystems包含130多个模块，分布在7个模块库中：Electrical Sources（电源模块库）、Elements（元件模块库）、Power Electronics（电力电子器件模块库）、Machines（电机模块库）、Measurements（测量模块库）、Extra Library（附加模块库）、Application Libraries（应用模块库）。双击模块库的图标即可打开模块库。此外，还含有一个功能强大的图形用户分析工具Powergui。这些模块可以与标准的SIMULINK模块一起，建立包含电气系统和控制回路的模型，并且可以用附加的测量模块对电路进行信号提取、傅里叶分析和三相序分析。

首先建立一个新的模型编辑窗口。在此模型窗口中逐步搭建出图5-12所示的电路，步骤如下。

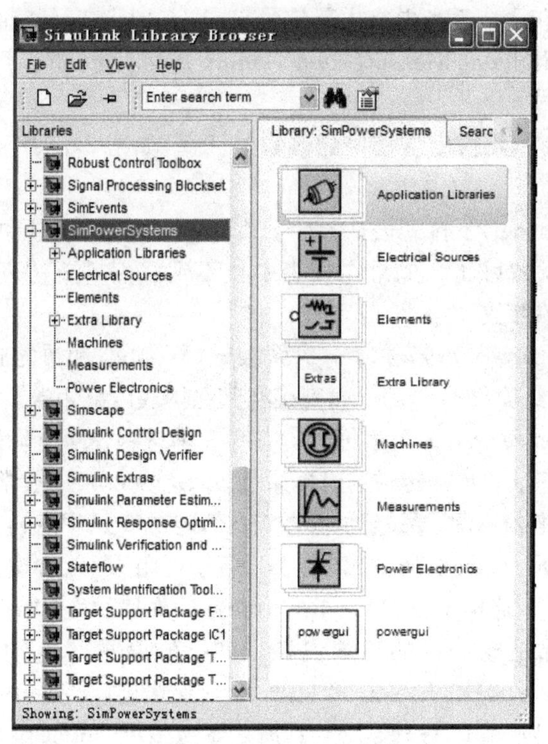

图5-15 电力系统工具箱

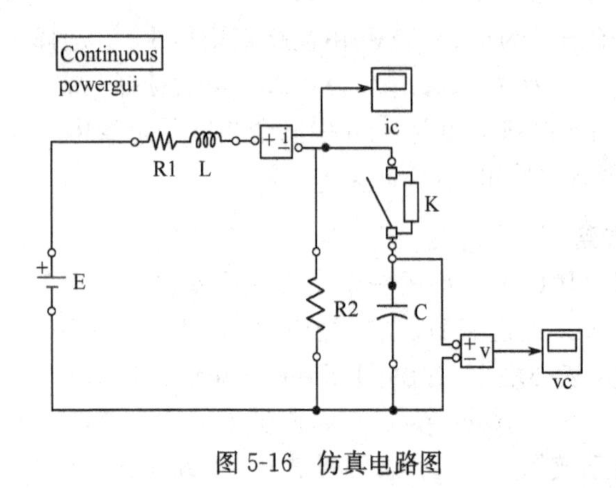

图 5-16　仿真电路图

在 Electrical Sources 中用鼠标选中 DC Voltage Source 拖至所建模型中，双击电源设置参数。在 Elements 库中多次选择 Series RLC Branch，分别建立 RLC 元件并赋值：$R_1=30\Omega, L=0.1\text{H}, R_2=10\Omega, C=1000\mu\text{F}$。设立电容器 C 的初始电压为 -100V。开关 K 用 Elements 库中的断路器 breaker 表示。为了观测到电流和电压的波形，还需要在电路上接入电流表、电压表和示波器。在 Measurements 库中选取电流、电压表，在 SIMULINK 模块库的 Sinks（接收器模块库）中，选中示波器(Scope)。连接后的电路如图 5-16 所示。

打开仿真/参数窗，选择 ode45 算法，将相对误差设置为 1e－3。设置仿真时间为 0.2s 并启动仿真，双击示波器可观察仿真结果，与图 5-13 是完全一致的。

例题 3　对一台绕线转子异步电动机当转子串有电阻时的起动过程，应用 Simulink/SimPowerSystems 进行建模及仿真。

从 SimPowerSystems 模块集下面的 Machines 模块库中，拖拽 Asynchronous Machine SI Units 模块到模型窗口中。

异步电动机模块有 8 个连接端子，其中端子(A,B,C)为电机的定子电压输入，一般可直接接三相电压。输入端子 Tm 为轴上的负载转矩，可以直接接 Simulink 信号。另外 3 个端子(a,b,c)为转子绕组的端口，可以把它们短接在一起，或者连接到其他的附加电路中。还有一个输出端为 m 端子，它包含一系列电机内部信号集，共有 21 路信号，通过从 Machines 子模块集拖拽另外一个模块 Machines Measurement Demux 连接到 m 端子上，用户可根据需要输出不同的信号。

双击异步电动机模块，将得出该模块的参数对话框，如图 5-17 所示。在该对话框中需要输入如下参数：

预置模型(Preset model)下拉列表框：对于几种在美国比较常见的电机型号可以直接选择，它们的参数都已经预置好了。如果在列表中找不到我们所要仿真的电机，就选择 No 即可，然后自己设置详细的参数。

转子绕组类型(Rotor type)列表框：分为绕线式(Wound)和鼠笼式(Squirrel-cage)两种，后者将不显示出转子绕组输出端 a，b，c，而直接将其在模块内部短接。

参考坐标系(Reference frame)列表框：其中有 3 种选项：静止坐标系(Stationary)，基于转子坐标系(Rotor)和基于同步旋转磁场坐标系(Synchronous)，一般常选择静止坐标系。

此模块的参数用有名值表示，要设置的参数有：额定功率 P_n(VA)，线电压 V_n(Vrms)，电源频率 f_n(Hz)；定子电阻 R_s(ohm)及漏电感 L_{ls}(H)，转子电阻 R'_r，及漏电感 L'_{lr}(ohm)，互电感 L_m(H)；转动惯量 J(kg · m²)，摩擦系数 F(N · m · s)和极对数 P 以及初始条件(Initial conditions)。

这些参数基本上都是电动机的铭牌参数。如已知某异步电动机的参数如下：$P_N=5.5\text{kW}, U_{1N}=380\text{V}, f_N=50\text{Hz}, R_1=0.0217\Omega, X_1=0.039\Omega, R_2=0.0329\Omega, X_2=0.0996\Omega, X_m=3.6493\Omega, J=11.4\text{kg}\cdot\text{m}^2$，极对数 $p=2$，摩擦系数 $F=0.008$，初始条件是滑差是 1，其余为零。具体设置请参见图 5-18，注意将电抗换算成电感值。

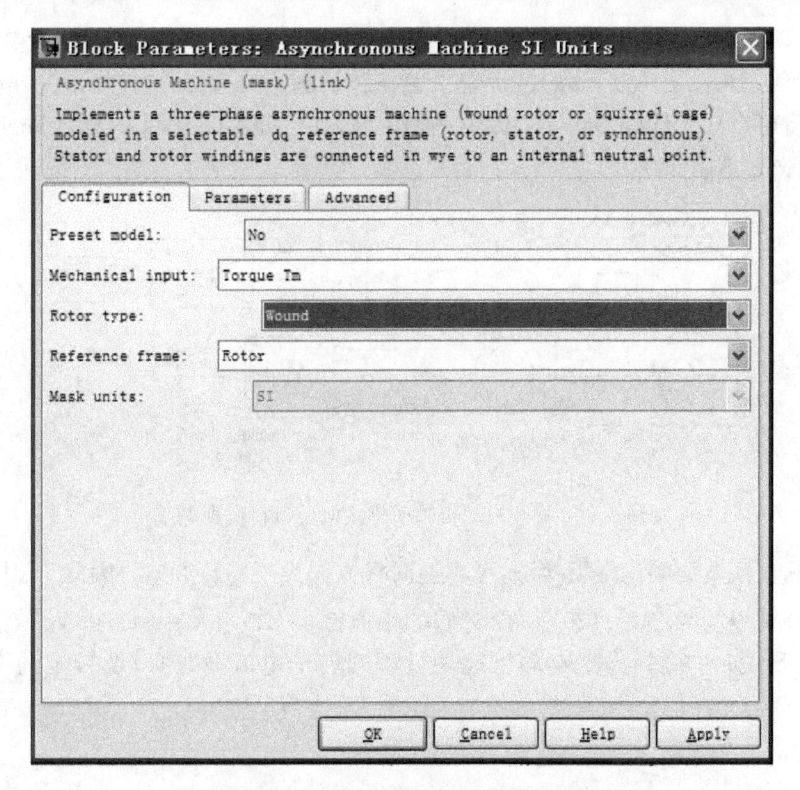

图 5-17　异步电动机参数设置对话框

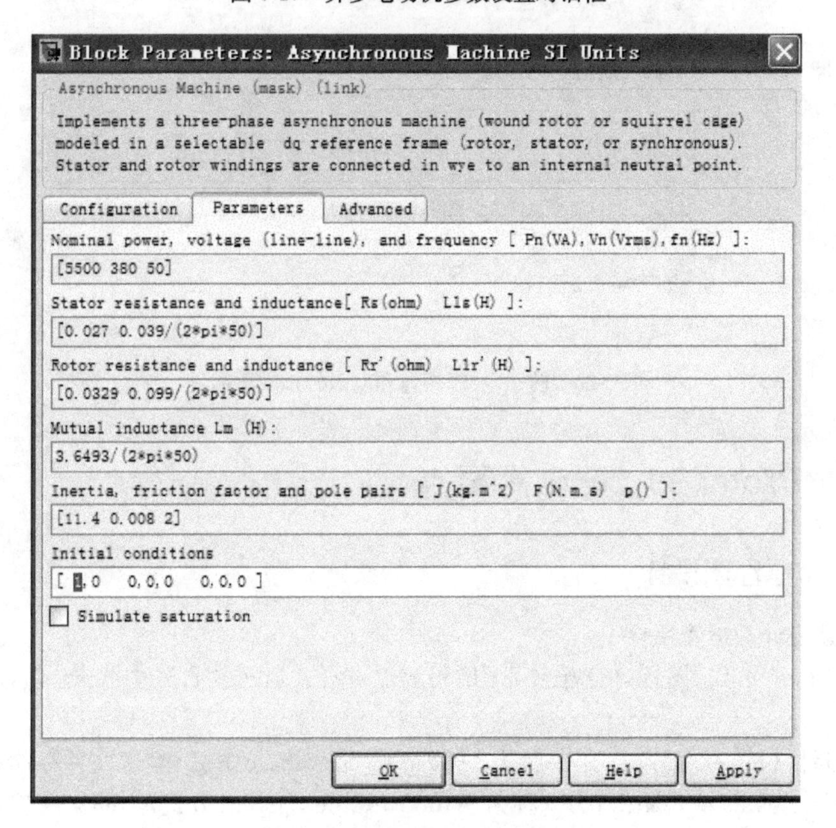

图 5-18　异步电动机参数设置

图5-19是所建立的绕线转子异步电动机转子串接电阻运行仿真模型。对其中测量分路器（Machine Measurement Demux）的设置只选择转子电流 ir_abc、转速 wm、和电磁转矩 Te。而串接的电阻可以从元件（Elements）库中选择串联 RLC 分支（Series RLC Branch），支路类型为电阻，然后设置电阻为1。

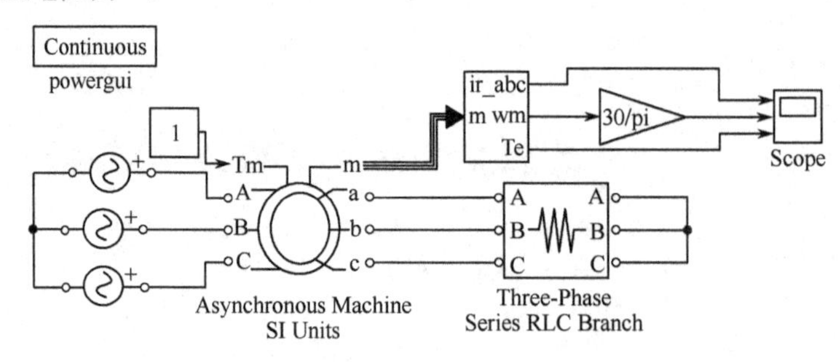

图5-19　异步电动机转子串接电阻运行仿真电路

三相对称交流电源采用星型接法，考虑逆时针方向为正旋转方向。因此A、B、C三相电压的初始相位分别设置为240°、120°、0°而它们的幅值都是 $220\times\sqrt{2}=311.08$V。在运行仿真之后，从示波器Scope中得到异步电动机起动过程的转子电流、转速以及转矩的变化曲线，如图5-20所示。

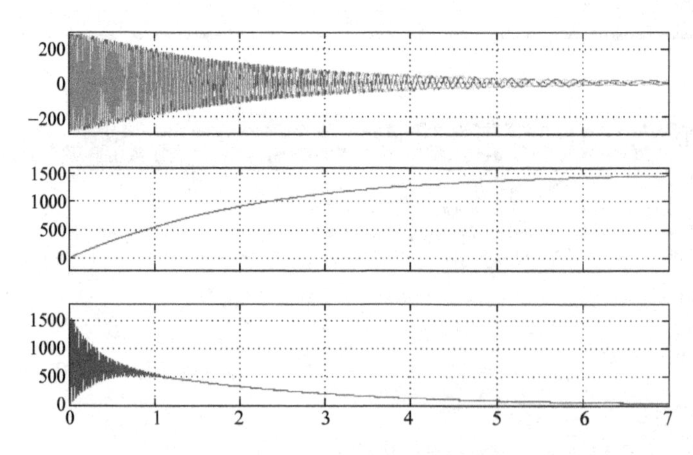

图5-20　转子电流，转速和电磁转矩变化曲线

5.6　Protel 99 SE 应用要点

5.6.1　原理图设计

1. 新建设计数据库文件

双击 Protel 99 SE 图标，出现图5-21所示界面，单击“File（文件）”中“new”项，新建设计数据库。

新建设计文件，有两种方式：一种为 MS Access Database 方式，全部文件存储在单一的数据库中，同原来的99文件格式；另一种为 Windows File System 方式，全部文件被直接保存在对话框底部指定的磁盘驱动器中的文件夹中，在资源管理器中可以直接看到所建立的原理图

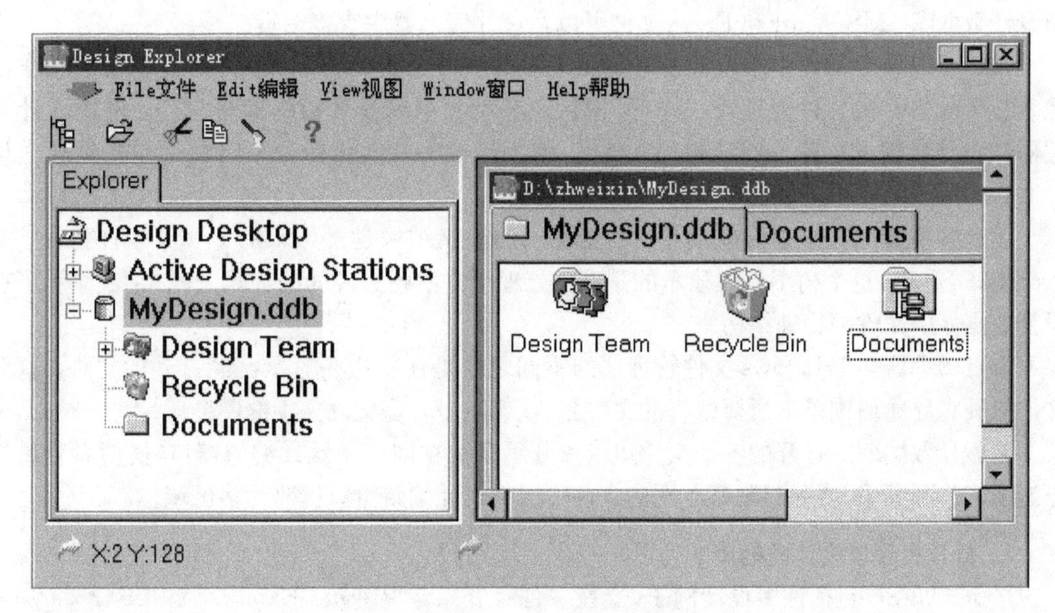

图 5-21　Protel 99 SE 主界面

或 PCB 文件。

在 Browse 选项中选取需要存储的文件夹，然后单击“OK”按钮，即可建立自己的设计数据库。

(1) 设计组(Design Team)

我们可以先在 Design Team 中设定设计小组成员，Protel 99 SE 可在一个设计组中进行协同设计，所有设计数据库和设计组特性都由设计组控制。为保证设计安全，为管理组成员设置一个口令。这样如果没有注册名字和口令就不能打开设计数据库。

(2) 回收站(Recycle Bin)

相当于 Windows 中的回收站，所有在设计数据库中删除的文件，均保存在回收站中，可以找回由于误操作而删除的文件。

(3) 设计管理器(Documents)

设计文件都被储存在唯一的综合设计数据库中，并显示在唯一的综合设计编辑窗口。在 Protel 99 SE 中与设计的接口称设计管理器。使用设计管理器，可以进行对设计文件的管理编辑、设置设计组的访问权限和监视对设计文件的访问。

2. 组织设计文件

过去组织和管理众多的原理图、PCB、Gerber、Drill、BOM 和 DRC 文件，要花费许多时间，而 Protel 99 SE 把设计文件全部储存在唯一的设计数据库。

在设计数据库内组织按分层结构文件夹建立的文件。显示在右边的个人安全系统设计数据库有一文件夹叫设计文件，这个文件夹中是主设计文件(原理图和 PCB)，还有许多的子文件夹，包括了 PCB 装配文件、报告和仿真分析。

设计数据库对存储 Protel 设计文件没有限制。可输入任何类型的设计文件进入数据库，如在 MS Word 书写的报告、在 MS Excel 准备的费用清单和 AutoCAD 中绘制的机械图。

简单双击设计数据库里的文件图标，用适当的编辑器打开文件，被更新的文件自动地保存到设计数据库。MS Word 和 Excel 文件可以在设计管理器中直接编辑。

在综合设计数据库中用设计管理器管理设计文件是非常轻松的。设计管理器的工作就像 MS Windows 的文件管理器一样，可用它来导航和组织设计数据库里文件。使用设计管理器在设计数据库创建分层结构的文件夹，使用标准文件操作命令来组织这些文件夹内设计文件。

设计管理器的心脏是导航面板。面板显示的树状结构是已熟悉的 Protel 软件特性。在 Protel 99 SE 中，这个树不仅仅显示的是一个原理图方案各文件间的逻辑关系，它也显示了在设计数据库中文件的物理结构。

设计管理器与 Windows 文件管理器的不同之处是在右边还显示已经打开的文件。打开文件只要在导航树中单击所要编辑的文件名，或者双击右边文件夹中的图标。

在设计数据库中打开的各个文件用卡片分隔显示在同一个设计编辑窗口，使用者容易知道当前工作到哪里，要一起观察不同的文件可以将设计编辑窗口拆分为多区域。

3. 打开和管理设计数据库

Protel 99 SE 包括许多设计例子，选择文件打开菜单“Design Explorer 99 SE\Example\folder”，单击“photoplotter. ddb”文件，左侧窗口呈现树状结构。

单击文件夹上的“＋”呈现下一层子目录或文件，单击文件夹上的“－”将关闭此文件夹。单击文件夹上的“Photohead. pcb”文件，PCB 版图将出现，单击文件夹上的“Photohead. prj”原理图管理文件将被打开。关闭文件，可以用鼠标右键，选择“Close”也可以用按“CTRL＋F4”键来关闭。

4. 观看多个设计文档

打开 Photoplotte. ddb 设计数据库，单击“＋”找到 Electronics 和 Photohead 文件夹，打开“Photohead Parts list ”设计窗口，用同样方法打开“Photohead. pcb”文件和“Photohead. prj”文件。在“Photohead Parts List”窗口单击鼠标右键，选择“Split Horizontal”菜单，界面将被水平分割。在“Photohead. prj”设计窗口下点右键，选“Split Vertical” 菜单，界面将被垂直分割。可以用鼠标调整分割窗口的大小。要想分割更多的窗口，可重复上述操作。

按 Ctrl＋Tab 键可循环切换打开的设计文件，按 Shift＋Tab 键可在导航板和设计窗口中有效文件夹的内容间切换。

5. 多图纸设计

一个原理图设计有多种组织图纸方案的方法。可以由单一图纸组成或由多张关联的图纸组成，不必考虑图纸号，SCH 99 SE 将每一个设计作为一个独立的方案。设计可以包括模块化元件。这些模块化元件可以建立在独立的图纸上，然后与主图连接。作为独立的维护模块允许几个工程师同时在同一方案中工作，模块也可被不同的方案重复使用。便于设计者利用小尺寸的打印设备（如激光打印机）。下面举例说明：打开“LCD Controller. ddb”设计文件，打开“LCD Controller. prj”原理图设计窗口。我们看到许多绿色矩形框，叫做原理图模块，每一个原理图模块里包含一张图纸，一个总的原理图可以包含多个子原理图。选择“Design”下的“Create Sheet From Symbols ”由符号生成图纸，如果已经画好原理图，选择“Design”下的“Create Symbol Form Sheet”由图纸生成符号。利用工具栏上的“↑”与“↓”单击输入端口，可以在总的原理图与子原理图之间切换。

6. 原理图连线设计

确定起始点和终止点，Protel 99 SE 就会自动地在原理图上连线，从菜单上选择“Place/Wire”后，按空格键切换自动连线方式。观察状态栏就可以看出“Auto Wire”Protel 99 SE 自动连线、任意角度、45°连线、90°连线，使得设计者在设计时更加轻松自如。只要简单地定义 AutoWire 方式。自动连线可以从原理图的任何一点进行，不一定要从管脚到管脚。

7. 检查原理图电性能可靠性

打开“LCD Controller. ddb ”设计数据库，单击“LCD Controller ”文件夹下的“LCD Controller. prj”原理图设计窗口，Protel 99 SE 可以帮助我们进行电气规则检查。选择“Tools”下面的“ERC”，在“Rule Matrix”中选择要进行电气检查的项目，设置好各项后，在“Setup Electrical Rlues Check”对话框上单击“OK”按钮即可运行电气规则检查，检查结果将被显示到界面上。

8. 同步设计

在 Protel 99 SE 中使得原理图与 PCB 同步是容易的。Protel 99 SE 包含一个强大的设计同步工具，可以非常容易地在原理图和 PCB 之间转移设计信息。

同步设计是更新目标文件的过程，它基于参考文件中上一次的设计信息。当执行同步时，要选择转换的方向：从原理图到 PCB 的更新或从 PCB 到原理图的更新。

当执行同步设计时，同步器分析原理图和 PCB，识别两者之间的差异。设计同步器创建一个宏来解决所发现的每个差异。当需要时，这些宏能被预览。当按执行按钮时原理图和 PCB 被自动地重新同步。

要确保同步无误，设计同步器赋予原理图和 PCB 对应元件唯一的匹配标识符。这就意味着可以任意对原理图和 PCB 分别进行标注。只要简单地从设计菜单运行更新命令，随时都可以协调两边的工作。

当选择从原理图更新，同步器做一个预分析检查，查找如，无封装的元件、重复或未指定的元件，以及可使用的 PCB 库。如果检测出问题，在更新设计对话框中将出现一个问题警告表，注意它，并检查问题。

注意：如果输入已存在的设计，第一次同步时将出现确认元件对话框。一旦元件已赋予匹配标识符，在以后的同步中将不再出现。

同步器也能将原理图中 PCB 设计要求信息转换到设计规则中。这允许设计工程师在原理图中精确地指定重要网络的布线要求。当 PCB 设计者开始布线时，这些网络将自动地按照工程师的设计要求执行。要在原理图包含设计信息只要简单给网络附加一个 PCB 设计指令。指令的底部必须紧靠着网络。

当第一次执行同步器时，甚至不需要创建 PCB 文件。如果同步器不能找到合适的 PCB，它会自动地创建一个，整齐地在 PCB 工作区中间排放所有的元件，做好布局准备。如果在设计数据库同名文件夹有 PCB，将被使用。

9. 建立材料清单

打开“4 Port Serial Interface. ddb” 设计数据库，找到“4 Port Serial Interface”文件夹下面的“4 Port Serial Interface. prj”文件设计窗口，选择“Reports”中的“Bill Of Material”菜单，按照导航器所给选项完成选择，一个 MS Excel 风格的材料清单将被制成。

10. 在原理图上标注汉字或使用国标标题栏

在原理图上放汉字，可以直接单击“Place”选项下的“Annotation”放置汉字。

如果想要使用国标图纸做标题栏，选择“Design”下的“Template”里的“Set Template File”，找到国标标题栏所在的目录，打开图纸的标题栏将被切换为国标形式。

11. 将原理图中的选择传递到 PCB 中

在原理图中选择一组器件，单击“Tool”选项下的“Select pcb components”，PCB 中相同的元件也将被选中。

12. 生成网络表

当设计好的原理图在进行了 ERC 电气规则检查正确无误后，就要生成网络表，为 PCB 布线做准备。网络表的生成非常容易，只要在“Design”下选取“Create Netlist”对话框，设置为某种格式的网络表。网络表生成后，就可以进行 PCB 设计了。

5.6.2 原理图仿真

Protel 99 SE 的混合信号电路仿真引擎现在与 3F5 完全兼容，支持所有标准的 SPICE 模型。电路仿真支持包含模拟和数字元件的设计。SimCode（类 C 语言）用于描述数字元件的描述。

Protel 99 SE 提供了大量的仿真用元件，每个都链接到标准的 SPICE 模型。5 800 个仿真用元件分别在 Sim. Ddb 数据库的 28 个库中。通用元件、电压和电流源，在 Sim. Ddb 的仿真模型库中。

在 Protel 99 SE 中执行仿真，只要简单地从仿真用元件库中放置所需的元件，连接好原理图，加上激励源，单击“仿真”。

打开“Bandpass Filter. ddb”设计数据库，找到“Design Explorer 99 SE\Examples\Circuit Simulation”文件夹。单击交流信号分析“～”，输入、输出波形将显示到界面上。将鼠标放到“OUT”上，单击鼠标右键，选择“View Single Cell”菜单，观看单一的输出波形。激活原理图设计窗口，选择“View”下的“Fit All Objects”选项，使图形全屏显示，见图 5-22，找到元件“C1”，并双击此元件，这个元件的类型和属性对话框将出现，将“Part”设置为 0. 2μF，然后重复上述操作，设置“C2” 器件。选择“Simulate”下的“Setup”菜单，在“General”对话框上选择“Keep Last Setup”，然后运行分析菜单“Run Analyses”，波形将改变。

5.6.3 PLD 设计

Protel Advanced PLD 是融合于 Protel 集成开发环境的一个高效、通用的可编程逻辑器件设计工具，为逻辑器件设计提供了许多方便快捷的设计手段。它包含三个专为 PLD 设计工作定制的 EDA/Client 服务器：

文本专家——具有语法认识功能的文本编辑器；

PLD——用来编译和仿真设计结果；

Wave——用来观察仿真波形。

PLD 具体特点如下：

① 方便的文本专家和语法帮助器；

② 支持多种设计描述方法：布尔方程式、状态机和真值表；

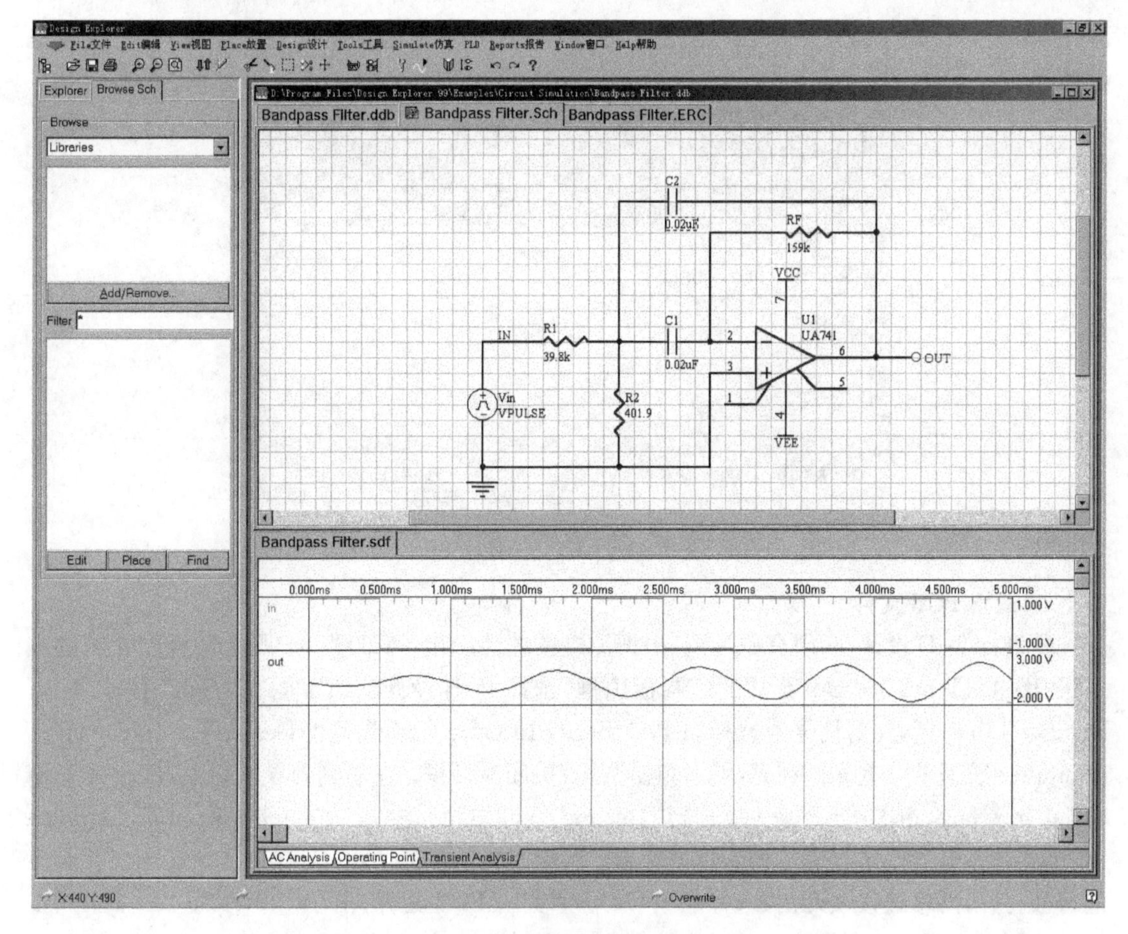

图 5-22　带通滤波器仿真

③ 支持从原理图输入并直接编译；

④ 支持从原理图输入 PLD 设计，并对原理图直接进行编译，生成标准的 JEDEC 文件；

⑤ 与器件无关的高级 CUPL 硬件描述语言；

⑥ 快速强大的编译器；

⑦ 方便直观的仿真波形编辑器；

⑧ 产生 JEDEC 工业标准的下载文件；

⑨ 广泛的器件支持。

举例：打开“\Design Explorer 99\Examples\pld\LCD Driver. ddb ”设计数据库，找到“LCD. sch”原理图文件并打开，这张原理图显示的是“G22V10”驱动电路。选择“PLD”下的“Configure”菜单，我们看到“G22V10”已经被选中在目标栏中。单击“OK”即可。选择“PLD”下的“Compile”，当编译完成后，我们可以选择“View Files”项检查编译结果，然后单击“Close”关闭编译对话框输出文件。

5.6.4　PCB 设计

1. 板框导航

当我们设计了原理图，生成了网络表，下一步就要进行 PCB 设计。首先要画一个边框，我们可以借助板框导航，来画边框。在“File”下选择“New”中的“Wizards”，如图 5-23 所示，在选取"Printed Circuit Board Wizard"，点击"OK"即可，按照显示对话框的每一步提示，完成板框设计。

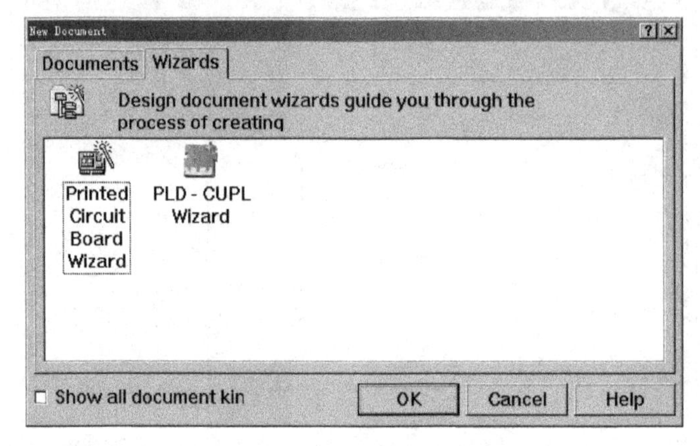

图 5-23　PCB 导航器

2. 建立 PCB 文件

要进行 PCB 设计，必须有原理图，根据原理图才能画出 PCB 图。按照上述板框导航生成一张"IBM XT bus format"形式的印制板边框，选择 PCB 设计窗口下的"Design"中的"Add/Remove Library"，在对话框上选择"4 Port Serial Interface. ddb"，在"\Design Explorer 99SE\Examples"文件夹中选取"Add"，然后单击"OK"关闭对话框。在左侧的导航树上，打开"4 Port Serial Interface. prj"原理图文件，选择"Design"下的"Update PCB"，单击"Apply"，"Update Design"对话框被打开，单击"Execute"选项。对话框"Confirm Component Associations"对话框将被打开，网络连接表列出，选择应用"Apply"更新 PCB 文件，由于 Protel 99 SE 采用同步设计，因此，不用生成网络表也可以直接到 PCB 设计。这时，一个新的带有网络表的 PCB 文件将生成。

3. 层管理

利用 Protel 99 SE 设计 PCB 板，信号层可达到 32 个，地电层 16 个，机械层 16 个。我们增加层只需运行"Design\layer stack manager"功能菜单，就可以看到被增加层的位置。

4. 布局设计

布线的关键是布局，多数设计者采用手动布局的形式。"Room"定义规则，可以将指定元件放到指定区域。Protel 99 SE 在布局方面新增加了一些技巧。新的交互式布局选项包含自动选择和自动对齐。使用自动选择方式可以很快地收集相似封装的元件，然后旋转、展开和整理成组，就可以移动到板上所需位置上了。当简易的布局完成后，使用自动对齐方式整齐地展开或缩紧一组封装相似的元件。打开布局工具栏，可展开和缩紧选定组件的 X，Y 方向，使选中的元件对齐。

新增动态长度分析器。在元件移动过程中，不断地对基于连接长度的布局质量进行评估，并用绿色（强）和红色（弱）表示布局质量。

5. 布线设置

在布线之前先要设置布线方式和布线规则。Protel 99 SE 有三种布线方式：忽略障碍布线（Ignore Obstacle），避免障碍布线（Avoid Obstacle），推挤布线（Push Obstacle）。我们可以根据需要选用不同的布线方式，在“Tools”工具菜单下选择“Preferences”优选项中选择不同的布线方式。也可以使用“Shift＋R”快捷键在三种方式之间切换。

接着选择布线规则，在“Design”下选择“Rules”对话框，选择不同网络布线的线宽、布线方式、布线的层数、安全间距、过孔大小等。

有了布线规则，就可进行自动布线或手动布线。如果采用自动布线，可选择“Auto Route”菜单，Protel 99 SE 支持多种布线方式，可以对全板自动布线，也可以对某个网络、某个元件布线，也可手动布线。手动布线可以直接单击鼠标右键弹出下拉菜单，单击“Place track”命令，按一下鼠标左键确定布线的开始点，按“BackSpace”取消刚才画的走线，双击鼠标左键确定这条走线，按“ESC”退出布线状态。用“Shift＋空格键”可以切换布线形式。在工具菜单的优选项下面提供了在线检查工具“Online DRC”，随时检查布线错误。如果修改一条导线，只需重画一条线，确定后，原来的导线就会自动被删除。

6. 电气规则检查

当一块线路板已经设计好，需要检查布线是否有错误，Protel 99 SE 提供了很好的检查工具，“DRC”自动规则检查。只要运行“Tools”下的“Design Rlue Check”，计算机会自动将检查结果列出来。

7. 信号完整性分析

当 PCB 设计变得更复杂，具有更高的时钟速度、更高的器件开关速度及更大的密度时，在设计加工前进行信号的完整性分析变得更加重要。

Protel 99 SE 包含一个高级的信号完整性仿真器，它能分析 PCB 设计和检查设计参数的功能，测试过冲、下冲、阻抗和信号斜率要求。如果 PCB 板任何一个设计要求有问题，可以从 PCB 运行一个反射或串扰分析，以确切地查看其情况。

信号完整性仿真使用线路的特性阻抗，通过传输线计算，I/O 缓冲器宏模型信息，作为仿真的输入。它是基于快速的反射和串扰模拟器，采用经工业证实的算法，产生非常精确的仿真。

8. 设置信号完整性设计规则

打开“LCD Controller. ddb”设计数据库，在“Design Explorer 99 SE\Examples”目录下，通过左侧的导航树，打开“LCD Controller. pcb”文件。设置信号完整性设计规则，测试的描述。必须包含层堆栈规则。在“Tools”下选择“Preferences”对话框中的“Signal Integrity”选项，在这个对话框中，显示了所有元件的标号所代表的元件名称。例如，“ R”代表“Resistors”，用“Add”增加，在“Component Type”对话框上，用“R”设置“Designator Prefix”，在“Component Type”中设置为“Resistor”，单击“OK”加入。重复上述操作设置“C-Capacitor; CU-Capacitor; Q-BJT; D-Diode; RP-Connector; U-IC; J-Connector; L-inductor”，当设置完成时，单击“OK”退出优选项对话框。

从菜单中选择“Design\Rules”，然后单击设计规则对话框中的“信号完整性”按钮。每个规则包含了该规则测试的描述。

一旦配置了信号完整设计规则，从菜单中选择“Tools”下的“Design Rule Check”，显示设计规则检查对话框。单击对话框中的“信号完整性”按钮，进行信号完整性设计规则检查。

包含电源网络设计规则，指定每个电源网络和电压。从“Rule Classes”菜单中选“Overshoot Falling Edge”选项，单击“Add”，在弹出对话框中选择“Fiter Kind”设为“Whole Board”，并且改变右侧"Maximum(Volts)"为"0.5"，单击"OK"，存入这条规则。重复刚才的步骤，设置"Undershoot-Falling Edge"，两个强制信号完整性规则。

运行设计规则检查"DRC"，然后在"Report"中运行"Signal Integrity"，找到网络名为"FRAMA1"，选中这个网络，在"Edit"中选"Take Over"，从菜单中加入网络，对它进行分析。在"Simulation"的"Reflection"菜单下可以观看波形。选中哪个器件，哪个器件的曲线就将被量化。信号完整性分析菜单中还提供了消除干扰的方法。

如果设计不包含电源层，分析将仍然执行，但是结果不能认为是准确的。信号完整性分析器不考虑多边形敷铜。DRC测试是从所有可能的输出脚对每个网络最坏情况仿真，最坏结果就是DRC结果。

执行串扰分析至少需要从网表上确定两个网。然后指定其中一个为干扰源，或受扰侧。干扰源被加入激励脉冲，受扰侧为接收串扰。当已经指定干扰源或受扰侧网络时，单击"Crosstalk"按钮执行仿真，结果将显示在Protel波形分析器上。

可以从波形上直接执行许多测量，仅单击波形右边列表上的结点，就可以从分析菜单中选择一个选项。

除了执行反射和串扰分析，还可以执行一个信号完整性效果的网络筛选，例如，过冲、延迟、阻抗等。网络筛选产生类似电子表格的结果表，可以快速查出有问题的网络。

执行网络筛选，要指定许多网络（如果需要可选全部），按"Net Screening"按钮。当筛选结果出现，使用工具栏上按钮控制所要显示的内容（阻抗、电压等），按下列名按结果类型显示。

9. 在PCB中修改元件封装

操作步骤：

① 增加焊盘，将焊盘设置为默认状态；

② 将需要增加的元件恢复原始图素；

③ 选择"Tools\Covert\Add Selected Prmitives to Component"；

④ 提问要增加焊盘的元件，确认即可。

10. 建立新的PCB器件封装

由于硬件厂家发展速度非常快，器件的不断更新，经常需要从库里增加器件封装，或增加封装库。Protel 99 SE提供了很好的导航器，帮助完成添加器件的工作。

根据文件产生PCB封装库

可打开"LCD Controller. ddb"设计数据库，选中"LCD Controller. pcb"并打开。在"Tools"下选择"Make Libray"，建立一个新库文件"LCD controller. lib"，所有PCB中的器件封装被自动抽取出来，保存在库文件中。在这个新库文件中建立器件封装，单击左侧导航树上的"Browse PCBlib"，可以浏览这个库里现有的元件，创建一个新的元件选择"Tools"下的"New Component"，弹出一个器件封装模板，按照提示，可以迅速生成一个我们需要的器件封装。

11. 生成GERBER文件

将所有设计完成之后，需要把PCB文件拿到制板厂家去做印制板。如果厂家有Protel 98或Protel 99，可以用Protel 99 SE中"File\Save as"选择存储文件格式为3.0，然后导出PCB文件给厂家。如果厂家没有这两种版本的文件，需生成"GERBER"给厂家。具体操作如下：

首先打开一个设计好的PCB文件"Z80 Microprocessor. ddb"设计数据库中的"Z80 Processor board. pcb"文件，选择"File"主菜单下的"CAM Manager"，按照输出导航，可以方便地生成光绘文件和数控钻孔文件。所有输出文件被保存在"CAM Manager"文件夹下。

光圈文件的后缀为"*.APT"，GERBER文件的后缀为"*.G*"，钻孔文件的后缀为"*.DRR"和"*.TXT"。将所有文件导出到一个指定目录下，压缩后即可交给印制板厂生产。

如果想看生成的GERBER文件是否正确，可用导入的方法打开每一层文件。

12. 打印预览

在Protel 99 SE中我们可以观看打印效果，通过"File\Print/Preview"控制打印参数，修改打印结果。可以在打印预览中任意添加层或删除层。

13. 3D显示

点击"VIEW\Board in 3D"选项，可以看到设计板的三维图形，并且可以任意旋转、隐藏元件或字符等操作。

14. 强大的输入输出功能

用Import可以读取OrCAD(*.max)，P-CAD PDIF(*.PDF)，AutoCAD(*.DWG，*.DXF)文件，并新增与CCT公司的接口。

习题与思考题

5.1　已知系统的传递函数为$\frac{Y(s)}{U(s)}=\frac{5s^2+2s+1}{4s^3+8s^2+3s+2}$，将传递函数模型用MATLAB语言表示出来，并写出对应的状态空间模型、零极点增益模型及部分分式展开模型的结果表达式。

5.2　选择不同的a值，对下式描述的系统进行仿真实验，分析不同参数和数值计算方法对系统性能的影响。

$$\begin{bmatrix}\dot{x}_1\\ \dot{x}_2\end{bmatrix}=\begin{bmatrix}0 & t\\ 0 & e^{-at}\end{bmatrix}\begin{bmatrix}x_1\\ x_2\end{bmatrix}$$

5.3　如图5-12所示电路，电阻$R_1=1\Omega$，$R_2=5\Omega$，电感$L=0.5H$，电容$C=1F$，已知初始条件电感电流为零，电容电压为2V，在零时刻接入直流电源$V_s=1V$，要求分别利用MATLAB解微分方程方法，控制工具箱，Simulink，Protel电路仿真等方式，求$0<t<20$时，电感电流及电容电压。

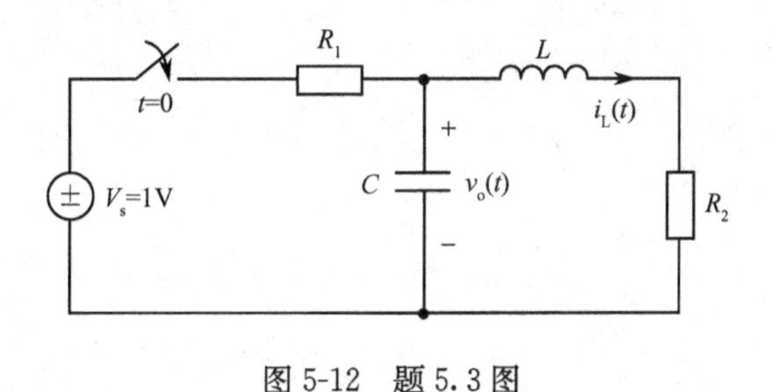

图5-12　题5.3图

本章参考文献

[1] 薛定宇,陈阳泉．基于 MATLAB/Simulink 的系统仿真技术与应用．北京：清华大学出版社,2002.
[2] 张志涌,徐彦琴．MATLAB 教程－基于 6.X 版本．北京：北京航空航天大学出版社,2001.
[3] 张颖等．基于 MATLAB 的暂态电路分析与计算．长沙：电力学院学报．Vol. 17, No. 3,2002.
[4] 夏玮,李朝晖,常春藤．MATLAB 控制系统仿真与实例详解．北京：人民邮电出版社,2008.
[5] 张晓华．控制系统数字仿真与 CAD (第 3 版). 北京:机械工业出版社,2010.